重大危险源安全评估

（新方法·新实例·新模板·新标准）

主　编：王起全

副主编：郑　乐

气象出版社

China Meteorological Press

内容提要

本书根据最新的《重大危险源监督管理规定》等相关法规编写，在概述重大危险源的基础上，对重大危险源的辨识及分类、重大危险源的评估分级和安全评估等内容作了介绍，并结合实例对常用重大危险源风险评估方法和重大危险源控制与安全监管进行探讨，最后给出如何编写重大危险源安全评估报告，并汇集若干评价报告模板和最新的相关安全评价法律、法规和标准。

本书既有对当前世界各国的重大危险源安全管理现状介绍，又有对我国的安全管理的理论分析，内容新颖，举例丰富，可供安全评价人员、各级政府安全监管人员、企事业单位安全管理人员参考，也可作为高等院校相关专业研究和教学用书。

图书在版编目(CIP)数据

重大危险源安全评估：新方法·新实例·新模板·新标准/王起全主编. —北京：气象出版社，2009.11

ISBN 978-7-5029-4883-2

Ⅰ.重…　Ⅱ.王…　Ⅲ.危险物品管理-安全评价

Ⅳ.X93

中国版本图书馆 CIP 数据核字(2009)第 215275 号

Zhongda Weixianyuan Anquan Pinggu

重大危险源安全评估

（新方法·新实例·新模板·新标准）

王起全　主编

出版发行：气象出版社

地　　址：北京市海淀区中关村南大街 46 号　　**邮政编码**：100081

总 编 室：010-68409142　　**发 行 部**：010-68408042

网　　址：http://www.cmp.cma.gov.cn　　**E-mail**：qxcbs@263.net

责任编辑：张盼娟　彭淑凡　王　玲　　**终　　审**：纪乃晋

封面设计：博雅思企划　　**责任技编**：吴庭芳

印　　刷：北京奥鑫印刷厂

开　　本：787 mm×1092 mm　1/16　　**印　　张**：14.5

字　　数：362 千字

版　　次：2010 年 1 月第 1 版　　**印　　次**：2010 年 1 月第 1 次印刷

定　　价：36.00 元

前　言

近年来，重大危险源造成人员伤亡和财产损失的重大安全事故接连发生，引起了各国政府的高度重视。对重大危险源的安全评估可以有效发现隐患，为提高重大危险源的监控管理水平，防止重大事故发生，有着重大的现实意义，也是企业、政府安全管理和相关人员进行安全工作的基础。本书结合《安全生产法》、《突发事件应对法》、新《危险化学品重大危险源辨识》（GB 18218—2009）及《重大危险源监督管理规定》等相关法律法规，着重论述了重大危险源的辨识及危险分析、重大危险源安全评估方法、重大危险源的预防控制等。通过实例对常用重大危险源定性、定量评估方法深入分析，并探析了各方法的巧妙使用，同时汇集了重大危险源评估报告模板及最新的与重大危险源安全评估相关的法律、法规和标准。

本书既有对当前世界各国重大危险源的安全管理现状介绍，又有对我国重大危险源安全管理的理论和实践分析，知识新颖，举例丰富，可供安全评价人员、各级政府安全监管人员、企事业单位安全管理人员参考，也可作为高等院校相关专业研究与教学用书。

本书由王起全主编，郑乐担任副主编，陈斌、胡珊珊提供了大量资料，并参与了部分编写工作。由于本书编写时间仓促，误漏之处在所难免，敬请广大读者不吝指正！

目　录

第一章
重大危险源概述

第一节 重大危险源评估与管理的目的及意义

城市建设、现代科学技术和工业生产的迅猛发展，一方面丰富了人类的物质生活，另一方面给人类埋下了众多的潜在危险。一些有毒、有害、易燃、易爆等危险源在城市整体区域范围内有明显增多的趋势，由此产生的火灾、爆炸和毒物泄漏等重大灾害事故也屡屡发生，严重危及城市安全。近些年，国内外城市所发生的一些因燃气管道系统、燃气燃具或工业可燃气体泄漏以及因商品库房的易燃易爆粉尘所酿成的重大爆炸事故已触目惊心。如1976年意大利塞韦索工厂环己烷泄漏事故，造成30人伤亡，迫使22万人紧急疏散。1984年墨西哥城液化石油气爆炸事故，使650人丧生、数千人受伤。1984年印度博帕尔市郊农药厂发生甲基异氰酸盐泄漏的恶性中毒事故，有2500多人中毒死亡，20余万人中毒受伤且其中大多数人双目失明致残，67万人受到残留毒气的影响，损失数百亿美元。1993年8月5日深圳化学危险品仓库爆炸火灾事故造成15人死亡，100多人受伤，损失2亿多元。1997年6月27日北京东方化工厂爆炸事故造成8人死亡，直接经济损失1亿多元。2003年12月重庆开县天然气井喷事故，造成243人因硫化氢中毒死亡，6.5万人被紧急疏散。2004年4月重庆天原化工总厂液氯储罐爆炸事故，造成9人死亡，3人受伤，附近15万人被迫紧急疏散。2005年11月13日，中石油吉林石化公司双苯厂爆炸事故，共造成6人死亡，近70人受伤，松花江水体严重污染，附近数万人紧急疏散。2006年1月20日，中石油四川仁寿县富加镇天然气管道发生特大爆燃事故，造成10人死亡，3人重伤，47人轻伤，当地政府对1 km范围内的1800余名群众进行了紧急疏散。

据有关文献报导，2007年国外十大火灾中，就有5起是由城市公共场所和设施中的易燃易爆重大危险源产生的。这些涉及危险化学品的事故，尽管起因和影响不尽相同，但它们都有一些共同特征：它们是失控的偶然事件，会造成工厂内外大批人员伤亡，或是造成大量的财产损失或环境损害，或是两者兼而有之。然而，我国现阶段对重大危险源缺乏系统、有效的监控管理，全国范围内重大危险源的分布、分类和动态情况不清，尚未建立起监测、控制、预警系统以及防范突发性事故的应急救援系统，导致重、特大事故频繁发生。一些城市对管辖区内的重大危险源的分布、分类及动态情况不清楚，无法从宏观上对这些重大危险源进行有效的监控管理，各行业主管部门对城市各重大危险源的控制和管理情况也缺乏有效的宏观监控手段。

“安全第一，预防为主”。为了城市的安全，必须把重大危险源的控制与管理提到重要位置。由于重大危险源所涉及的危险物质具有易燃、易爆、有毒、有害的特性，如果控制不当，极易发生事故，造成人员伤亡、财产损失和环境污染。沉痛的教训告诫人们，为了杜绝和减少重大事故的发生，尽量降低它对人们造成的伤害以及由此带来的重大损失，必须对重大危险源实行有效的控制。只有对重大危险源所涉及的易燃、易爆、有毒危险物质的生产、使用、处理和贮存等工艺处理全过程加以严格有效的控制，加强各环节的管理，才能避免重大事故的发生。因此，为了预防重大工业事故的发生，降低事故造成的损失，研究并建立一套行之有效的重大危险源评估与控制系统十分必要。

第二节　重大危险源国内外研究现状

英国是最早系统地研究重大危险源控制技术的国家。1974 年 6 月弗利克斯巴勒（Flixborough）爆炸事故发生后，英国卫生与安全委员会设立了重大危险咨询委员会（Advisory Committee on Major Hazards，简称 ACMH），负责研究重大危险源的辨识、评估技术和控制措施。随后，英国卫生与安全监察局（HSE）专门设立了重大危险管理处。ACMH 分别于 1976 年、1979 年和 1984 年向英国卫生与安全监察局提交了三份重大危险源控制技术研究报告。由于 ACMH 极富成效的开创性工作，英国政府于 1982 年颁布了《关于报告处理危害物质设施的报告规程》，1984 年颁布了《重大工业事故控制规程》。也是由于 ACMH 和其他机构的工作，促使欧共体在 1982 年 6 月颁布了《工业活动中重大事故危险法令》（ECC Directive 82/501，简称《塞韦索法令》）。

为实施《塞韦索法令》，英国、荷兰、德国、法国、意大利、比利时等欧共体成员国都颁布了有关重大危险源控制规程，要求对工厂的重大危害设施进行辨识、评估，提出相应的事故预防和应急计划措施，并向主管当局提交详细描述重大危险源状况的安全报告。

根据《塞韦索法令》提出的重大危险源辨识标准，英国已确定了 1650 个重大危险源，其中 200 个为一级重大危险源。1985 年德国确定了 850 个重大危险源，其中：60%为化工设施，20%为炼油设施，15%为大型易燃气体、易燃液体储存设施，5%为其他设施。

1984 年印度博帕尔事故发生后，1985 年 6 月国际劳工大会通过了关于危险物质应用和工业过程中事故预防措施的决定。1985 年 10 月国际劳工组织（ILO）组织召开了重大工业危险源控制方法的三方讨论会。1988 年 ILO 出版了重大危险源控制手册。1991 年 ILO 出版了预防重大工业事故实施细则。1992 年国际劳工大会第 79 届会议对预防重大工业灾害的问题进行了讨论。1993 年通过了《预防重大工业事故》公约和建议书，该公约和建议书为建立国家重大危险源控制系统奠定了基础。

为促进亚太地区的国家建立重大危险源控制系统，ILO 于 1991 年 1 月在曼谷召开了重大危险源控制区域性讨论会。1992 年 10 月在 ILO 支持下韩国召开了预防重大工业事故研讨会。在 ILO 支持下，印度、印尼、泰国、马来西亚和巴基斯坦等建立了国家重大危险源控制系统。在建立了重大危险源控制国家标准的基础上，印度已辨识出 600 多个重大危险源，泰国已辨识 60 多个重大危险源。

1993 年 9 月澳大利亚国家职业安全卫生委员会颁布了重大危险源控制国家标准。澳大利亚各州将使用该标准作为控制重大工业危险源的立法依据。

随着生产过程自动化技术的发展，国外对重大危险源安全管理实行了计算机化，监控与预警措施除了能对生产过程监控外，还广泛应用于智能化系统，采用现代系统安全工程原理与方法，使监控预警的功能不断丰富，常集数据采集、状态监测、故障识别、智能诊断决策、危害范围预测、应急控制、维修决策、网络通讯等功能于一体。各种传感器及新的传感技术，如气象、地震裂缝动态位移、温度、湿度、压力、液位、流量、电压、电器等传感技术广泛应用于重大危险源安全管理。在可燃、有毒气体传感技术方面，已发展成智能气敏传感器系统——电子鼻，其集电子传感器阵列、运算放大单元、计算机技术和多模式识别技术为一体，能进行复杂混合气体识别和组分分析。火灾自动探测方面，已发展成复合探测技术，其采用 R. Siebel 提出的改进 Rendall-t 复合趋势算法进行数据处理。由于受现有的金属探伤方法的局限性，材料和设备缺陷传感技术还很不成熟。在监测预警系统设计方面，目前主要采用独立、开放式系统，注重与现有 PLC 和 DCS 系统硬件的兼容性，而采用神经元检测器智能节点，具有较强的容错性和强诊断功能。近几年，通讯技术、传感技术、集散控制工业技术等的飞速发展，给危险化学品重大事故监测预警系统的研制提供了丰富的智能化平台，各国正研究、开发更完善的、更通用的、可广泛推广和控制的重大危险化学品生产安全监测预警系统。

我国从 20 世纪 80 年代开始重视对重大危险源的评估和控制，并把“重大危险源评估和宏观控制的技术研究”列入国家“八五”科技攻关项目，该课题提出了重大危险源的控制思想和评估方法，为我国开展重大危险源的普查、评估、分级、监控和管理提供了良好的技术依托。为将科研成果应用于生产实际，提高我国重大工业事故的预防和控制技术水平，1997 年原劳动部选择北京、上海、天津、青岛、深圳和成都等六城市开展了重大危险源普查试点工作。

2000 年，国家颁布了《重大危险源辨识》（GB 18218—2000）标准，随后《安全生产法》、《危险化学品安全管理条例》等法律法规也对重大危险源安全管理提出了明确的要求。《危险化学品安全管理条例》第十条规定：“已建危险化学品的生产装置和储存数量构成重大危险源的储存设施不符合前款规定的，由所在地设区的市级人民政府负责危险化学品安全监督管理综合工作的部门监督其在规定期限内进行整顿；需要转产、停产、搬迁、关闭的，报本级人民政府批准后实施。”第二十二条规定：“储存单位应当将储存剧毒化学品以及构成重大危险源的其他危险化学品的数量、地点以及管理人员的情况，报当地公安部门和负责危险化学品安全监督管理综合工作的部门备案。”《中华人民共和国安全生产法》第三十一条规定：“生产经营单位对重大危险源应当登记建档，进行定期检测、评估、监控，并制定应急预案，告知从业人员和相关人员在紧急情况下应当采取的应急措施。”国务院《关于进一步加强安全生产工作的决定》（国发［2004］2 号）要求“搞好重大危险源的普查登记，加强国家、省（区、市）、市（地）、县（市）四级重大危险源监控工作，建立应急救援预案和生产安全预警机制”。《关于进一步加强安全生产工作的决定》下发后，各地认真贯彻落实，陆续开展了重大危险源普查登记和监控工作。为加强管理，统一标准，规范运行，国家安全生产监督管理总局，提出了《关于开展重大危险源监督管理工作的指导意见》（安监管协调字［2004］56 号），这些法律法规和标准的颁布实施，为重大危险源监督管理提供了强有力的法律依据与技术标准。

2004 年，国家安全生产监督管理局（国家煤矿安全监察局）决定在河北、辽宁、江苏、福建、广西、甘肃、浙江、重庆开展重大危险源申报登记试点工作，积累经验，以便在全国推广。在重大危险源监管领域，我国虽然取得了一些进展，发展了一些实用新技术，对促进企业安全管理、减少和防止伤亡事故起到了良好作用，为重大工业事故的预防和控制奠定了一定的基础。但由于我国工业自动化基础薄弱，生产设备更新换代慢，工艺技术老化日益严重，超期服役、超负载运行的设备大量存在，形成了我国在工业生产中存在着众多的事故隐患，而我国有关重大危险源控制、研究和应用方面，同欧洲、美国、日本等工业发达国家相比仍存在着起步较晚、差距较大等特点。

2009 年，我国对《重大危险源辨识》（GB 18218—2000）标准，结合实际，做出了第一次修订，标准正式更名为《危险化学品重大危险源辨识》（GB 18218—2009），并于 2009 年 12 月 1 日起实施。同年，国家安全生产监督管理总局出台《重大危险源监督管理规定》，为政府及企业在重大危险源监督管理方面提供技术基础支持。

第三节　重大危险源相关基本概念

一、重大危险源

1993 年 6 月第 80 届国际劳工大会通过的《预防重大工业事故公约》将“重大危害设施”定义为：不论长期地或临时地加工、生产、处理、搬运、使用或贮存数量超过临界量的一种或多种危险物质，或多类危险物质的设施。

《安全生产法》第 96 条规定：重大危险源是指长期或者临时地生产、搬运、使用或者贮存危险物品的数量等于或者超过临界量的单元（包括场所和设施）。

国家标准《危险化学品重大危险源辨识》（GB 18218—2009）将危险化学品重大危险源定义为：长期或临时地生产、加工、使用或储存危险化学品，且危险化学品的数量等于或超过临界量的单元。单元指一个（套）生产装置、设施或场所，或同属一个生产经营单位的且边缘距离小于 500 m 的几个（套）生产装置、设施或场所。

二、重大危险源辨识

重大危险源辨识是指在对危险源普查登记的基础上，依据标准规范、法律法规的规定，进行分析确认的过程。目前我国主要依据《危险化学品重大危险源辨识》（GB 18218—2009）和国家安全生产监督管理局发布的《关于开展重大危险源监督管理工作的指导意见》（安监管协调字［2004］56 号）对危险源进行普查和辨识。

三、重大危险源登记

重大危险源登记是指依据《安全生产法》、《危险化学品重大危险源辨识》（GB 18218—2009）和国家安全生产监督管理局发布的《关于开展重大危险源监督管理工作的指导意见》（安监管协调字［2004］56 号）及有关法规文件，对重大危险源进行普查、辨识、登记、建档和申报的过程。

四、重大危险源安全评估

重大危险源安全评估，是指在重大危险源登记后确认构成重大危险源的生产经营单位，可自主选择具有国家规定资质的安全评估机构或组织有关专家对重大危险源进行危险有害因素的辨识和分析，确定可能发生的事故类型和严重程度，提出合理可行的安全对策措施和监控意见的过程。

重大危险源安全评估是以辨识的重大危险源为目标的安全评估过程，它是利用系统安全工程的方法对重大危险源存在的危险性进行定性和定量分析，得出该重大危险源发生危险的可能性及其后果严重程度的过程，是寻找用最少的安全投资，最有成效的控制重大危险源的途径，使过程存在的风险程度控制在可承受范围内，使安全防控技术用于全过程。

第二章

重大危险源辨识及分类

第一节　国外重大危险源辨识标准

一、英国重大危险源辨识标准

英国是最早系统地研究重大危险源控制技术的国家，1974 年 6 月，英国发生弗利克斯巴勒爆炸事故后，英国安全与卫生委员会建立了重大危险咨询委员会（ACMH），1976 年 ACMH 首次建议的重大危险源标准为：

①可能发生相当于 10 t 氯气泄漏事故效应的有毒物质贮存或加工设施；

②可能发生相当于 15 t 可燃气体或蒸气火灾爆炸事故效应的可燃物质贮存或加工设施；

③贮存或加工 5 t 以上性质不稳定、放热反应性高（如环氧乙烷、乙炔和无机过氧化物等）的设施；

④具有高压能量的设施，如有 100 bar 以上压力的气相反应工艺过程；

⑤贮存或加工闪点低于 22.8 ℃，总量超过 10000 t 的易燃物质的设施；

⑥贮存或加工总量超过 135 t 液氧的设施；

⑦贮存或加工总量超过 5000 t 硝酸铵的设施；

⑧贮存或加工的物质若发生火灾事故，其效应相当于 10 t 氯气危险性的设施。

1979 年，ACMH 提出了下述辨识重大危险源的修改标准：

第一类：毒物

光气（Phosgene）	2 t
氯气（Chlorine）	10 t
丙烯腈（Acrylonitrile）	20 t
氰化氢（Hydrogen cyanide）	20 t
二硫化碳（Carbon disulfide）	20 t
二氧化硫（Sulfur dioxide）	20 t
溴（Bromine）	40 t
氨（Ammonia）	100 t

第二类：极毒物质

1 mg 以内能将人致死的极毒液体、气体及固体物质	100 g

第三类：高反应性物质

氢气	2 t
环氧乙烷	5 t
环氧丙烯（Propylene oxide）	5 t
无机过氧化物（Organic peroxides）	5 t
硝化火药（Nitrocellulose compounds）	50 t
硝酸铵（Ammonium nitrate）	500 t
氯酸钠（Sodium chlorate）	500 t
液氧（Liquid oxygen）	1000 t
第四类：其他物质和工艺过程	
上述 1～3 类未包括的易燃气体	15 t
上述 1～3 类未包括的易燃液体	20 t
液化石油气（如民用煤气，丙烷，丁烷）	30 t
1 个大气压沸点低于 0 ℃，未包括在上述 1～3 类的液化易燃气体	50 t
闪点低于 21 ℃，未包括在 1～3 类的易燃液体	10000 t
复合化肥	500 t
泡沫塑料	500 t
具有 50 bar 以上的压力且容积超过 200 m^3 高压能量设施	

由于 ACMH 等机构在重大危险源辨识、评估方面有极富成效的工作，促使欧共体在 1982 年 6 月就颁布了《塞韦索法令》。该法令附件Ⅲ列出了 180 种物质及其临界量标准，如果工厂内某一设施或相互关联的一群设施中聚集了超过临界量的上述物质，则将这一设施或一群设施定义为一个重大危险源。

这是对每一装置或同属一位厂主的一组装置所规定的限量。而此时对装置间的距离，以及装置在可预见的环境中避免重大事故扩展来说，是不够的。这些限量是用于同属一位厂主的每组装置的，而其间的距离小于 500 m。

1999 年，英国成立了重大危险源董事会为控制和减轻高危工业的风险，并于同年颁布了《重大事故危险控制条例》，且与新的《塞韦索指令Ⅱ》的要求是一致的。此条例根据企业内危险物质的数量列出了两个层次，通过执行此条例要求所有重大危险源的经营者必须在运行前通告主管机构。主管机构由职业安全执行委员会（HSE）、英国及威尔士环保机构、苏格兰环保机构共同组成。规定所有管理者必须采取必要的措施，以预防重大事故和减轻对人和环境的影响。法规要求低层管理者须列出预防重大事故方法和文件。

在《塞韦索法令》（2003/105/EC）实施之后，欧盟各成员国都要履行自身的义务，对法令提出建议，并根据该法令制定出适合本国的重大危险设施控制的法规和标准。健康与安全委员会（HSC）对《塞韦索法令》（2003/105/EC）提出了指导性意见。这份指导性意见只是一个咨询性文件，指导意见的编写首先由健康与安全委员会发起，于 2004 年 10 月 1 日得到英国主管当局（HSE）的批准，《塞韦索法令》（2003/105/EC）于 2005 年 7 月 1 日起实施。按照英国颁布的重大危险设施辨识标准，英国现有重大危险设施 1160 个。

根据《塞韦索法令》（2003/105/EC）的要求和 HSC 对此法令提出的指导性意见，借鉴《危险物质规划法案》（1999 版）和《城镇与乡村规划条例》（2004 版）等法规和标准的内容，英国总理公署于 2005 年 3 月颁布了《重大事故危害控制的规划条例》（2005 版）。

二、欧盟重大危险源辨识标准

（1）标准出台背景

1976年7月10日，位于意大利塞韦索的ICMESA（Industrie Chimiche Meda Società）化工厂发生爆炸，剧毒化学品二恶英扩散，使许多人中毒。事隔多年后，当地居民的畸形儿出生率大为增加。

ICMESA化工厂位于意大利米兰以北15 km的塞韦索附近的一个小镇上，隶属于总部设在瑞士日内瓦的Givaudan S. A. 公司，该厂主要生产化妆品和制药工业所需要的化工中间体。1969年该厂开始生产一种名为2，4，5-三氯酚（TCP）的产品，它是一种用于合成除草剂的有毒的、不可燃烧的化学物质。由于该厂生产TCP需要在150～160 ℃下持续加热一段时间，因而为2，3，7，8-TCDD等二恶英的生成创造了条件。

1976年7月10日，ICMESA化工厂的TBC（1，2，3，4-四氯苯）加碱水解反应釜突然发生爆炸。该反应釜的目的是使TBC经水解而形成制造TCP的中间体——2，4，5-三氯酚钠，由于反应放热失控，引起压力过高而导致安全阀失灵而形成爆炸。由于当时釜内的压力高达4个大气压，温度高达250 ℃，包括反应原料、生成物以及二恶英杂质等在内的化学物质一起冲破了屋顶，冲入空中，形成一个污染云团，这个过程持续了约20 min。在接下来的几个小时内，污染云团随着风速达5 m/s的东南风向下风向传送了约6 km，并沉降到面积约7324809.36 m^2的区域内，污染范围涉及Seveso、Meda、Desio、Cesano Maderno以及另外7个属于米兰的城市。

据调查，爆炸当时反应釜内的物质包括2030 kg的2，4，5-三氯酚钠（或其他TCB的水解产物）、540 kg的氯化钠和超过2000 kg的其他有机物。其中据估计包括有300 g～130 kg的二恶英，因此，ICMESA化工厂的爆炸事故造成了轰动世界的二恶英污染事件。

（2）塞韦索法令的历史发展过程

1）欧共体为了纪念这起事件，将1982年6月颁布的《工业活动中重大事故危险法令》(82/501/EEC)，简称为《塞韦索法令》。

2）1987年3月19日，欧洲委员会颁布了《塞韦索法令》（87/216/EEC）。这部法令只是对《塞韦索法令》（82/501/EEC）的一次扩展，而不是一个非常重要的法令修订本。

3）1996年欧洲委员会颁布了《塞韦索法令Ⅱ》（96/82/EC），这部法令取代了欧共体于1982年颁布的《工业活动中重大事故危险法令》（82/501/EEC），即《塞韦索法令》。《塞韦索法令Ⅱ》实施的目标是使欧盟各成员国能够有效地控制危险物质引起的重大事故危害，各国应根据实际情况制定出适合本国的重大事故预防方针，按照相应的土地使用规划政策来限制事故对人员和环境造成的严重后果。

4）2000年1月，在罗马尼亚Baia Mare发生的氰化物泄漏事件，造成了多瑙河流域的严重污染。这次事件证明矿业的储存、加工、使用等活动，尤其是尾矿处理设施，包括尾矿库和尾矿坝都有可能造成严重的事故后果。欧洲委员会（EC）在《环境影响纲要》（第六版）特别强调了要拓展《塞韦索法令Ⅱ》（96/82/EC）的范围。在2001年7月5日召开的"矿山活动中的安全运行论坛"中，欧洲议会也提出要拓展《塞韦索法令Ⅱ》（96/82/EC）的范围，全会一致认为《塞韦索法令Ⅱ》应当包括矿山中的储存、生产、加工活动所产生的危险。

2000 年 5 月，在荷兰的 Enschede 发生的“烟花爆竹事故”，说明储存、生产烟花和爆炸物质有可能导致重大事故的发生。因此在《塞韦索法令Ⅱ》（96/82/EC）中，关于这些物质的定义应当更加明确、简单。

2001 年 9 月，在法国图卢兹市发生的化肥厂爆炸事件。这起事件使人们意识到在硝酸铵和硝酸铵化肥的储存过程中有可能发生重大事故，尤其是硝酸铵废料的再加工过程和硝酸铵废料退回生产厂商的过程。因此，在《塞韦索法令Ⅱ》（96/82/EC）中，硝酸铵和硝酸铵化肥的分类应当包含硝酸铵的废料物质。

欧洲委员会与欧盟各成员国经过多次协商和交流，一致认为应当恰当地拓展致癌物质的列表目录，并且要大大降低对环境有危害影响的危险物质的临界量。提炼与精加工行业中的废料也可能产生事故危害，针对这种情况也应当有相应的预防措施和控制措施，但是这些内容在现行的《塞韦索法令Ⅱ》（96/82/EC）中还没有涉及。

对于符合《塞韦索法令Ⅱ》（96/82/EC）定义的重大危险设施，修改后的法令有必要提出重大危险设施申报的最低期限和重大危险设施制定重大事故预防方针、安全报告和应急预案的最低期限。

5）综合考虑各国发生的重大事故和各成员国协商与交流的意见，2003 年，欧洲委员会颁布了《塞韦索法令》（2003/105/EC），该法令于 2005 年 7 月 1 日起实施。这部法令只是对《塞韦索法令》（96/82/EC）进行了一次重要扩展，而不是一个非常重要的法令修订本。《塞韦索法令》（2003/105/EC）主要考虑了自《塞韦索法令》（96/82/EC）实施以来在欧盟各成员国发生的重大事故和欧洲委员会在欧洲议会的建议下对环境有危害影响的致癌物质和危险物质的调查研究报告。

6）《塞韦索法令》（2003/105/EC）与《塞韦索法令》（96/82/EC）的主要区别包括：

①增加矿山和采石场这两方面的内容（注释：修改后的法令不适用于矿山、采石场中矿物的开采、勘探、提取、加工；适用于矿山、采石场中矿物的化学与热力学性质的加工工艺活动和与这些工艺活动相关的，属于《塞韦索法令》附录 1 中危险物质的储存活动）。

②重新定义硝酸铵；增加两种新的类别：能够自身分解的硝酸铵肥料和硝酸铵、硝酸铵肥料的废料。

③包含硝酸钾；增加两种新的类别。

④增加 7 种新的致癌物质。

⑤重新定义成品油及其临界量，主要包括：萘（Napthas）、煤油（Kerosene）、柴油（Diesel fuel）。

⑥重新定义爆炸物、排列 UN 号和 ADR 的分类标准。

⑦降低对环境有危害的危险物质的临界量。

⑧修改辨识标准计算公式。

三、欧盟其他国家关于重大危险源的辨识标准

（1）法国

根据危险物质产生危害的不同，1976 年 7 月 19 日法国政府颁布了法规《分类设施监测》；1982 年随着欧盟《塞韦索法令Ⅰ》的颁布，国家安全健康委员会又出台了《重大工业事故预防措施》；1987 年 7 月 22 日法国政府又颁布了《重大风险预防》，出台此法规的目的

就是为了保护重大危险源周边人员的安全，保护森林免遭火灾的破坏，避免重大风险的出现。

2003 年 7 月 30 日，国家安全健康委员会颁布了《技术风险和天然风险的预防与灾害恢复》，法规要求企业的经营者和员工代表有责任对重大危险源附近的风险采取及时、恰当的措施。2003 年，法国政府又授权 150 家中介机构对本国的重大危险源进行监督检查，通过对作业人员的培训和教育，增强这些机构对危险源监察的效率。国家又分派了 6 个工作小组，对经营者提交的安全报告进行审核。国家首先要对最重要的危险源进行监督，据 2002 年统计全国重大危险源共 670 个，要重点对这些危险源提供技术和管理上的安全措施。

(2) 瑞士

1991 年 4 月 1 日瑞士政府颁布《重大事故预防法令》。该法令是为了保护公众和环境免受危险设施引发重大事故而造成的重大伤害，告知公众危险设施存在的风险与危害。法规要求生产经营单位及时向当地安监部门提交安全报告摘要，之后通过定量风险评估的分析，经营者制定出相应的控制措施和预防措施。

(3) 北爱尔兰

在《塞韦索法令Ⅱ》(96/82/EC) 颁布后，北爱尔兰政府安全与健康委员会和环保部门合作共同制定了《重大事故危害控制的管理条例》(2000 版)，法令规定环保部门要专门负责土地使用和土地规划性工作。按照北爱尔兰颁布的重大危险设施辨识标准，该国现有重大危险设施 25 个，占全国工业设施总数的 2.2%。

在《塞韦索法令》(2003/105/EC) 实施之后，2004 年 10 月北爱尔兰也对该法令提交了指导性意见。2005 年 11 月，北爱尔兰的规划部门颁布了《重大事故危害控制的管理条例草案》(2006 版)。

(4) 苏格兰

2000 年 7 月 6 日苏格兰政府颁布了《重大事故危害控制规划条例》。

四、美国重大危险源辨识标准

1992 年美国政府颁布了《高度危险化学品处理过程的安全管理》标准，该标准定义的处理过程是指涉及一种或一种以上的高危险化学物品的使用、贮存、制造、处理、搬运的任何一种活动，或这些活动的结合。随后，美国环境保护署 (EPA) 颁布了《预防化学泄漏事故的风险管理程序》(RMP) 标准、《过程安全管理标准和清洁空气行动修正案 (1990) 条例》、《过程安全管理标准》(PMS) 等法规，对重大危险源的辨识控制提出了有关的规定。

在美国，《过程安全管理标准和清洁空气行动修正案 (1990)》条例要求雇主有义务辨识危害，对所有危害以严重性进行分级，并采取措施控制危害。《过程安全管理标准》(PMS) 的其他要求还包括雇员的参与，强调灵活性，应急救援计划必须列出对事故的反应计划，如何进行针对紧急情况的安排，事故对周围区域的影响情况。EPA 要求企业提出的计划符合 RMP 要求。同时，救援计划必须列出详细的危害辨识、事故预防和应急计划的方法和结果。

五、澳大利亚重大危险源辨识标准

20世纪90年代中期澳大利亚国内重大事故频繁发生，例如，1989年12月，悉尼多山化工厂着火；1990年4月，悉尼彼得斯大街的液化石油气罐发生火灾；1991年8月，维多利亚的库德岛发生爆炸火灾事故；1998年，郎福德城天然气工厂发生爆炸火灾事故。所以澳大利亚政府决定制定本国的“重大危险设施控制”的国家标准。

90年代后期，澳大利亚国家职业健康安全委员会签署文件要制定“重大危险设施控制”的国家标准。1996年澳大利亚颁布了“重大危险设施控制”国家标准［NOHSC：1014（1996)］和国家标准导则［NOHSC：2016（1996)］，澳大利亚各州使用该标准作为控制重大工业危险源的立法依据。该标准定义重大危险源为制造、加工、贮存或处理超过临界量的特定物质的设备或设施。特定物质是指被确认可能引发重大事故的物质。重大危险设备或设施包括危险物质制造厂、加工厂、永久性或暂时性贮库、排列放置场、仓库、运输管路、浮坞结构、码头等。此后这部标准经过多次修改，2002年10月又颁布了这部标准的修订版［NOHSC：1014（2002)］。

这部标准借鉴了当前国际重大危险设施控制的法规和标准，包括：

①国际劳工组织制定的《预防重大工业事故》（1993年6月2日，在日内瓦第80届劳工大会上予以通过）。澳大利亚联邦政府在听取了各州、行政区的意见后，批准并签署了这部国际公约。

②欧洲委员会颁布的《塞韦索法令Ⅱ》（96/82/EC)，这部法令取代了欧共体于1982年颁布的《工业活动中重大事故危险法令》（82/501/EEC)，即《塞韦索法令》。

有许多部门都参与了“重大危险设施控制”国家标准的制定，包括规划部门、环保部门、地方政府、危险货物和有毒物质的管理部门、职业健康与安全部门、公共安全与应急部门、法律部门等多家机构。从参与部门的多样性可以看出，澳大利亚对标准的制定非常重视。

随后澳大利亚各州使用该标准作为控制重大工业危险设施的立法依据。其中澳大利亚的新南威尔士州和维多利亚州率先制定了各自有关重大危险设施的控制规程，要求重大危险设施的经营者对企业的重大危险设施进行辨识、评估，提出相应的事故预防和应急计划措施，并向主管当局提交详细描述重大危险设施状况的安全报告。

“重大危险设施控制”的相关法规和标准都是为了保护人员、社区、环境在工艺正常运转的情况下免受伤害。但是重大危险设施的正常作业仍然会带来许多危险，有些危害也是现行法规和标准无法涉及的。因此，有必要制定相应的控制措施来消除潜在的、明显的事故隐患，并限制事故造成的后果。

国家标准的实施由负责重大危险设施的监督管理部门负责。这个标准的最终目的就是为了让经营者履行义务和责任，提交安全报告。为了确保国家标准有效的实施和监督，各州、行政区、联邦政府都设立了咨询处，负责国家标准的咨询和交流。通过实施国家标准，在经营者、公共监督机构和其他人员（例如工人及其代表）之间进行沟通与对话，这样可以确保国家标准的方针政策符合实际的要求，使得经营者可以提交相对完善的安全报告。

澳大利亚也十分重视重大危险源的监督管理，重大危险源是NOHSC建议国家强制控制的七个需优先考虑的类别之一，并将其作为安全生产的一项基础性工作，并于2001年7

月25日批准公布了重大危险源的第一个年度公告。以后每年将定期发布澳大利亚重大危险源控制方面的公告，内容主要包括：澳大利亚在本年度内重大危险源控制实施情况总结；国外重大危险源控制方面的法律、法规进展及对比；出现的突发性问题；重大危险源控制有效性分析以及提高改进计划。

NOHSC组建工作组进行所有的重大危险源工作并实施包括专家评估、培训、共享、实施指导发展、相互承认可能性评估的关键工作。在2001年4月，NOHSC批准了一个旨在改进国家标准和七个优先控制区内相关物质类别的计划。建立国家强制性物质控制效能和确认新的条例是对这个计划的支持。

澳大利亚各州对重大危险控制标准中危险物质名称和类别的划分也各不相同。澳大利亚首都地区、澳大利亚北部地区、南澳大利亚州、塔斯马尼亚州、新南威尔士州没有任何专门针对重大危险控制危险物质划分的法规。西澳大利亚州也只有国家标准［NOHSC：1014（1996）］和国家标准导则［NOHSC：2016（1996）］，没有专门针对危险物质划分的标准。昆士兰州和维多利亚州颁布了重大危险控制危险物质名称和类别的划分标准。

另外各州制定重大危险控制标准的内容也有很大区别。在昆士兰州，当危险物质的量超过相对应临界量的100%，生产经营单位才向当地安监部门提出申报，危险物质类别的划分把场外风险作为考虑的因素之一。在维多利亚州，生产经营单位进行风险评估、应急救援和社区咨询的时候，并没有考虑危险物质对环境的影响。当地安监部门对安全报告内容的提交有很严格的要求，鼓励企业之间进行协调与沟通，共同提交安全报告。

国际劳工组织认为，各国应根据具体的工业生产情况制定适合国情的重大危险源辨识标准。标准的定义应能反映出当地急需解决的问题以及一个国家的工业模式，可能需有一个特指的或是一般类别或是两者兼有的危险物质一览表，并列出每个物质的限额或允许的数量，设施现场的危险物质超过这个数量，就可以定为重大危险源。任何标准一览表都必须是明确的和毫不含糊的，以便使雇主能迅速地鉴别出他控制下的哪些设施是在这个标准定义的范围内。要把所有可能会造成伤亡的工业过程都定为重大危险源是不现实的，因为由此得出的一览表会太广泛，现有的资源无法满足要求。标准的定义需要根据经验和对危险物质了解的不断加深进行修改。

第二节　我国重大危险源辨识的标准及依据

2000年9月我国发布了由原国家经贸委安全科学技术研究中心（现中国安全生产科学研究院）等单位起草的国家标准《重大危险源辨识》（GB 18218—2000），该标准规定了爆炸性物质、易燃物质、活性化学物质和有毒物质等4类、142种物质及其临界量，为辨识重大危险源提供了标准依据和方法。标准的制定主要依据三个方面。①事故案例分析结果。对全国化工系统1949—1982年的13440个事故案例分析表明，引起火灾、爆炸和毒物泄漏事故次数超过10次的危险物质是一氧化碳（389次）、乙炔（118次）、乙醇（23次）、二氧化硫（17次）、三氯化磷（10次）、甲烷（11次）、甲醇（18次）、汽油（117次）、沥青油（11次）、苯（54次）、苯酚（13次）、氢气（46次）、氢氮混合气（14次）、氨（包括氨水、氨气、液氨，共182次）、氧气（27次）、氯气（包括液氯，共34次）、氯乙烯（19次）、黄磷（53次）、硫化氢（64次）、硫化钠（21次）。②普查试点结果。根据1997年由原劳动部组织实施的六城市重大危险源普查试点结果，贮罐区（贮罐）危险源的主要危险物质依次是：汽油、柴油、液化石油气、重油、润滑油、硫酸、原油、煤油、甲苯和甲醇等；库区（库）危险源的主要危险物质依次是：汽油、柴油、液化石油气、甲苯、乙醇、丙酮、油漆、润滑油和二甲苯等；生产场所危险源的主要危险物质依次是：汽油、液化石油气、柴油、硫酸、甲苯、盐酸、乙醇、二甲苯和液氨等；压力管道的主要危险物质依次是：天然气、液化石油气、氢气、煤气、柴油、汽油、乙烯和乙炔等；压力容器的主要危险物质依次是：液化石油气、氯（氯气、液氯）、丙烯、氨（氨气、液氨、氨水）、氢气、天然气等。③参考国外同类标准，结合我国工业生产的特点和火灾、爆炸、毒物泄漏重大事故的发生规律。

2004 年 1 月 9 日国务院《关于进一步加强安全生产工作的决定》要求“搞好重大危险源的普查登记，加强国家、省（区、市）、市（地）、县（市）四级重大危险源监控工作，建立应急救援预案和生产安全预警机制”。

2004 年 4 月 27 日，国家安全生产监督管理局（国家煤矿安全监察局）发布了《关于开展重大危险源监督管理工作的指导意见》（安监管办［2004］56 号），要求各级安全监管部门、煤矿安全监察机构加强对重大危险源普查、评估、监控、治理工作的组织领导和监督检查；把强化重大危险源监督管理工作作为安全生产监督检查和考核的一项重要内容，全面开展重大危险源普查登记和监控管理工作。各地区统一按照国家安全生产监督管理局组织开发的重大危险源信息管理系统软件，建立本地区重大危险源数据库，并根据重大危险源的分布和危险等级，有针对性地做好日常监督工作，采取措施，切实防范重、特大事故的发生，确保安全生产形势的稳定好转。

第三节 重大危险源辨识分析

目前重大危险源辨识的标准及依据主要是《危险化学品重大危险源辨识》（GB 18218—2009）和《关于开展重大危险源监督管理工作的指导意见》（安监管办［2004］56 号）。

一、重大危险源辨识标准适用的范围

重大危险源辨识标准适用于危险物质的生产、使用、贮存和经营等各企业或组织。不适用于：

①核设施和加工放射性物质的工厂，但这些设施和工厂中处理非放射性物质的部门除外；

②军事设施；

③采矿业，但涉及危险化学品的加工工艺及储存活动除外；

④危险化学品的运输；

⑤海上石油天然气开采活动。

二、重大危险源单元的确定

重大危险源单元是指一个（套）生产装置、设施或场所，或同属一个生产经营单位的且边缘距离小于 500 m 的几个（套）生产装置、设施或场所。

重大危险源分为生产场所重大危险源和贮存区重大危险源两种。生产场所是指危险物质的生产、加工及使用等的场所，包括生产、加工及使用等过程中的中间贮罐存放区及半成品、成品的周转库房。贮存区是专门用于贮存危险物质的贮罐或仓库组成的相对独立的区域。

三、重大危险源辨识

2009年3月，由国家安全生产监督管理总局提出，中华人民共和国国家质量监督检验检疫总局，中国国家标准化管理委员会联合发布新的重大危险源标准GB 18218—2009《危险化学品重大危险源辨识》，代替GB 18218—2000《重大危险源辨识》。新标准于2009年12月1日起实施。

2009版新标准与2000版老标准18218—2000相比主要变化如下：

——将标准名称改为《危险化学品重大危险源辨识》；

——将采矿业中涉及危险化学品的加工工艺和储存活动纳入了适用范围；

——不适用范围增加了海上石油天然气开采活动；

——对部分术语和定义进行了修订；

——对危险化学品的范围进行了修订；

——对危险化学品的临界量进行了修订；

——取消了生产场所与储存区之间临界量的区别。

（一）危险化学品重大危险源的辨识

危险化学品重大危险源的辨识依据是危险化学品的危险特性及其数量，具体见表2-1和表2-2。

危险化学品临界量的确定方法如下：

（1）在表2-1范围内的危险化学品，其临界量按表2-1确定；

（2）未在表2-1范围内的危险化学品，依据其危险性，按表2-2确定临界量；若一种危险化学品具有多种危险性，按其中最低的临界量确定。

表2-1　危险化学品名称及其临界量

序号	类别	危险化学品名称和说明	临界量（t）
1	爆炸品	叠氮化钡	0.5
2		叠氮化铅	0.5
3		雷酸汞	0.5
4		三硝基苯甲醚	5
5		三硝基甲苯	5
6		硝化甘油	1
7		硝化纤维素	10
8		硝酸铵（含可燃物＞0.2%）	5

续表

序号	类别	危险化学品名称和说明	临界量（t）
9	易燃气体	丁二烯	5
10		二甲醚	50
11		甲烷，天然气	50
12		氯乙烯	50
13		氢	5
14		液化石油气（含丙烷、丁烷及其混合物）	50
15		一甲胺	5
18	毒性气体	氨	10
19		二氟化氧	1
20		二氧化氮	1
21		二氧化硫	20
22		氟	1
23		光气	0.3
24		环氧乙烷	10
25		甲醛（含量＞90％）	5
26		磷化氢	1
27		硫化氢	5
28		氯化氢	20
29		氯	5
30		煤气（CO，CO 和 H_2、CH_4 的混合物等）	20
31		砷化三氢（胂）	1
32		锑化氢	1
33		硒化氢	1
34		溴甲烷	10
35	易燃液体	苯	50
36		苯乙烯	500
37		丙酮	500
38		丙烯腈	50
39		二硫化碳	50
40		环已烷	500
41		环氧丙烷	10
42		甲苯	500
43		甲醇	500
44		汽油	200
45		乙醇	500
46		乙醚	10
47		乙酸乙酯	500
48		正己烷	500
49	易于自燃的物质	黄磷	50
50		烷基铝	1
51		戊硼烷	1

续表

序号	类别	危险化学品名称和说明	临界量（t）
52	遇水放出易燃气体的物质	电石	100
53		钾	1
54		钠	10
55	氧化性物质	发烟硫酸	100
56		过氧化钾	20
57		过氧化钠	20
58		氯酸钾	100
59		氯酸钠	100
60		硝酸（发红烟的）	20
61		硝酸（发红烟的除外，含硝酸＞70%）	100
62		硝酸铵（含可燃物≤0.2%）	300
63		硝酸铵基化肥	1000
64	有机过氧化物	过氧乙酸（含量≥60%）	10
65		过氧化甲乙酮（含量≥60%）	10
66	毒性物质	丙酮合氰化氢	20
67		丙烯醛	20
68		氟化氢	1
69		环氧氯丙烷（3-氯-1，2-环氧丙烷）	20
70		环氧溴丙烷（表溴醇）	20
71		甲苯二异氰酸酯	100
72		氯化硫	1
73		氰化氢	1
74		三氧化硫	75
75		烯丙胺	20
76		溴	20
77		乙撑亚胺	20
78		异氰酸甲酯	0.75

表 2-2　未在表 2-1 中列举的危险化学品类别及其临界量

类别	危险性分类及说明	临界量（t）
爆炸品	1.1A 项爆炸品	1
	除 1.1A 项外的其他 1.1 项爆炸品	10
	除 1.1 项外的其他爆炸品	50
气体	易燃气体：危险性属于 2.1 项的气体	10
	氧化性气体：危险性属于 2.2 项非易燃无毒气体，且次要危险性为 5 类的气体	200
	剧毒气体：危险性属于 2.3 项，且急性毒性为类别 1 的毒性气体	5
	有毒气体：危险性属于 2.3 项的其他毒性气体	50

续表

类别	危险性分类及说明	临界量（t）
易燃液体	极易燃液体：沸点≤35 ℃且闪点＜0 ℃的液体；或保存温度一直在其沸点以上的易燃液体	10
	高度易燃液体：闪点＜23 ℃的液体（不包括极易燃液体）；液态退敏爆炸品	1000
	易燃液体：23 ℃≤闪点＜61 ℃的液体	5000
易燃固体	危险性属于4.1项且包装为Ⅰ类的物质	200
易于自燃的物质	危险性属于4.2项且包装为Ⅰ或Ⅱ类的物质	200
遇水放出易燃气体的物质	危险性属于4.3项且包装为Ⅰ或Ⅱ的物质	200
氧化性物质	危险性属于5.1项且包装为Ⅰ类的物质	50
	危险性属于5.1项且包装为Ⅱ或Ⅲ类的物质	200
有机过氧化物	危险性属于5.2项的物质	50
毒性物质	危险性属于6.1项且急性毒性为类别1的物质	50
	危险性属于6.1项且急性毒性为类别2的物质	500
注：以上危险化学品危险性类别及包装类别依据GB 12268确定，急性毒性类别依据GB 20592确定。		

（二）危险化学品重大危险源的辨识指标

单元内存在危险化学品的数量等于或超过表2-1、表2-2规定的临界量，即被定为重大危险源。单元内存在的危险化学品的数量根据处理危险化学品种类的多少区分为以下两种情况：

(1) 单元内存在的危险化学品为单一品种，则该危险化学品的数量即为单元内危险化学品的总量，若等于或超过相应的临界量，则定为重大危险源。

(2) 单元内存在的危险化学品为多品种时，则按式（2-1）计算，若满足式（2-1），则定为重大危险源：

$$\frac{q_1}{Q_1}+\frac{q_2}{Q_2}\cdots\cdots+\frac{q_n}{Q_n}\geqslant 1 \tag{2-1}$$

式中：q_1，$q_2 \cdots q_n$——每种危险化学品实际存在量，单位为吨（t）；

Q_1，$Q_2 \cdots Q_n$——与各危险化学品相对应的临界量，单位为吨（t）。

若其中的物质属于《危险化学品重大危险源辨识》（GB 18218—2009）中的多种物质，则应严格按照标准中表2-1～表2-2选取临界量。

（三）其他重大危险源的辨识

除危险化学品重大危险源外，还存在锅炉、压力容器、压力管道、煤矿（井工开采）、金属非金属矿山、尾矿库等其他类型的重大危险源。这些重大危险源的辨识应以国家安全生产监督管理总局《关于开展重大危险源监督管理工作的指导意见》的规定为依据来进行辨识。

1．锅炉重大危险源辨识

根据国际劳工组织174号《预防重大工业事故公约》，为了预防重大事故，尽量减少发生重大事故的风险和尽量减轻重大事故影响，对于锅炉等承压设备，在一定条件下可以列为“重大危险源”。

（1）蒸汽锅炉重大危险源辨识

该类锅炉中，以装锅筒的自然循环蒸汽锅炉居多。其升压、受压过程与日常生活中使用的压力锅相似，即介质压力不是来源于加压机械（水泵），而是来源于热力过程，其受压与受热不可分割地联系在一起。锅炉生火前，通常在锅筒中加入大约半锅筒水，水面上的锅内空间充满湿空气，其压力为大气压力。锅炉生火受热到一定程度时，会在大气压力下沸腾产汽，此时水和蒸汽的温度均为 100 ℃。如果锅筒是敞口的，则锅内产生的蒸汽将全部进入大气中，锅内维持大气压力，不会升压。如果水面之上的锅内空间是完全封闭的，则锅内产生的蒸汽会全部聚集起来。由于水变成蒸汽时体积大大增加，而锅内容纳气体的空间有限，锅内水面上的蒸汽分压将急剧升高。与此相应，水的饱和温度也随之升高，水在更高的温度下汽化。随着燃烧、传热和产汽过程继续进行，压力和温度升高的过程也将继续下去。实际上的锅炉生火升压过程介于上述两种情况之间：锅内存汽空间接有排气管，排气管上有控制阀门。生火升压时，将阀门开度适当调整，使排气量小于锅内产汽量，使锅内存汽空间的存汽量有控制地增加，则锅内压力逐步上升，直至达到所要求的蒸汽压力。此时，调整锅炉燃烧状态及排汽阀门开度，使排气量等于锅内产汽量，锅内的压力即大体维持不变，锅炉即进入正常的运行状态。因此简单地说，蒸汽锅炉升压需要两个条件：第一，通过燃烧传热产生蒸汽；第二，在锅内积存蒸汽。

对于蒸汽锅炉，按《重大危险源申报登记与管理》对锅炉申报时给定的条件作为重大危险源辨识指标：额定蒸气压力大于等于 2.5 MPa，且额定蒸发量大于等于 10 t/h。

（2）热水锅炉重大危险源辨识

在热水锅炉供热系统内，水通常是强制流动的。在热水锅炉生火启动之前，已经开动水泵使水在包括锅炉在内的系统中受压流动，所以热水锅炉是先受压后受热，属机械（水泵）加压。但在锅炉生火启动，锅水受热后，水的体积膨胀就会导致压力变化；特别是水受热汽化且蒸汽不能充分排放时，水的受热过程同样是引起压力升高的主要因素。

根据 GB 3166—88《热水锅炉参数系列》及国家安全生产监督管理总局在重大危险源申报登记试点工作中对锅炉申报时给定的条件，对热水锅炉，其重大危险源的辨识指标可以设定为：额定出口水温度大于等于 120 ℃，且额定热功率大于等于 14 MW。

2. 压力容器重大危险源辨识

（1）压力容器危险源特征

压力容器的破坏主要有爆炸和泄漏。压力容器爆炸按其爆炸的原因和性质可分为以下 4 种：

1）正常压力下爆炸：是指容器在工作压力下发生的爆炸。爆炸的原因有：因介质腐蚀造成容器壁减薄或设计壁厚过薄；因缺陷造成低应力脆性破坏；发生了疲劳破坏、应力腐蚀破坏或蠕变破坏。

2）超压爆炸：是指容器在超过工作压力（一般超过耐压试验的压力）下发生的爆炸。爆炸原因主要有：操作失误，高压串入低压；液化气体储罐过量充装或意外受热等。

3）器内化学爆炸：是指容器内由于发生不正常的化学反应，使容器内压力急剧升高导致的容器爆炸，也是一种化学因素引起的超压爆炸。爆炸原因主要有：器内化学反应失控；器内混合气体爆炸；器内发生燃烧反应等。

4）二次爆炸：是指容器爆炸以后逸出器外的气体与空气混合达到爆炸极限后发生的空

间爆炸，是一种化学爆炸。

爆炸和泄漏造成的破坏主要有以下几种形式：

1）震动：在遍及破坏作用的区域内，有一个能使物体震动，使之松散的力量。

2）冲击波：当压力容器发生爆炸破裂时，高压气体大量冲击，周围空气受到冲击而发生扰动，使其压力、密度、温度等发生突跃变化，形成冲击波。在爆炸中心附近，空气冲击波波阵面上的超压可以达到几个甚至十几个大气压力，从而造成设备的破坏，甚至人员的伤亡。

3）碎片的冲击：压力容器爆炸时，壳体可能裂成较高速度的碎片，具有较大的动能，会在 100～500 m 的范围内造成伤亡。

4）火灾：当盛装可燃液化气体的大型贮罐等压力容器发生破裂时，容器内液化气体大量蒸发，并与周围空气混合，遇到适当条件常在容器外发生燃烧爆炸酿成重大火灾事故。

5）毒害：如果压力容器内是有毒介质，如液氮、液氯、二氧化氮、氢氨酸等，爆炸后会造成大面积的毒害区域。

根据压力容器重大危险源的特性，压力容器重大危险源可定义为：盛装易燃、易爆或有毒介质，且最高工作压力（或设计压力）、容器体积乘以最高工作压力（或设计压力）均超过临界值的单元。

（2）压力容器分类

压力容器是指盛装气体或者液体，承载一定压力的密闭设备，其范围规定为最高工作压力大于或者等于 0.1 MPa（表压），且压力与容积的乘积大于或者等于 2.5 MPa·L 的气体、液化气体和最高工作温度高于或者等于标准沸点的液体的固定式容器和移动式容器；盛装工程工作压力大于或者等于 0.2 MPa（表压），且压力与容积的乘积大于或者等于 1.0 MPa·L 的气体、液化气体和标准沸点等于或者低于 60 ℃液体的气瓶；氧舱等。

《压力容器安全技术监察规程》根据容器压力的高低、介质的危害程度及在使用中的重要性，将压力容器分为三类。

1）三类容器。符合下列情况之一为三类容器：

①高压容器；

②中压容器（仅限毒性程度为极度和高度危险介质）；

③中压储存容器（仅限易燃或毒性程度为中度危害介质，且设计压力与容积之积 $pV \geqslant$ 10 MPa·m^3）；

④中压反应容器（仅限易燃或毒性程度为中度危害介质，且 $pV \geqslant 0.5$ MPa·m^3）；

⑤低压容器（仅限毒性程度为极度和高度危害介质，且 $pV \geqslant 0.2$ MPa·m^3）；

⑥高压、中压管壳式余热锅炉；

⑦中压搪玻璃压力容器；

⑧使用强度级别较高（指相应标准中抗拉强度规定值下限≥540 MPa）的材料制造的压力容器；

⑨移动式压力容器，包括铁路罐车（介质为液化气体、低温液体）、罐式汽车［液化气体运输（半挂）车、低温液体运输（半挂）车或永久气体运输（半挂）车］和罐式集装箱（介质为液化气体、低温液体）等；

⑩球形储罐（容积 $V \geqslant 50$ m^3）；

⑪低温液体储存容器（$V \geqslant 5$ m^3）。

2）二类容器。符合下列情况之一且不在第1）款之内者为二类容器：

①中压容器；

②低压容器（仅限毒性程度为极度和高度危害介质）；

③低压反应容器和低压储存容器（仅限易燃介质或毒性程度为中度危害介质）；

④低压管壳式余热锅炉；

⑤低压搪玻璃压力容器。

3）一类容器。低压容器且不在第1）、第2）款之内者。

（3）压力容器重大危险源辨识指标

符合以下两个条件之一的为压力容器重大危险源：

①介质毒性程度为极度、高度或中度危害的三类压力容器。

②易燃介质，最高工作压力大于等于0.1 MPa，且 pV（压力×体积）大于等于100 MPa·m^3的压力容器（群）。

3. 压力管道重大危险源辨识

（1）压力管道重大危险源特征

1）压力管道重大危险源的安全状况不仅关系到企业的安全生产和经济效益，更重要的是关系到管道周围居民区、商业区以及工业、交通等设施的安全，关系到管道周围人民群众生命财产的安全。

2）压力管道主要的事故类型有超压破裂事故、外力作用破裂、疲劳断裂事故、腐蚀泄漏事故、蠕变失效事故等，其中最严重的事故形式是超压破裂和外力作用破裂事故。

3）压力管道的事故后果，主要由管道的直径、温度、压力、介质特性等情况来决定。

根据压力管道重大危险源的特性，压力管道重大危险源可定义为：输送易燃、易爆或有毒介质，且管道公称直径、最高工作温度（或设计温度）和最高工作压力（或设计压力）超过临界值的单元。

（2）压力管道分类

压力管道是指利用一定的压力，用于输送气体或者液体的管状设备，其范围规定为最高工作压力大于或者等于0.1 MPa（表压）的气体、液化气体、蒸汽介质或者可燃、易爆、有毒、有腐蚀性、最高工作温度高于或者等于标准沸点的液体介质，且公称直径大于25 mm的管道。

压力管道按其用途可分为工业管道、公用管道和长输管道等三种类型，三种类型的压力管道定义如下：

①工业管道是指企业、事业单位所属的用于输送工艺介质的工艺管道、公用工程管道及其他辅助管道。

②公用管道是指城市或乡镇范围内的用于公用事业或民用的燃气管道和热力管道。

③长输管道是指产地、储存库、使用单位间的用于输送商品介质的管道。

以下4种情况的管道不属于压力管道：

①设备本体所属管道。

②军事装备、交通工具上和核装置中的管道。

③输送无毒、不可燃、无腐蚀性气体，其管道公称直径小于150 mm且其最高工作压力小于1.6 MPa的管道。

④入户（居民楼、庭院）前的最后一道阀门之后的生活用燃气管道及热力点（不含热力点）之后的热力管道。

(3) 压力管道重大危险源辨识指标

符合下列条件之一的压力管道，即为压力管道重大危险源。

1）长输管道中，符合以下条件之一的：

①输送有毒、可燃、易爆气体介质，设计压力＞1.6 MPa 的管道。

②输送有毒、可燃、易爆液体介质，输送距离≥200 km 且管道公称直径≥300 mm 的管道。

2）公用管道中，输送压力（表压）高于 0.1 MPa 的燃气管道（包括 GB 50028《城镇燃气设计规范》中高压、次高压和部分中压管道），且该管道公称直径≥200 mm。

3）工业管道中，符合下列条件之一的：

①输送 GB 5044《职业性接触毒物危害程度分级》中，毒性程度为极度、高度危害介质，且公称直径≥100 mm 的管道。

②输送 GB 50160《石油化工企业设计防火规范》及 GB J16《建筑设计防火规范》中规定的火灾危险性为甲、乙类可燃气体或甲类可燃液体介质，且公称直径≥100 mm、设计压力≥4.0 MPa 的管道。

③输送其他可燃流体介质、有毒流体介质，且公称直径≥100 mm、设计压力≥4.0 MPa且设计温度≥400 ℃的管道。

4. 煤矿（井工开采）重大危险源辨识

煤炭采掘业是高风险行业，煤矿井下属于可能发生重大群死群伤事故的生产场所，在煤炭开采过程中有发生瓦斯煤尘爆炸、透水、火灾、冒顶与坍塌等重大事故的风险。

(1) 煤矿重大危险源特征

1）煤矿重大事故波及范围一般局限于矿井内部，对地面的人员、建筑物、环境等一般不会造成危害。

2）煤矿重大事故的类别主要有瓦斯（煤尘）爆炸、煤（岩）与瓦斯突出、透水、火灾、大面积坍塌冒顶、有毒有害气体中毒和窒息、爆破事故、坠罐和跑车事故、岩爆（也称冲击地压）事故等。

3）几乎所有煤矿都有可能发生瓦斯煤尘爆炸、火灾、透水等重大事故。不同的是，事故发生概率会因煤矿地质条件、开采工艺、技术装备、安全管理水平、各岗位人员素质等不同而有较大差别。

4）煤矿井下一旦发生重大事故，后果往往极其惨重。由于煤矿井下空间的限制，一旦发生爆炸、火灾、透水、煤与瓦斯突出等重大事故，能量的破坏力很大，导致人员伤亡的因素和方式也更为复杂和多样，更加不利的因素是井下人员的救援和逃生比地面要困难得多，特别是发生瓦斯煤尘爆炸事故时，井下所有当班人员可能无一人能幸免于难。

5）煤矿井下的火灾、爆炸事故后果，不像危险化学品生产贮存装置发生火灾、爆炸事故，可以用可能参与事故的危险物质的量来估算。例如，煤矿瓦斯爆炸事故中参与爆炸的物质主要为甲烷（CH_4），其次为煤尘（有时煤尘对爆炸能量的贡献远大于与甲烷），还有其他可燃气体（如 CO、SO_2、其他烷烃等）和爆炸性粉尘。除此之外，由于井下在发生爆炸事故后通风系统会遭到破坏，井下相当于封闭的空间，爆炸过程中产生的可燃气体和爆炸性粉尘可能会参与到下一次爆炸中。所有以上提到的参与爆炸的物质的量，都是无法在事前和事后无法计算的。

6）在煤矿重大事故中，导致人员和财产损失的能量较一般地面事故要复杂得多，既有井下采掘系统内危险物质与能量，如瓦斯、自燃的煤、爆炸性的煤尘、生产工具中的可燃物；也有系统外失控的能量和物质，如大面积冒顶事故中具有很大势能的岩石、透水事故中有很大压力的地下水或地表水、瓦斯突出事故中在地应力与瓦斯压力作用下突出的煤、瓦斯及岩石等。

7）煤矿井下的危险物质和能量在很多情况下是逐渐的积聚或叠加的。比如在通风不良的情况下，瓦斯浓度可以由0积聚到爆炸下限5%，甚至到燃烧浓度16%以上。再如老空区、废旧巷道的积水，回采工作面的矿山压力的逐步增大等。在煤矿生产过程中，如果不能及时、准确地把握危险物质和能量的变化情况，有效地控制危险物质和能量的增加，则事故发生的可能性将大大增加。

8）根据以上分析，由于煤矿井下的危险物质和能量复杂多变而且无法计算，因此，煤矿重大危险源的辨识不宜采用危险物质或能量的临界量的判定方法。例如辨识一个煤矿是否可能发生重大瓦斯爆炸事故，不能根据煤矿井下瓦斯的某一临界量指标判定；再如对煤矿火灾事故，不能以井下某一种可燃物的量来确定火灾事故的后果；对煤矿水灾事故，不能以可进入井下的水量或水压来确定水灾事故的后果，等等。

9）煤矿开采条件的动态变化，增加了事故发生的可能性。煤矿开采与其他一般的工业生产不同，随着工作面的推进，采区的接替，水平的延深，不仅井下工作地点发生变化，而且地质条件、通风状况、工作环境等都可能发生变改。这些变化给生产带来了许多未知的不利因素，导致许多事故在出乎意料的情况下发生的。

根据以上对煤矿重大危险源特性的分析，煤矿（井工开采）重大危险源可定义为：煤矿重大危险源是指可能发生瓦斯爆炸、火灾、透水等群死群伤重大事故、且符合规定条件的矿井。

（2）煤矿重大危险源辨识指标

根据煤矿重大危险源的特性，研究确定煤矿重大危险源的辨识标准是进行煤矿重大危险源辨识、评估和分级管理的前提。确定煤矿重大危险源的辨识标准，重点考虑的是煤矿可能发生的重大事故类别和发生事故可能性大小。

煤矿可能发生的重大事故类别主要有：

①瓦斯（煤尘）爆炸事故；

②煤（岩）与瓦斯突出事故；

③火灾事故；

④透水事故；

⑤冒顶与坍塌事故；

⑥冲击地压事故；

⑦坠罐与跑车事故；

⑧爆破事故；

⑨中毒和窒息事故；

⑩其他事故。

煤矿重大危险源的辨识指标应该从导致上述重大事故的危险性指标中选取。辨识指标应该选取固有危险性指标，应能明确表征煤矿开采条件的好坏，突出重点，具有代表性。考虑在进行重大危险源辨识时企业数量多，范围广，工作量大，因此要求指标的选取应具普遍性，数据容易获取，不需额外的测量、鉴定或现场调研工作。

根据以上原则，对于符合下列条件之一的矿井，分别进行煤矿重大危险源的辨识：

1）高瓦斯矿井

只要是瓦斯矿井就有发生瓦斯爆炸事故的危险，而几乎所有煤矿都有瓦斯的涌出，都属于瓦斯矿井，只不过发生瓦斯事故的可能性有所不同。影响煤矿瓦斯爆炸固有危险性的最关键因素是煤层瓦斯含量和矿井瓦斯涌出量。其他条件相同的情况下，高瓦斯矿井发生瓦斯爆炸的危险性大于低瓦斯矿井。因此，矿井瓦斯涌出量或矿井瓦斯等级应该作为煤矿重大危险源的辨识指标之一。

2）煤与瓦斯突出矿井

煤与瓦斯突出事故不但直接造成煤矿的重大人员伤亡和财产损失，而且由于瓦斯的异常突出，很可能进一步导致瓦斯爆炸事故。因此，是否为突出矿井应该作为煤矿重大危险源的辨识指标之一。

3）有煤尘爆炸危险或煤层自燃发火期小于6个月的矿井

由于煤矿井下可燃物的大量存在，每一个矿井都有发生火灾事故的危险。但如果矿井开采的煤层是容易自燃的煤层，则发生火灾的可能性将大大增加。煤层的自燃倾向性是衡量煤层自然发火危险程度的主要标志之一。煤层的自燃倾向性可分为容易自燃、自燃、不易自燃三类。但是仅以煤的自燃倾向性判断矿井的自燃发火危险程度是不完备的，矿井的自燃发火危险性还与地质因素和开采技术因素密切相关，各种因素共同作用影响着矿井的自燃发火危险程度。因此，把矿井的自燃发火危险程度作为煤矿重大危险源的辨识指标之一。

4）水文地质条件复杂的矿井

矿井的水灾事故包括井下的突水事故和地面的洪水淹井事故。洪水淹井事故发生较少，矿井水灾事故主要是井下的透水事故。矿井透水事故的固有危险性主要由矿井的水文地质条件复杂程度决定。矿井的水文地质条件可划分为简单、中等、复杂、极复杂四类。因此，矿井是否水文地质条件复杂或有突水淹井危险应该作为煤矿重大危险源的辨识指标之一。

5）煤层冲击倾向为中等及以上的矿井

冲击地压（岩爆、煤爆）也是威胁矿井安全生产的严重地质灾害之一。随着我国煤矿开采深度的增加，冲击地压的危害日趋严重。冲击地压的危害可分无冲击地压、弱冲击地压、强冲击地压三类。因此，煤层的冲击地压危险性应该作为煤矿重大危险源的辨识指标之一。

综合以上分析，各类矿井的煤矿（井工开采）重大危险源的辨识标准如下。

1）高瓦斯矿井

根据矿井的瓦斯等级鉴定，矿井相对瓦斯涌出量大于10 m^3/t 或矿井绝对瓦斯涌出量大于40 m^3/min 的为高瓦斯矿井（依据《煤矿安全规程》第133条）。

2）煤（岩）与瓦斯（二氧化碳）突出矿井

矿井在采掘过程中，只要发生过一次煤（岩）与瓦斯突出，该矿井即为突出矿井。新建矿井的煤层突出危险性根据地质勘探部门提供的基础资料，由国家煤矿安全监察局授权单位鉴定，报省级煤炭管理部门审批（依据《煤矿安全规程》第176条）。

3）水文地质条件复杂或有突水淹井危险的矿井

包括水文地质条件复杂、极复杂或有突水淹井危险的矿井。每一个矿井必须调查水文地质条件，划分水文地质类型［依据《矿井水文地质规程》(试行）第4条］。

4）开采容易自燃煤层的矿井或自燃发火严重的矿井

生产矿井必须对所有煤层的自燃倾向性进行鉴定。一个矿井只要有一个开采煤层属于容易自燃煤层，就符合辨识标准（依据《煤矿安全规程》第228条）。

自燃发火严重的矿井指近10年内百万吨自燃发火率（即每产100万吨煤发生自燃火灾的次数）在3次以上（包括3次）的矿井，或目前井下存在火区的矿井。

5）有强冲击地压危险的矿井

开采冲击地压煤层时，应根据实际考察资料和积累的数据划分冲击危险程度等级。对未发生过冲击地压危害的矿井，可根据《煤层冲击倾向性分类及指数的测定方法》（MT/T 174—2000）和《岩石冲击倾向性分类及指数的测定方法》（MT/T 886—2000）测定冲击地压危险程度等级。对发生过冲击地压危害的矿井可依据实际危害划分冲击地压危险程度等级（依据《煤矿安全规程》第84条）。

5. 金属非金属地下矿山重大危险源辨识

金属非金属矿井与煤矿在井巷工程、通风、供电、提升、运输、生产工艺流程、作业环境，以及所发生的事故类型等方面有许多相似之处。金属非金属矿井重大伤亡事故的类别如透水、火灾、大面积坍塌冒顶、有毒有害气体中毒和窒息、爆破事故、爆炸品爆炸、坠罐（跑车）、岩爆（冲击地压）等，基本与煤矿相似。

金属非金属矿井重大事故的特征与煤矿也非常相近，如在事故涉及范围、井下空间限制、救援和逃生、事故后果评估、事故中的物质与能量的积累、重大危险源的辨识方法、开采条件的动态变化等等。

根据煤矿与金属非金属矿井的不同点和相似点的分析可以看出，金属非金属矿井重大危险源与煤矿重大危险源有些特性非常相似，只不过一般情况下，煤矿重大危险源的危险性远大于金属非金属矿井重大危险源。因此，金属非金属矿井重大危险源快速评估分级方法可以采用煤矿重大危险源快速评估分级的思路。

金属非金属地下矿山重大危险源可定义为：可能发生透水、火灾等群死群伤重大事故，且符合金属非金属地下矿山重大危险源申报条件的矿井单元。

(1) 金属非金属地下矿山重大危险源辨识指标研究

1）金属非金属地下矿山重大危险源的辨识依据

金属非金属地下矿山重大危险源的辨识以矿山的采矿生产单位——矿井为辨识单元。辨识的依据是地下矿山可能发生的重大事故危险特性，主要包括矿井水灾危险性、火灾危险性、岩爆危险性等。

在金属非金属地下矿山生产中存在着多种事故风险，如：透水事故、火灾事故、顶板事故、岩爆事故、坠罐事故、跑车事故、爆炸品爆炸事故、爆破事故、中毒和窒息事故及其他事故。煤系硫铁矿及其他开采与煤共生的矿藏的矿山，可能存在瓦斯危害；硫化矿尘可能具有爆炸性；硫化矿层可能有自燃的危险。在确定金属非金属地下矿山重大危险源辨识依据和指标时，着重考虑能够反映其固有危险性和特殊危险性的因素，以便于区分不同矿井的危险程度的高低。基于这种考虑，选择了上述三种重大事故风险的高低为辨识依据。而对于坠罐事故、跑车事故、爆炸品爆炸事故、爆破事故、中毒和窒息事故等事故风险指标，由于对不同矿山，风险大小不便于区分，因此不宜作为辨识依据。

2）金属非金属地下矿山重大危险源的辨识指标

符合下列 6 个条件之一的矿井，即为金属非金属地下矿山重大危险源。

①水文地质复杂，采掘工程和矿井安全受水害威胁的矿井

水文地质复杂的矿井主要包括以下 4 种情况：

a. 以岩溶含水层充水为主的矿井；

b. 矿井年平均涌水量达到 800 m^3/h 以上的矿井；

c. 附近或矿区内地表水与地下水有水力联系，对矿井充水有影响的矿井；

d. 主要矿床位于当地最低侵蚀基准面以下，地形有利于地下水聚集的矿井。

这 4 个判别依据主要参考了国家标准《矿区水文地质工程地质勘探规范》（GB 12719—91）、《铅、锌矿地质勘探规范》（试行）（地矿部、冶金部，一九八三年）、《矿井水文地质规程》（试行）（煤炭部，[84] 煤生字第 550 号）等。

《矿区水文地质工程地质勘探规范》中，根据主要矿体与当地侵蚀基准面的关系，地下水的补给条件，地表水和主要充水含水层的水力联系密切程度，主要充水含水层和构造破碎带的富水性、导水性，第四系覆盖程度以及水文地质边界的复杂程度，将各类充水矿床勘探的复杂程度划分为三型：第Ⅰ型（水文地质条件简单的矿床），第Ⅱ型（水文地质条件中等的矿床），第Ⅲ型（水文地质条件复杂的矿床）。

在《铅、锌矿地质勘探规范》中给出了我国铅锌矿床水文地质条件复杂程度的分类，如表 2-3 所示。

表 2-3　铅锌矿床水文地质条件复杂程度的分类

水文地质条件复杂程度	影响矿床水文地质条件的主要因素		矿床实例
	矿床埋藏条件	矿床充水主要含水层或构造破碎带的富水性	
Ⅰ 水文地质条件简单的矿床	主要矿体位于当地最低侵蚀基准面以上，地形有利于地下水在开采时自流排泄；或位于地下水位以下，附近无地表水体影响	富水性弱 单位涌水量（q）一般＜0.1 L/（s·m） 矿坑一般涌水量（Q）＜5000 m^3/日	甘肃省厂坝、小铁山，浙江省五部
Ⅱ 水文地质条件中等的矿床	主要矿体位于当地最低侵蚀基准面以下，附近无地表水体；或有地下水体，但对矿床充水影响不大	富水性中等 单位涌水量（q）一般 0.1～1.0 L/（s·m） 矿坑一般涌水量（Q）＜20000 m^3/日	黑龙江省小西林，辽宁省关门山，江苏省栖霞山，湖南省桃林
	主要矿体位于当地最低侵蚀基准面以上，但位于地下水位以下，地形有利于地下水在开采时自流排泄	富水性中等 补给条件好 矿坑一般涌水量（Q）＜20000 m^3/日	四川省大梁子
Ⅲ 水文地质条件复杂的矿床	主要矿体位于当地最低侵蚀基准面以下，地形有利于地下水聚集；附近或矿区内地表水与地下水有水力联系，对矿床充水有影响	富水性强 补给条件好 单位涌水量（q）一般＞1 L/（s·m） 矿坑一般涌水量（Q）＞20000 m^3/日	广东省凡口，广西（区）泗顶，湖南省水口山、香花岭

在《矿井水文地质规程》中给出了煤矿矿井水文地质类型的分类，如表 2-4 所示。

表 2-4　煤矿矿井水文地质类型的分类

分类依据＼类别		水文地质简单	水文地质中等	水文地质复杂	水文地质极复杂
受采掘破坏或影响含水层	含水层性质及其补给条件	受采掘破坏或影响的孔隙裂隙、溶隙含水层，补给条件差，补给水源少或极少	受采掘破坏或影响的为孔隙裂隙、溶隙含水层，补给条件一般，有一定的补给水源	受采掘破坏或影响的主要是灰岩溶隙—溶洞含水层，厚层砂砾石含水层，其补给条件好，补给水源充沛	受采掘破坏或影响的岩溶含水层，其补给条件很好，补给水源极其充沛
	单位涌水量 q (L/(s·m))	＜0.1	0.1～2	2～10	≥10
矿井单位涌水量 (m^3/h)	年平均	＜180（西北地区 0～100）	180～600（西北地区 100～150）	600～1200（西北地区 150～1200）	1200～3000
	最大	＜300	＜1200（西北地区 120～300）	1200～3000（西北地区 300～3000）	＞3000
开采受水害影响程度		采掘工程一般不受水害影响	采掘工程受水害影响，但不威胁矿井安全	采掘工程、矿井安全受水害威胁	矿井突水频繁，来势凶猛，含泥沙率高，采掘工程、矿井安全受水害严重威胁
防治水工作难易程度		防治水工作简单	防治水工作简单或易于进行	防治水工程量大，难度较高，防治水的经济技术效果差	防治水工程量大，难度高，往往难以治本，或防治水的经济技术效果极差

②瓦斯矿井

在煤系硫铁矿及其他与煤共生矿床的开采过程中，只要发现过瓦斯，该矿井即为瓦斯矿井。

在煤系硫铁矿及其他与煤共生矿床的开采过程中，煤层或其他岩层赋存的瓦斯可能会通过开采形成的裂隙或巷道涌入矿井，这类有瓦斯持续涌出的矿井有发生瓦斯爆炸的危险，因此其发生重大事故的危险性远大于一般金属非金属矿井。

③井下采空区未经有效处理，有发生大面积冒顶危险的矿井

采空区未经处理或只进行了局部处理，连续采空区体积达到 100 万 m^3 以上的矿井。

④开采自燃发火矿层的矿井

矿井开采的硫化矿石可能发生自燃，井下有发生自燃火灾的危险。这类存在内因火灾的矿井，发生火灾的危险性比一般金属非金属矿井大。

⑤在开采过程中发生过岩爆（冲击地压）的矿井

岩爆（冲击地压）一般指井巷或工作面周围岩体，由于弹性变形能的瞬时释放而产生突然剧烈破坏的动力现象，常伴有岩体抛出、巨响及气浪等现象。在开采深埋硬岩矿床时，开

采达到一定的深度后，可能出现岩爆现象。我国抚顺胜利矿于 1933 年最早发现岩爆，到目前为止已有 20 多个矿井有过发生岩爆的记录。

⑥开采深度达到 800 m 以上的矿井

随着社会与经济发展需求的日益增长和矿山工程技术体系的进步和完善，资源开采不断地在向深部发展。据不完全统计，国外开采超千米深的金属矿山有 80 多座，其中最多为南非。我国一批金属矿山近年也已进入深部开采，例如红透山铜矿目前开采已进入 900～1100 m 深度。20 世纪 80 年代以来，深井开采的事故越来越严重。以南非为例，在南非深部金矿的开采中，由于地震等事件诱发的岩爆、岩石冒落，使南非的采矿工业成为最危险的工业之一。

关于深部开采的定义，2001 年 11 月在北京香山召开的“深部高应力下的资源开采与地下工程”为主题的香山科学会议第 175 次学术讨论会上，大多数专家认为中国的深部资源开采的深度可界定为：煤矿 800～1500 m，金矿与有色金属矿 1000～2000 m。

综合以上考虑，确定金属非金属地下矿山重大危险源对于开采深度指标的要求为 800 m。

6. 尾矿库重大危险源辨识

尾矿库是金属非金属矿山重要的生产设施，是矿山的重要组成部分。同时，尾矿库也是危险性较大的设施，是可能发生严重次生灾害的建设工程。世界上许多工业发达国家都遭受过尾矿库事故的危害，因此他们把尾矿库危害列为各种重大灾害中的第 18 位。

我国是矿业大国，每年选矿产生的尾矿约 4 亿吨，除一小部分作为矿山充填或综合利用外，绝大部分都要储存在尾矿库。我国现有尾矿库近 3000 余座。尾矿库数量、库容和坝高都位于世界前列，因此发生事故的频率和事故的破坏程度也比世界上大多数国家严重。我国政府对尾矿库的安全非常重视，制定了一系列标准和规章，对尾矿库的管理取得了一定的成绩。但是，尾矿库的安全还存在许多问题，据统计，各行业的危、病库约占 30％至 50％，垮坝事故时有发生，形势是相当严峻的。

尾矿库重大危险源有以下特性：

①尾矿库重大危险源的安全状况不仅关系到企业的安全生产和经济效益，更重要的是关系到库区下游村镇、农田以及工业、交通等设施的安全，关系到库区下游人民群众生命财产的安全。

②尾矿库的主要的事故类型有尾矿库溃坝事故、库岸滑塌事故、洪水（库水）漫坝事故、尾矿坍塌事故，其中最严重的事故形式是尾矿库溃坝事故。

③尾矿库的安全运行受外部影响非常大，主要有暴雨洪水、地下水、周围山体滑坡和泥石流、地震，以及人的违章爆破、采石、建筑等危及尾矿库安全的活动。

④尾矿库溃坝的事故后果，主要由尾矿库的全库容、坝高、周围地形地貌、下游居民密度、农田和工业设施等情况来决定，相对较容易估算。

⑤尾矿库溃坝事故的能量，主要是具有很大势能的尾矿、水等奔泻而下，与山洪、泥石流暴发相似。衡量尾矿库能量的两个重要指标即是全库容和坝高。

⑥尾矿库是不断堆坝的，随着尾矿库的坝高和库容逐渐增大，溃坝事故能量也逐渐增大。因而，尾矿库使用后期比初期或中期危险性大。

根据尾矿库重大危险源的特性，尾矿库重大危险源可定义为：坝高或全库容超过临界值，或一旦发生最大可能的溃坝事故，对下游的城镇、工矿企业、交通运输及其他重要设施造成严重危害的尾矿库。

尾矿库重大危险源辨识指标分析如下。

(1) 尾矿库的等别

尾矿库的等别体现了尾矿库的固有危险性大小。它是根据全库容 V 和坝高 H 两个因素，由表 2-5 确定。

表 2-5 尾矿库的等别

尾矿库等别	全库容（万 m^3）	坝高（m）
一	供二等库提高等别用	
二	$V \geqslant 10000$	$H \geqslant 100$
三	$1000 \leqslant V < 10000$	$60 \leqslant H < 100$
四	$100 \leqslant V < 1000$	$30 \leqslant H < 60$
五	$V < 100$	$H < 30$

当用全库容和坝高确定的等别相差一等时，应按较高的确定；当等差大于一等时，则应按高的降一等来确定。

如果尾矿库失事会使下游重要城镇、工矿企业、或重要铁路干线遭受严重灾害者，或有害物质会大面积扩散者，尾矿库的等别要提高一等。

一般情况下，尾矿库的库容越大，坝高越高，其失事后对下游造成的灾害就越重，因而其危险性也就越大。

尾矿库等别越高，对其安全性要求越高，其建、构筑物的设计安全系数越大，排洪标准也越高。

(2) 尾矿库的危害严重程度分类

在《尾矿设施安全监督管理办法（试行）》（劳部发［1995］186 号）中，根据我国对事故的严重程度分级标准和惯例，把尾矿设施的危害严重程度分为三类。

①一类尾矿设施：一旦发生最大程度的溃坝事故，殃及居民区或重要建（构）筑物等，可能造成死亡 50 人以上或经济损失 1000 万元以上的。

②二类尾矿设施：一旦发生最大程度的溃坝事故，殃及居民区或重要建（构）筑物等，可能造成死亡 10 人以上至 50 人以下或经济损失 100 万元以上至 1000 万元以下的。

③三类尾矿设施：一旦发生最大程度的溃坝事故，殃及居民区或重要建（构）筑物等，可能造成死亡 10 人以下或经济损失 100 万元以下的。

这个分类方法隐含了那些一旦发生溃坝事故不可能造成人员伤亡的情况。比如尾矿库下游荒无人烟，一旦发生溃坝，也不会殃及居民区或重要建（构）筑物等，就属于这种情况。所以尾矿设施危害严重程度实际上是分四类。

(3) 尾矿库的分级管理

《尾矿库安全管理规定》（国家经贸委 2000 年第 20 号令）第 88 条规定："尾矿库安全监督实施属地管理和分级监察相结合的原则。省级安全生产监督管理部门负责库容在 1000 万 m^3 以上尾矿库的安全监督检查，地（市）级安全生产监督管理部门负责库容在 100～

1000 万 m^3 尾矿库的安全监督检查，县级安全生产监督管理部门负责库容在 100 万 m^3 以下尾矿库的安全监督检查。”

（4）尾矿库重大危险源的辨识依据

尾矿库重大危险源辨识以尾矿库为辨识单元。尾矿库重大危险源的辨识依据是尾矿库总库容、尾矿库总坝高以及尾矿库一旦失事对下游可能造成的危害后果。

（5）尾矿库重大危险源的辨识指标

符合下列条件之一者，即为尾矿库重大危险源。

①总库容达到 100 万 m^3 以上的尾矿库。

②总坝高达到 30 m 以上的尾矿库。

四、重大危险源辨识的程序

重大危险源辨识的程序图见图 2-1。

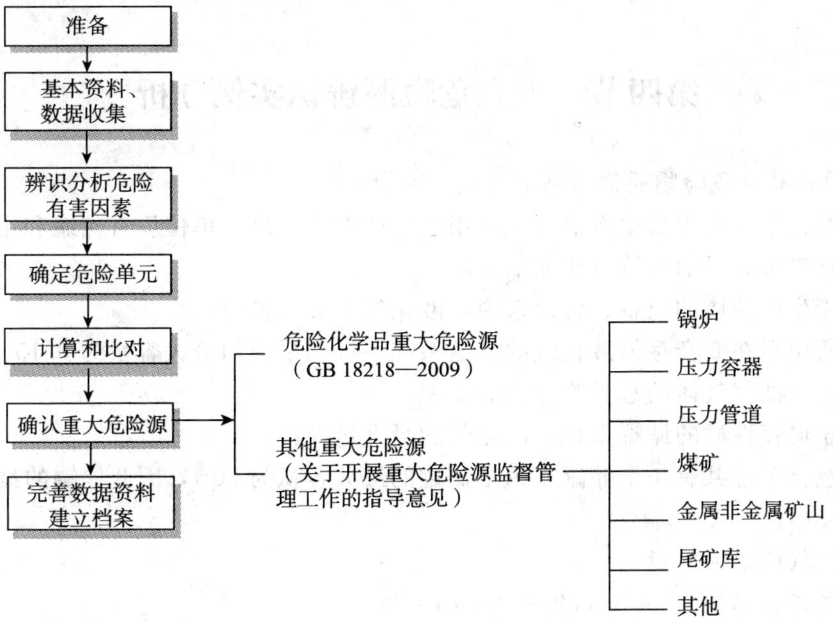

图 2-1　重大危险源辨识的程序图

五、重大危险源登记建档与评估基本要求

我国重大危险源申报登记与监控管理工作已经开展了 8 年多，重大危险源监督管理的框架已经基本形成，为提高安全生产管理水平、预防重特大事故的发生发挥了非常重要的作用。根据《安全生产法》的有关规定，为全面掌握重大危险源的数量、状况及其分布，加强对重大危险源的监督管理，有效防范重、特大事故的发生，2003 年 11 月以来，国家安全生产监督管理局（国家煤矿安全监察局）（以下简称国家局）在河北、辽宁、江苏、浙江、福建、重庆、广西、甘肃开展了重大危险源申报登记试点工作。国务院《关于进一步加强安全生产工作的决定》下发后，各地认真贯彻落实，陆续开展了重大危险源普查登记和监控工作。为加强管理，统一标准，规范运行，国家对开展重大危险源监督管理工作提出以下基本

要求。

①生产经营单位应当按照《安全生产法》、《重大危险源辨识》（GB 18218—2009）和《重大危险源监督管理规定》的要求对本单位的重大危险源进行登记建档，并填写《重大危险源申报表》，报当地安全监管部门（或煤矿安全监察机构）。

②生产经营单位应当定期对本单位的重大危险源进行安全评估，并出具安全评估报告。安全评估工作应由注册安全评估人员或注册安全工程师主持进行，或者委托具备安全评估资格的评估机构进行。安全评估报告应包括重大危险源的基本情况，危险、有害因素辨识与分析，可能发生的事故类型、严重程度，重大危险源等级，安全对策措施，应急救援措施和评估结论等。安全评估报告应报当地安全监管部门（或煤矿安全监察机构）备案。

③重大危险源实施新建、改建、扩建工程的生产过程以及材料、工艺、设备、防护措施和环境等因素发生重大变化，或者国家有关法规、标准发生变化时，生产经营单位应当对重大危险源重新进行安全评估，并将有关情况报当地安全监管部门（或煤矿安全监察机构）。

第四节　重大危险源辨识实例分析

例 1：单一品种危险物质最大量的计算

某生产经营单位使用液化石油气气体用于生产中的加热，单位里有储罐和用于生产加热的管道。液化气最大量的计算方法如下所示。

(1) 对于生产性质的设备、管道来说，液化气的最大量为：

生产场所中存在 6 套存放液化气的管道系统，每套系统的最大容量为 0.15 t，因此管道系统存有液化石油气气体的总量为 6×0.15＝0.9 t。

(2) 对于储存性质的储罐来说，液化气的最大量为：

该生产经营单位共有 4 个储罐，每个储罐的最大容积为 60 t，因此储罐的最大总容积量为 4×60＝240 t。

(3) 液化气的最大总量：

液化气的最大总量为 240＋0.9＝240.9 t。

(4) 结论

根据重大危险源辨识标准（GB 18218—2009）的规定，液化气的临界量是 50 t，按照辨识标准的计算法则 AQR＝（最大数量/临界值）＝240.9/50＝4.82＞1，所以该生产经营单位是重大危险源。

例 2：多品种危险物质辨识指标（AQR）的计算一

(1) 某生产经营单位存有 1 t 硫化氢、1.5 t 氯气、0.2 t 光气，而硫化氢、氯气、光气相对应的临界量分别为 50 t、25 t、0.75 t。根据重大危险源辨识标准的规定，辨识指标的计算过程如表 2-6 所示：

表 2-6 例 2 中辨识指标计算表

危险物质	最大数量（t）	相对应的临界量（t）	辨识指标 AQR（最大数量/临界量）
硫化氢	1	5	0.2
氯气	1.5	5	0.3
光气	0.2	0.3	0.67
合计	—	—	1.17

（2）结论：

根据以上计算结果，辨识指标 AQR＞1，该生产经营单位符合重大危险源的申报要求，同时辨识指标 AQR＞1.0，所以该生产经营单位是重大危险源。

例 3：多品种危险物质辨识指标（AQR）的计算二

某生产经营单位使用 51％的氨水溶液来配置 5％的氨水溶液，该单位又使用液化石油气用于生产加热。

（1）生产场所氨的最大量计算：

在该生产经营单位的生产场所中，生产设备存有 20 t 51％的氨水溶液，管道系统存有 0.4 t 51％的氨水溶液。因此，生产设备存有的氨水溶液的总量为 20.4 t，存有氨的最大量为 20.4×0.51＝10.4 t。

（2）储存区氨的最大量计算：

在该生产经营单位的储存区内，储罐存有 24 t 51％的氨水溶液，容器存有 10 t 的无水液氨。因此，储存区存有氨的最大量为 10＋（0.51×24）＝22.2 t。

该单位虽然还存有 20 吨 5％的氨水溶液，其他容器也存有 30 t 5％的氨水溶液，但由于这些氨水的浓度低于重大危险源辨识标准中规定的 50％，所以这些物质不纳入辨识标准的计算中。

（3）氨的最大总量是：

该生产经营单位存有氨的总量为 10.4＋22.2＝32.6 t。

（4）液化气的最大量是：

该生产经营单位储罐存有液化气的总量为 20 t。

（5）结论：

根据表 2-7 中的计算结果，辨识指标 AQR＞1，该生产经营单位符合重大危险源的申报要求。

表 2-7 例 3 中辨识指标计算表

危险物质	最大数量（t）	相对应的临界量（t）	辨识指标 AQR（最大数量/临界量）
氨	32.6	50	0.65
液化气	20	50	0.40
合计	—	—	1.05

第三章

重大危险源的评估分级和安全评估内容

第一节　重大危险源的评估分级

一、重大危险源分级判据

按照重大危险源的种类和能量在意外状态下可能发生事故的最严重后果，重大危险源分为四级。重大危险源分级判据如表 3-1 所示。

表 3-1　重大危险源分级判据

危险源等级	分级判据（死亡人数）
一级重大危险源	可能造成 30 人（含 30 人）以上死亡
二级重大危险源	可能造成 10～29 人死亡
三级重大危险源	可能造成 3～9 人死亡
四级重大危险源	可能造成 1～2 人死亡

二、重大危险源死亡人数及财产损失计算方法

可能造成的死亡人数评价程序为：

①将重大危险源的周边区域划分成等间隔的网格区，用一笛卡尔坐标体系的网格覆盖城市的区域地图（如图 3-1 所示），网格间距大小取决于当地人口密度，以不影响计算结果为准。

②确定每一网格内的人员数量，通过火灾（室内火灾除外）、爆炸、毒物泄漏扩散事故后果模型计算重大危险源事故在每一网格中心处产生的热辐射、超压或毒物浓度的数值，然后通过热辐射、冲击波超压、中毒概率函数将其转化为造成死亡的概率。

③将每一网格中心的死亡率与人口数量相乘，即得到死亡的人数。

④将所有网格的死亡人数求和，即得到总的死亡人数。

具体用下式表示：

$$N = \sum_{i=1}^{n} D_i \cdot S \cdot v_i \tag{3-1}$$

式中：N 为总的死亡人数，D_i 为第 i 个网格的人口密度，S 为网格面积，v_i 为第 i 个网格的个人死亡率，n 为网格的数目。

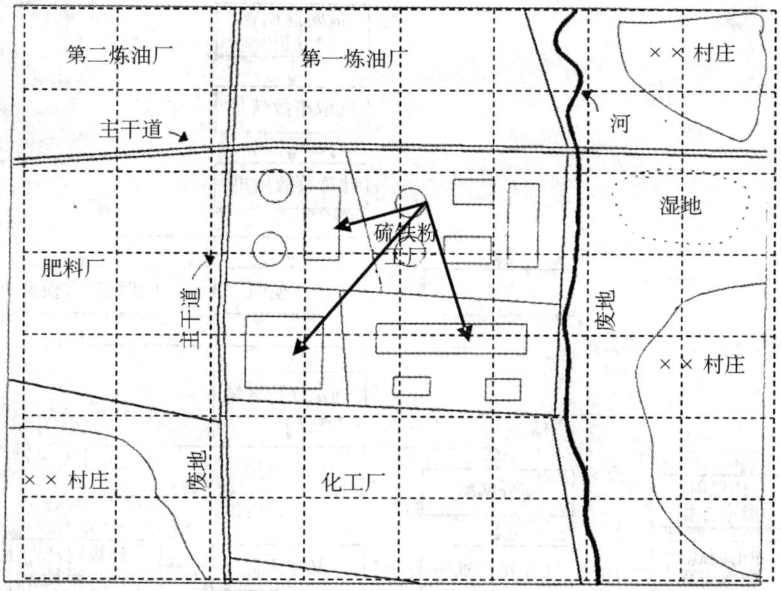

图 3-1　死亡人数计算原理示意图

采用财产损失半径的方法评估事故后果造成的损失，并假定此半径内没有损失的财产与此半径外损失的财产相互抵消，或者说此半径内的财产完全损失，此半径外的财产完全无损失。财产损失半径通过火灾、爆炸事故后果模型确定。

财产损失半径按下式计算：

$$R_i = \frac{K_i W_{\mathrm{TNT}}{}^{1/3}}{\left[1+\left(\frac{3175}{W_{\mathrm{TNT}}}\right)^2\right]^{1/6}} \tag{3-2}$$

式中：R_i 为 i 区半径，m；K_i 为常量。

热辐射对建筑物的影响直接取决于热辐射强度的大小及作用时间的长短，以引燃木材的热通量作为对建筑物破坏财产损失半径，计算公式如下：

$$q=6730t^{-4/5}+25400 \tag{3-3}$$

$$t=W/M_c \tag{3-4}$$

式中：q 为引燃木材的热通量，$\mathrm{W/m^2}$；t 为热辐射作用时间，即火灾持续时间，s。

三、重大危险源评价分级程序

重大危险源的评价分级程序如图 3-2 所示。如果一种危险物质具有多种事故形态，按照后果最严重的事故形态考虑，即遵循“最大危险原则”。各类重大危险源具体事故情景选择、后果计算及死亡概率计算过程参见第四章。

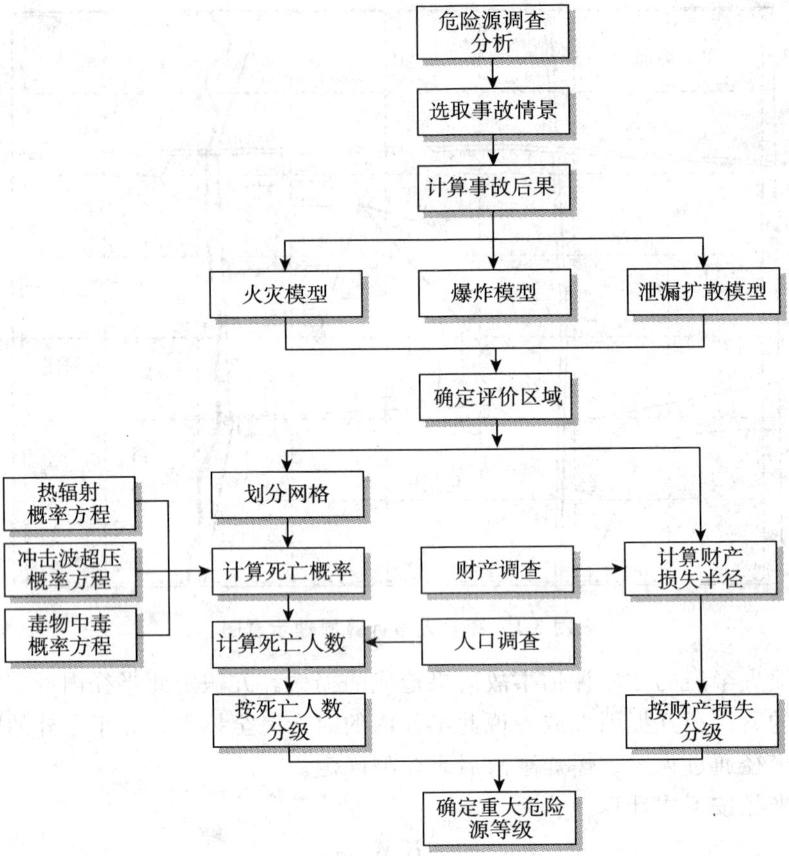

图 3-2 重大危险源评价分级程序

第二节 重大危险源安全评估的内容和实例解析

重大危险源的安全评估有两个方面的方要内容，一是对重大危险源进行分级；二是对重大危险源的安全现状作出评估和判断，并提出相应的安全监控对策措施。

一、重大危险源周边环境

主要包括以下内容：

（1）重大危险源内在的危险、有害因素对周边单位生产、经营活动或者居民生活的影响。

（2）周边单位生产、经营活动或者居民生活对重大危险源的影响。

（3）当地自然条件（气候、地质、自然灾害等）对重大危险源的影响。

表 3-2　重大危险源与周边区域距离

周边环境	小于 500 m 时的实测距离（m）	大于 500 m
1. 距居民区、商业中心、公园等人口密集区域		
2. 距学校、医院、影剧院、体育场（馆）等公共设施		
3. 距供水水源、水厂及水源保护区		
4. 距车站、码头（按照国家规定，经批准专门从事危险化学品装卸作业的除外）、机场以及公路、铁路、水路交通干线、地铁风亭及出入口		
5. 距基本农田保护区、畜牧区、渔业水域和种子、种畜、水产苗种生产基地		
6. 距河流、湖泊、风景名胜区和自然保护区		
7. 距军事禁区、军事管理区		
8. 距法律、行政法规规定予以保护的其他区域		

要注意的是，考虑重大危险源与周边环境情况的相互影响时，距离的确定可参考以下原则：对于爆炸危险，一般在 500 m 以内；对于毒物泄漏危险，一般在 1000 m 以内；特殊情况，依据有关标准。

表 3-3　重大危险源与四周建（构）筑物的距离

东面	距离（m）	南面	距离（m）	西面	距离（m）	北面	距离（m）

表 3-4　重大危险源周边环境基本情况表

	单位类型	数量（个）	单位名称	人数	与危险源最近距离
周边地区情况	住宅区				
	生产单位				
	机关团体				
	公共场所				
	交通要道				
	其他				
周边环境对危险源的影响	类型	数量（个）	简要说明		
	火源				
	输配电装置				
	其他				

（4）清净下水情况

重大危险源是否属“临江临河”企业，是否有设施防止危险物质流入江河，污水排放口是否是饮水源的取水口，是否属长江支流等。若不属“临江临河”企业，则说明防止危险物质流入排水系统，包括危险物质万一泄漏如何处置。

重大危险源是否具有雨水、污水二路系统，污水系统是否有切换排放阀，系统是否有事故排液槽等情况。如有围堤，应介绍围堤的高度和长度，说明是否有决堤等情况。

二、设备、设施、工艺的检查与评估判定

1. 防火设施检查

所有检查内容如表 3-5 所示，分为 7 个部分。

表 3-5 防火设施检查表

序号	内容	检查结果
1	火灾危险性分类	判定企业对构成重大危险源的物质分类是否正确
2	耐火等级、层数、建筑面积	判定厂房耐火等级、层数、防火分区的最大允许建筑面积是否符合规定
3	防火间距	判定重大危险源的防火间距是否满足要求
4	安全疏散	判定重大危险源安全疏散是否符合要求，是否有安全疏散指示图
5	消防给水	是否有消防验收报告。如涉及设计变更、改扩建，应有相应的消防验收报告
6	灭火器配置	是否数量足够，选型正确
7	储罐区的消防检查	是否符合标准

（1）火灾危险性分类

GB 50016—2006《建筑设计防火规范》根据生产中使用或产生的物质性质及其数量因素，将生产的火灾危险性分类分为甲、乙、丙、丁、戊类。

本项目某反应及某某反应等过程中要使用甲醇，甲醇的闪点为 11 ℃。闪点小于 28 ℃的液体，生产的火灾危险性类别为甲类。又根据《石油化工企业设计防火规范》GB 50160—92（1999 年版）规定，除液化烃（甲 A）外，闪点小于 28 ℃的可燃物质为甲 B 类。

本项目的某反应、某某反应、甲醇回收及甲醇储罐的火灾危险性分类为甲 B 类，以此判定企业对构成重大危险源的物质分类是否正确。

（2）耐火等级、层数、建筑面积

GB 50016—2006《建筑设计防火规范》将建筑耐火等级分为一、二、三、四级。甲类火灾危险性生产用的厂房耐火等级、层数、防火分区的最大允许建筑面积见表 3-6。以此判定厂房耐火等级、层数、防火分区的最大允许建筑面积是否符合规定。

表 3-6 耐火等级、层数、最大建筑面积表

生产类别	耐火等级	最多允许层数	防火分区的最大允许建筑面积（m^2）	
			单层厂房	多层厂房
甲	一级	宜采用单层	4000	3000
	二级	宜采用单层	3000	2000

耐火等级的燃烧性能和耐火极限（h），按 GB 50016 中表 3.2.1 确定。用于甲类生产的防火墙，其耐火极限应按表 3.2.1 的规定提高 1.00 h。

本项目属重大危险源的一车间和二车间，均采用单层建筑，车间单个建筑面积均为 369.4 m^2，可以满足要求。

（3）防火间距

判定重大危险源的防火间距是否满足要求。

本项目的某反应、某某反应、甲醇回收及甲醇储罐的火灾危险性分类为甲类，甲类厂房之间及甲类厂房与其他建筑之间的防火间距，应满足表 3-7 中的要求。

表 3-7 甲类厂房之间及甲类厂房与其他建筑之间的防火间距（m）

名称	甲类厂房	乙类厂房	丙、丁、戊类厂房			高层厂房	民用建筑		
			耐火等级				耐火等级		
			一、二级	三级	四级		一、二级	三级	四级
甲类厂房	12.0	12.0	12.0	14.0	16.0	13.0	25.0		

注：其他建筑的防火间距见 GB 50016 表 3.4.1。

本项目属重大危险源的一车间与二车间防火间距，应不低于 12 m。

（4）安全疏散

判定重大危险源安全疏散是否符合要求。

厂房的每个防火分区，不应少于两个安全出口。若建筑面积小于 100 m^2，且同一时间生产人数不超过 5 人时，可设一个安全出口。

厂房内任一地点到最近安全出口的距离不应大于 30 m。

由于项目建筑单体为甲类厂房，建筑面积大于 100 m^2（综合楼 424 m^2、前处理车间 613 m^2、一车间 369 m^2、二车间 369 m^2），虽然生产车间的每个建筑内每班工人为 2 至 3 人，每个建筑仍应设置两个安全出口，且安全出口之间水平距离不应少于 5 m。

（5）消防给水

以消防法律法规、标准、规程为依据，检查消防给水的实际情况，并判定重大危险源消防给水是否符合要求。

（6）灭火器配置

根据 GB 50140—2005《建筑灭火器配置设计规范》的要求，配置的灭火器类型、规格、数量以及设置位置是否符合要求，并在消防器材配置和位置图纸上标明。

工业建筑灭火器配置场所的危险等级，应根据其生产、使用、储存物品的火灾危险性、可燃物数量、火灾蔓延速度以及扑救难易程度等因素，划分为严重危险级、中危险级和轻危险级三级。

本项目使用甲醇，应确定为严重危险级。可燃物质主要为甲醇、脂肪酸甲酯、丙三醇等甲、乙、丙类液体，故属于 B 类火灾。扑救 B 类火灾应选用干粉、泡沫、卤代烷、二氧化碳型灭火器。扑救 B 类火灾和带电火灾应选用磷酸铵盐干粉型灭火器。如表 3-8 和表 3-9 所示。

表 3-8 B 类火灾配置场所灭火器的配置基准

危险等级	严重危险级	中危险级	轻危险级
每具灭火器最小配置灭火级别	8 B	4 B	1 B
最大保护面积（m^2/B）	5	7.5	10

注：设有消火栓的场所，可相应减少 30%。

一个灭火器配置场所内的灭火器不应少于 2 具。每个设置点的灭火器不宜多于 5 具。

表 3-9 B 类火灾配置场所灭火器最大保护距离（m）

灭火器类型危险等级	手提式灭火器	推车式灭火器
严重危险级	9	18
中危险级	12	24
轻危险级	15	30

灭火器配置场所所需的灭火级别计算：

$$Q=\frac{KS}{U} \tag{3-5}$$

式中：Q——灭火器配置场所的灭火级别，A 或 B；

S——灭火器配置场所的保护面积，m^2；

U——A 类火灾或 B 类火灾的灭火器配置场所相应危险等级的灭火器配置基准，m^2/A或 m^2/B；

K——修正系数。无消火栓和灭火系统的，$K=1.0$；设有消火栓的，$K=0.7$；设有灭火系统的，$K=0.5$；设有消火栓和灭火系统的或为可燃物露天堆垛，甲、乙、丙类液体贮罐的，$K=0.3$。

灭火器配置场所每个设置点的灭火级别计算：

$$Q_e=\frac{Q}{N} \tag{3-6}$$

式中：Q_e——灭火器配置场所每个设置点的灭火级别，A 或 B；

N——灭火器配置场所中设置点的数量。

(7) 储罐区的消防检查

储罐区储存的物质有：物质 A、甲醇、产品 B 和副产品 C，均为易燃液体。甲醇火灾危险性分类为甲类，而物质 A、产品 B 和副产品 C 火灾危险性分类均为丙类。

根据 GB 50160—1992（1999 年版）《石油化工企业设计防火规范》要求，易燃液体储罐应采用钢罐。在同一罐组内，宜布置火灾危险性类别相同或相近的储罐。故物质 A、产品 B 和副产品 C 同属丙类储罐，可布置于一个区域，而甲醇为甲类储罐，应与丙类储罐分区设置。

固定顶罐组的总容积，不应大于 120000 m^3。

本项目 2 座物质 A 罐 300 m^3、6 座产品 B 罐 450 m^3、2 座副产品 C 罐 30 m^3，总容积为 780 m^3，在标准要求以内。

可燃液体的罐区是否邻近江河、海岸布置，采取何种防止泄漏的可燃液体流入水域的措施。

要求甲类装置与甲 B 类储罐的防火间距为 25 m，甲 B 类装置与丙 A 类储罐的防火间距为 20 m。

要求丙 A 类可燃液体地上固定顶罐罐组内相邻储罐的防火间距为 $0.4d$，d 为相邻较大罐的直径（本项目为原料物质 A 罐，直径为 5 m)，因此，储油罐区内各罐间防火间距为 2 m。

检查时还需考虑以下情况：

①罐组内的储罐，不应超过两排；两排立式储罐的间距，不应小于 5 m。

②罐组应设防火堤，固定顶罐组的防火堤内有效容积，不应小于罐组内 1 个最大储罐的容积，本项目最大储罐的容积是原料物质 A 罐的容积为 150 m^3。

③立式储罐至防火堤内堤脚线的距离，不应小于罐壁高度的一半。本项目最高储罐为 8.6 m，也就是说，立式储罐至防火堤内堤脚线的距离不应小于 4.3 m。

④防火堤应能承受所容纳液体的静压，且不应渗漏。

⑤立式储罐防火堤的高度，应为计算高度加 0.2 m，其高度应为 1.0 m 至 2.2 m。

⑥管道穿堤处应采用非燃烧材料严密封闭。

⑦在防火堤内雨水沟穿堤处，应设防止可燃液体流出堤外的措施。

⑧应在防火堤的不同方位上设置两个以上的人行台阶或坡道。

⑨可燃液体的储罐宜设自动脱水器，并应设液位计和高液位报警器，必要时可设自动连锁切断进料装置。

⑩储罐的进料管，应从罐体下部接入；若必须从上部接入，应延伸至距罐底200 mm处。

⑪储罐在使用过程中，基础有可能继续下沉时，其进出口管道应采用金属软管连接或其他柔性连接。

⑫另外，对于地埋式储罐，还应考虑：

甲 A 类易燃液体，采用地埋储罐方式后，增加了安全性，但在设计上仍需考虑储罐腐蚀渗漏及罐体接出件静电或火种导入问题。地埋储罐罐体外表面的防腐设计应满足 SY 0007《钢质管道及储罐腐蚀控制工程设计规范》的要求，采用最高级别防腐绝缘保护层。此外，还应采用阴极保护措施。地埋储罐的罐池应采取防渗措施，池内应用中性细沙或沙包填实，罐顶的覆盖厚度不应小于 0.5 m，周边填充厚度不应小于 0.9 m。

2. 防爆设施检查

检查内容如表 3-10 所示，共有 4 个部分。

表 3-10　防爆设施检查表

序号	内容	检查结果
1	爆炸性气体环境危险区域划分	确定爆炸性物质，企业是否可提供有资质设计单位的防爆区域图和防爆电器等级选择，是否按《作业环境气体检测报警仪通用技术要求》设置检测报警仪
2	厂房的防爆检查	判定厂房设计是否符合泄压要求
3	工艺防爆检查	判定生产工艺是否满足防爆要求
4	电气防爆检查	检查是否委托有资质的单位进行施工和安装。检查是否委托专业单位对防爆场所的防爆电器及安装进行现场检测和确认。

（1）爆炸性气体环境危险区域划分

评估构成重大危险源物质的爆炸极限、分级分组、防爆区域和重点部位。判定爆炸性气体环境危险区域划分是否准确。

本项目涉及甲醇爆炸性气体（蒸气）环境，甲醇的闭杯闪点为 11 ℃，爆炸上限 44%，爆炸下限 5.5%。甲醇蒸气爆炸性混合物分级分组为ⅡA 级，T2 组。设计时应根据爆炸性气体混合物出现的频繁程度和持续时间按 GB 50058—92《爆炸和火灾危险环境电力装置设计规范》规定进行分区，确定 0 区、1 区、2 区，并划出防爆区域图。重点部位是甲醇物料的储存、输送、参与某某反应和甲醇回收所在的立体空间，设计时可依据 GB 12358—90《作业环境气体检测报警仪通用技术要求》设置检测报警仪。

（2）厂房的防爆检查

判定重大危险源是否符合以下要求。

①有爆炸危险的甲、乙类厂房宜独立设置，并宜采用敞开或半敞开式。其承重结构宜采用钢筋混凝土或钢框架、排架结构。

②有爆炸危险的甲、乙类厂房应设置泄压设施。

③泄压设施宜采用轻质屋面板和轻质墙体或易于泄压的门、窗等，不应采用普通玻璃。

④作为泄压设施的轻质屋面板和轻质墙体的单位质量不宜超过 60 kg/m^2。

⑤泄压设施的设置应避开人员密集场所和主要交通道路，并宜靠近有爆炸危险的部位。

⑥厂房内不宜设置地沟，必须设置时，其盖板应严密，地沟应采取防止可燃气体、可燃蒸气及粉尘、纤维在地沟积聚的有效措施，且与相邻厂房连通处应采用防火材料密封。

⑦有爆炸危险的甲、乙类生产部位，宜设置在单层厂房靠外墙的泄压设施或多层厂房顶层靠外墙的泄压设施附近。

⑧有爆炸危险的设备宜避开厂房的梁、柱等主要承重构件布置。

⑨有爆炸危险的甲、乙类厂房的总控制室应独立设置。

⑩有爆炸危险的甲、乙类厂房的分控制室宜独立设置，当贴近外墙设置时，应采用耐火极限不低于 3.00 h 的不燃烧体墙体与其他部分隔开。

⑪使用和生产甲、乙、丙类液体厂房的管、沟不应和相邻厂房的管、沟相通，该厂房的下水道应设置隔油设施。

⑫甲、乙、丙类液体仓库应设置防止液体流散的设施。遇湿会发生燃烧爆炸的物品仓库应设置防止水浸渍的措施。

甲醇的相对密度为 1.11，略重于空气（空气＝1），本例中散发较空气重的可燃气体、可燃蒸气的甲类厂房以及有粉尘、纤维爆炸危险的乙类厂房，应采用不发火花的地面。

（3）泄压面积计算

厂房的长径比大于 3 时，宜将该建筑划分为长径比小于等于 3 的多个计算段。泄压面积计算公式：

$$A=10\ CV^{2/3} \tag{3-7}$$

式中：A——泄压面积，m^2；

V——厂房的容积，m^3；

C——厂房容积为 1000 m^3 时的泄压比，甲醇为 0.11 m^2/m^3。

（4）工艺防爆检查

从工艺的角度防爆就是要防止易燃气体（蒸气）与空气形成爆炸性混合物（在爆炸极限范围内），与引火源同时存在的情况发生。判定重大危险源是否满足以下要求。

①有危险物料（易燃易爆物质）的生产设备和容器尽可能密闭操作。为保证设备的密闭性，对处理危险物料的设备及管路系统应尽量少用法兰连接，但要保证安装检修方便；输送危险液体的管道应采用无缝管；盛装具有腐蚀性介质的容器，底部尽可能不装阀门，腐蚀性液体应从顶部抽吸排出。所有压缩机、液泵、导管、阀门、法兰接头等容易漏油、漏气部位应经常检查，填料如有损坏应立即调换，以防渗漏；设备在运行中也应经常检查气密情况，操作温度和压力必须严格控制，不允许超温、超压运行。在可燃气体（蒸气）可能泄漏的区域设置检测报警传感器。

②要消除和控制引火源。引起火灾爆炸事故的引火源主要有：明火、高温表面、摩擦和撞击、化学反应热、电气火花、静电火花、雷击等。在火灾爆炸危险场所，一般不准进行明火作业，维修作业在禁火区动火，应有动火制度和现场检查、可燃气体监测、动火分析、动火审批和动火监护措施。摩擦与撞击往往成为引起火灾爆炸事故的原因，应采取防止火花生

成的措施。应使用防爆工具，不准使用一般金属工具；不准穿带钉鞋进入防爆区域；有条件应铺设无火花路面；防止设备内部溶液和气体喷出时摩擦起火。一般的电气设备很难完全避免电火花的产生，因此在火灾爆炸危险场所必须根据物质的危险特性正确选用不同的防爆电气设备。必须设置可靠的避雷设施；有静电积聚危险的生产装置和装卸作业应有控制流速、导除静电、静电消除器、添加防静电剂等有效的消除静电措施。

③生产装置、设备应设置可靠的温度、压力、流量、液面等工艺参数的控制仪表和控制系统，必要时还需增设超温超压的报警、监视、泄压、抑制爆炸装置和防止高低压窜气（液）、紧急安全排放装置。

④工艺过程中有危险的反应过程，应设置必要的报警、自动控制及自动连锁停车的控制设施。

⑤工艺安全泄压系统设计，应考虑设备及管线的设计压力、允许最高工作压力与安全阀、防爆膜的设定压力的关系，并对火灾时的排放量，停水、停电及停汽等事故状态下的排放量进行计算及比较，选用可靠的安全泄压设备，以免发生爆炸。

⑥控制室的设计，应考虑事故状态下的控制室结构及设施，不致受到破坏或倒塌，并能实施紧急停车。

⑦工艺操作的计算机控制设计，应考虑分散控制系统、计算机备用系统及计算机安全系统，确保发生火灾爆炸事故时能正常操作。

⑧工艺过程设计中，应设置各种自控检测仪表、报警信号系统及自动和手动紧急泄压排放安全连锁设施。非常危险的部位，应设置常规检测系统和异常检测系统的双重检测体系。

工艺生产装置内露天布置的设备、贮罐、建筑物及构筑物，宜按生产流程分区集中布置。生产装置的集中控制室、变配电室、分析化验室等辅助建筑物，应布置在非防火防爆危险区。

⑨尽可能提高系统自动化程度，采用自动控制技术、遥控技术，自动（或遥控）控制工艺操作程序和物料配比、温度、压力等工艺参数；在设备发生故障、人员误操作形成危险状态时，通过自动报警、自动切换备用设备、启动连锁保护装置和安全装置，实现事故性安全排放直至顺序停机等一系列的自动操作，保证系统的安全。

（5）爆炸性气体环境的电气装置检查

①爆炸性气体环境的电力设计。宜将正常运行时发生火花的电气设备布置在爆炸危险性较小或没有爆炸危险的环境内，在满足工艺生产及安全的前提下应减少防爆电气设备的数量，爆炸性气体环境内设置的防爆电气设备必须是符合现行国家标准的产品，不宜采用携带式电气设备。

②爆炸性气体环境的电气设备应根据爆炸危险区域的分区、电气设备的种类和防爆结构要求选择，选用防爆电气设备的级别和组别不应低于该爆炸性气体环境内爆炸性气体混合物的级别和组别（当存在有两种以上易燃性物质形成的爆炸性气体混合物时应按危险程度较高的级别和组别选用防爆电气设备），爆炸危险区域内的电气设备应符合周围环境内化学的、机械的、热的、霉菌以及风沙等不同环境条件对电气设备的要求，电气设备结构应满足电气设备在规定的运行条件下不降低防爆性能的要求。

③各种电气设备防爆结构的选型可对照 GB 50058—92《爆炸和火灾危险环境电力装置

设计规范》第 2.5.3 条执行。

④变（配）电所和控制室应布置在爆炸危险区域范围以外，若设为正压室时可布置在 1 区、2 区的区域内。对于易燃物质比空气重的爆炸性气体环境，位于 1 区、2 区附近的变（配）电所和控制室的室内地面，应高出室外地面 0.6 m。

⑤当易燃物质比空气重时（如甲醇蒸气略重于空气），电气线路应在较高处敷设或直接埋地，架空敷设时宜采用电缆桥架，电缆沟敷设时沟内应充砂，并宜设置排水措施。敷设电气线路的沟道、电缆或钢管，所穿过的不同区域之间墙或楼板处的孔洞应采用非燃性材料严密堵塞。

⑥在爆炸性气体环境内，低压电力、照明线路用的绝缘导线和电缆的额定电压，必须不低于工作电压，且不应低于 500 V。工作中性线的绝缘的额定电压应与相线电压相等并应在同一护套或管子内敷设。

⑦在 1 区内单相网络中的相线及中性线均应装设短路保护，并使用双极开关同时切断相线及中性线。在 1 区内应采用铜芯电缆，在 2 区内宜采用铜芯电缆。选用电缆时应考虑环境腐蚀、鼠类和白蚁危害以及周围环境温度及用电设备进线盒方式等因素。在架空桥架敷设时宜采用阻燃电缆。与电气设备的连接处宜采用挠性连接管。

⑧对 3～10 kV 电缆线路，宜装设零序电流保护；在 1 区内保护装置宜动作于跳闸，在 2 区内宜作用于信号。

⑨在爆炸性气体环境 1 区、2 区内电压为 1000 V 以下的钢管配线的技术要求应符合 GB 50058—92《爆炸和火灾危险环境电力装置设计规范》表 2.5.11 的规定。在爆炸性气体环境区内钢管配线的电气线路必须作好隔离密封。

⑩10 kV 及以下架空线路严禁跨越爆炸性气体环境，架空线路与爆炸性气体环境的水平距离，不应小于杆塔高度的 1.5 倍。

⑪在爆炸危险环境内，电气设备的金属外壳应可靠接地。爆炸性气体环境 1 区内的所有电气设备以及爆炸性气体环境 2 区内除照明灯具以外的其他电气设备，应采用专门的接地线。

⑫爆炸性气体环境 2 区内的照明灯具（照度设计仍需满足 GB 50034—2004《建筑照明设计标准》），可利用有可靠电气连接的金属管线系统作为接地线，但不得利用输送易燃物质的管道。接地干线应在爆炸危险区域不同方向不少于两处与接地体连接。

⑬电气设备的接地装置与防止直接雷击的独立避雷针的接地装置应分开设置，与装设在建筑物上防止直接雷击的避雷针的接地装置可合并设置，与防雷电感应的接地装置亦可合并设置，接地电阻值应取其中最低值。

要注意的是，检查项目是否经设计单位进行爆炸危险环境的划分和防爆电器等级选择；检查是否委托有资质的单位进行施工和安装；检查是否委托专业单位对防爆场所的防爆电器及安装进行现场检测和确认。

本项目存在潜在爆炸危险的物料（易爆物质）甲醇蒸气，甲醇蒸气爆炸性混合物分级分组为ⅡA 级，T2 组。甲醇从物料的储存、输送、参与酯化反应、甲醇回收，都存在爆炸危险，属于爆炸性气体环境。

3. 防范及监控设施

(1) 防范设施检查

主要对防火墙、防火门、正压间、设备安全附件（呼吸阀、安全阀、防爆片、排空管等)、物料转移旁路、事故集液池、围堤、排水排污转换阀、连锁系统、报警系统、切断阀、水幕等进行检查。

(2) 监控措施检查

重大危险源监控系统(摄像视频、红外线监控仪、可燃气体监测仪、有毒气体或蒸气监测仪等)、重大危险源警示标志牌(四牌一图:安全责任牌、安全操作牌、危险性告知牌、应急措施牌、平面布置图)、安全标志、安全色等。

4. 检测检验

包含防爆电器检测、安全阀检测、报警仪标定、避雷设施检测、压力管道、锅炉、压力容器检验、消防检测、职业危害因素检测、静电检测、温度计和压力表的检定等,见表3-11。

要注意的是,要求企业提供与重大危险源有关的检测检验证据,摘录至报告上。基本内容包括:设备名称、型号、检测检验结果或存在问题、检测检验单位、检测检验日期及有效期。

表 3-11 相关检测检验核对表

序号	检测检验内容	检测检验单位	检测检验结果	有效期
1	防爆电器			
2	安全阀			
3	报警仪标定			
4	避雷设施			
5	压力管道			
6	锅炉			
7	压力容器			
8	消防			
9	职业危害因素			
10	静电			
11	温度计检定			
12	压力表检定			
13	其他			

三、应急救援预案评估

1. 评估应急救援资源

确认重大危险源是否建立应急救援预案,有哪些应急救援设备,有哪些方面的应急救援人员,是否有应急救援改进计划,是否有应急救援培训记录,实战演练记录和点评等。

检查重大危险源是否按安监管危化字[2004]43号《危险化学品事故应急救援预案编制导则》(单位版)和AQ/T 9002—2006《生产经营单位安全生产事故应急预案编制导则》的规定,制订异常情况下事故应急救援预案,并实施培训和演练。

生产装置还需考虑正常开车、正常停车、正常操作、低负荷操作、备用装置启动(单元全循环或全回流)、超负荷操作、短时间停车后再开车、检修后的重新开车、检修程序(批准手续、清除污物、隔离、系统清扫等)、紧急停车、设备管线的更换和增加、发生故障时的紧急方案、断水断气断电和紧急事故处理时的安全对策措施和设施。

2. 重大危险源应急救援预案内容评估

评估内容参考以下 9 个方面，如表 3-12 所示。

(1) 企业重大危险源基本情况及周边环境概况；

(2) 应急机构、人员及其职责；

(3) 危险辨识与评价；

(4) 应急设备与设施；

(5) 应急能力评价与资源；

(6) 应急响应、报警、通讯联络方式；

(7) 事故应急程序与行动方案；

(8) 事故后的恢复与程序；

(9) 培训与演练。

这 9 个方面应逐一开展，重点检查预案与实际工况的适用性，对遗漏或错误要提出修正建议。

表 3-12 重大危险源应急救援预案内容评估表

序号	内容	检查结果
1	企业重大危险源基本情况及周边环境概况	
2	应急机构人员及其职责	
3	危险辨识与评价	
4	应急设备与设施	
5	应急能力评价与资源	
6	应急响应、报警、通讯联络方式	
7	事故应急程序与行动方案	
8	事故后的恢复与程序	
9	培训与演练	

四、安全管理措施（制度、操作规程、人员培训等）

安全管理措施是通过一系列管理手段将人、设备、物质、环境等涉及安全生产工作的各个环节有机地结合起来，进行整合、完善、优化，以保证企业在生产经营活动全过程的职业安全和健康，使已经采取的安全技术对策措施得到制度上、组织上、管理上的保证。

1. 安全管理组织和制度检查

(1) 检查企业是否要设立安全管理部门（如安全管理委员会、安全科），并明确安全管理职责和任务。是否有专职安全管理干部，是否建立安全管理网络。

(2) 是否从总经理（厂长）至工人都制订安全生产责任制，企业内是否贯彻《中华人民共和国安全生产法》，是否实现全员、全面、全过程的安全管理。

(3) 是否建立各项安全生产规章制度和各岗位、设备安全操作规程。

(4) 重大危险源管理的责任体系建立和责任制落实情况。

(5) 主要检查制度、规程是否有遗缺，以及执行情况，并给出评价意见。

2. 安全生产日常管理检查

(1) 检查安全生产日常管理是否采用过程控制管理的方法。

日常管理包括：工艺操作过程控制、重要岗位、特种作业、特种设备、重大危险源、消防、防尘与防毒、物资储存、储罐区、电气安全、施工与检修、设备内作业、检修完工后的处理、动土作业、动火作业、安全装置和防护用品（器具）、隐患排查治理、建设项目“三同时”等。

(2) 检查重点是对重大危险源、特种设备、特种作业和安全标志的管理。

(3) 检查生产过程中所用的易发生火灾爆炸危险的原材料、中间物料及成品，是否编写危险化学品安全技术说明书（MSDS），是否向职工提供所使用的化学原料和辅料的化学物质安全周知卡，列出其主要的化学性能及物理化学性能。如：爆炸极限、密度、闪点、自燃点、引燃能量、燃烧速度、导电率、介电常数、腐蚀速度、毒性、热稳定性、反应热、反应速度、热容量等。

(4) 检查生产场所是否按 GB 2893—2001《安全色》、GB 2894—1996《安全标志》、GB 13495—1992《消防安全标志》和 GB 13690—92《常用危险化学品的分类和标志》设置安全标志。

(5) 检查涉及危险化学品的区域是否明显划出区域并设立周知牌，向进入区域人员告知生产过程中的各种燃烧爆炸危险物料的危险性（爆炸性、燃烧性、混合危险性等）；是否对重点设备标识警示和提示，并按要求用中文注明；高压危险处是否有警示标志。

(6) 是否进行安全巡检“挂牌制”、现场“物流”定置管理、现场“三点”控制（危险点、危害点、事故多发点）。

(7) 检查涉及特种设备时是否按国务院令第 373 号《特种设备安全监察条例》和国家质量技术监督局 13 号令《特种设备质量监督与安全监察规定》执行。

(8) 检查是否为从业人员提供符合 GB 11651—89《劳动防护用品选用规则》或行业标准的劳动防护用品，并监督、教育从业人员按照使用规则佩戴、使用。

3. 安全设施维护

对安全专用设备及器材（如：除尘系统、消防器材、易燃气体便携式报警仪、监测监控系统、个人防护用品以及安全用具等）是否进行经常性维护、保养，并定期检测，保证正常运转。维护、保养、检测是否有记录和责任人签字。

4. 安全培训

(1) 检查企业是否开展安全培训，是否有安全教育档案、培训记录。

安全培训包括：单位主要负责人的安全培训教育，安全管理人员的安全培训教育，从业人员的安全培训教育和特种作业人员的安全培训教育。

(2) 此外，还有入厂教育、日常教育、特种作业人员培训。

入厂教育是指新进人员（包括新工人、合同工、临时工、外包工和培训、实习、外单位调入本厂人员等），均须经过厂级、车间（科）级、班组（工段）级三级安全教育。从业人员未经安全生产教育或培训合格的，不得上岗作业。

日常教育是指各级领导和各部门要对职工进行经常性的安全思想、安全技术和遵章守纪教育，提高劳动者的安全意识和法制观念，提高安全生产技能，增强事故预防和应急处理能力。

特种作业人员培训是指对特种作业人员加强管理，必须按照国家有关规定经专门的安全作业培训，取得特种作业操作资格认证，方可上岗作业。到期应进行复审，复审合格后，方可继续从事特种作业。

5. 监督与检查

监督与检查是安全管理措施的动态表现，说明企业是否有此项活动，主要内容见表3-13。

检查的形式包括职工自查、对口互查、综合检查、专业检查、季节性检查、节假日检查、夜间抽查和日常检查。

表 3-13 安全管理措施检查表

序号	内容	检查结果
1	安全管理组织和制度检查	
2	安全生产责任制	
3	安全生产规章制度	
4	岗位安全操作规程	
5	安全生产日常管理检查	
6	安全设施维护	
7	安全培训	
8	日常安全教育	
9	特种作业人员培训	
10	特种作业人员持证上岗	
11	安全管理措施的监督与检查	

第四章

常用重大危险源风险评估方法及实例分析

第一节　易燃、易爆、有毒重大危险源评估法及实例分析

一、易燃、易爆、有毒重大危险源评估法

1. 易燃、易爆、有毒重大危险源评估法定义

重大危险源是指长期地或临时地生产、加工、搬运、使用或贮存危险物质，且危险物质的数量等于或超过临界量的单元。单元指一个（套）生产装置、设施或场所，或同属一个工厂的且边缘距离小于500 m的几个（套）生产装置、设施或场所。在安全评估过程中，评估人员可以根据评估实际工作的需要用易燃、易爆、有毒重大危险源评估法对企业辨识出的重大危险源进行量化的评估。

易燃、易爆、有毒重大危险源评估法是“八五”国家科技攻关专题“易燃、易爆、有毒重大危险源辨识评估技术研究”提出的分析评估方法，是在大量重大火灾、爆炸、毒物泄漏中毒事故等资料的统计分析基础上，从物质危险性、工艺危险性入手，分析重大事故发生的原因、条件，评估事故的影响范围、伤亡人数和经济损失，提出应采取的预防、控制措施。

2. 易燃、易爆、有毒重大危险源评估法特点

易燃、易爆、有毒重大危险源评估法是一种定量的评估方法，能较准确地评估出系统内危险物质、工艺过程的危险程度、危险性等级，较精确地计算出事故后果的严重程度（危险区域范围、人员伤亡和经济损失），提出工艺设备、人员素质以及安全管理三方面的107个指标组成的评估指标集。

但该方法需要人员具有较高的综合能力，方法程序操作复杂，需要确定的参数指标较多。

3. 易燃、易爆、有毒重大危险源评估法应用范围

该方法适用于存在易燃、易爆、有毒危险物质的重大危险源的安全评估，确定重大危险源的等级和监控管理水平。

4. 易燃、易爆、有毒重大危险源评估步骤

20世纪90年代初，我国开始重视对重大危险源的评估和控制，“重大危险源评估和宏观控制技术研究”列入国家“八五”科技攻关项目，该课题提出了重大危险源的控制思想和评估方法，为我国开展重大危险源的普查、评估、分级监控和管理提供了良好的技术依托。为将科研成果应用于实际生产，提高我国重大工业事故的预防和控制技术水平，1997年原

劳动部选择北京、上海、天津、青岛、深圳和成都等 6 城市开展了重大危险源普查试点工作，取得了良好的成效。在重大危险源控制领域，我国虽然取得了一些进展，发展了一些实用新技术，对促进企业安全管理、减少和防止伤亡事故起到了良好作用，为重大工业事故的预防和控制奠定了一定的基础。

（1）评估单元的划分

重大危险源评估以单元作为评估对象。一般把装置的一个独立部分称为单元，并以此来划分单元。每个单元都有一定的功能特点，例如原料供应区、反应区、产品蒸馏区、吸收或洗涤区、成品或半成品贮存区、运输装卸区、催化剂处理区、副产品处理区、废液处理区、配管桥区等。在一个共同厂房内的装置可以划分为一个单元；在一个共同堤坝内的全部贮罐也可划分为一个单元；散设在地上的管道不作为独立的单元处理，但配管桥区例外。

（2）评估模型的层次结构

根据安全工程学的一般原理，危险性定义为事故频率和事故后果严重程度的乘积，即危险性评估一方面取决于事故的易发性，另一方面取决于事故一旦发生后后果的严重性。现实的危险性不仅取决于由生产物质的特定物质危险性和生产工艺的特定工艺过程危险性所决定的生产单元的固有危险性，而且还同各种人为管理因素及防灾措施的综合效果有密切关系。

重大危险源的评估模型具有如图 4-1 所示的层次结构和评估方法的工艺流程图（见图 4-2）。

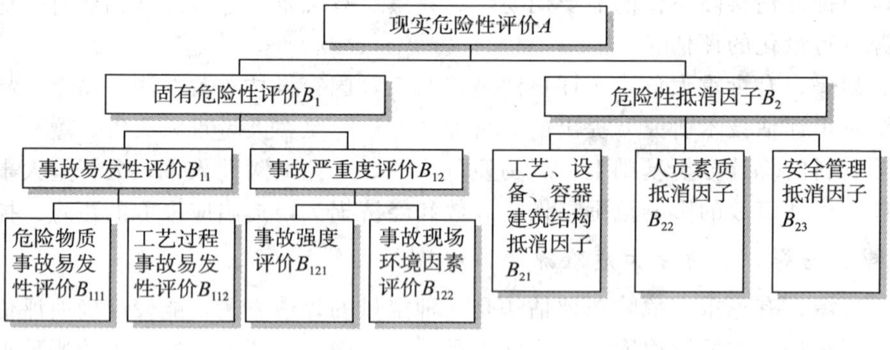

图 4-1 重大危险源评估指标体系框图

（3）评估的数学模型

重大危险源的评估分为固有危险性评估与现实危险性评估，后者是在前者的基础上考虑各种危险性的抵消因子，它们反映了人在控制事故发生和控制事故后果扩大方面的主观能动作用。固有危险性评估主要反映了物质的固有特性、危险物质生产过程的特点和危险单元内部、外部环境状况。

固有危险性评估分为事故易发性评估和事故严重度评估。事故易发性取决于危险物质事故易发性与工艺过程危险性的耦合。

评估的数学模型如下

$$A=\left\{\sum_{i=1}^{n}\sum_{j=1}^{m}(B_{111})_i W_{ij}(B_{112})_j\right\}\times B_{12}\times\prod_{k=1}^{3}(1-B_{2k}) \tag{4-1}$$

式中：$(B_{111})_i$——第 i 种物质危险性的评估值；

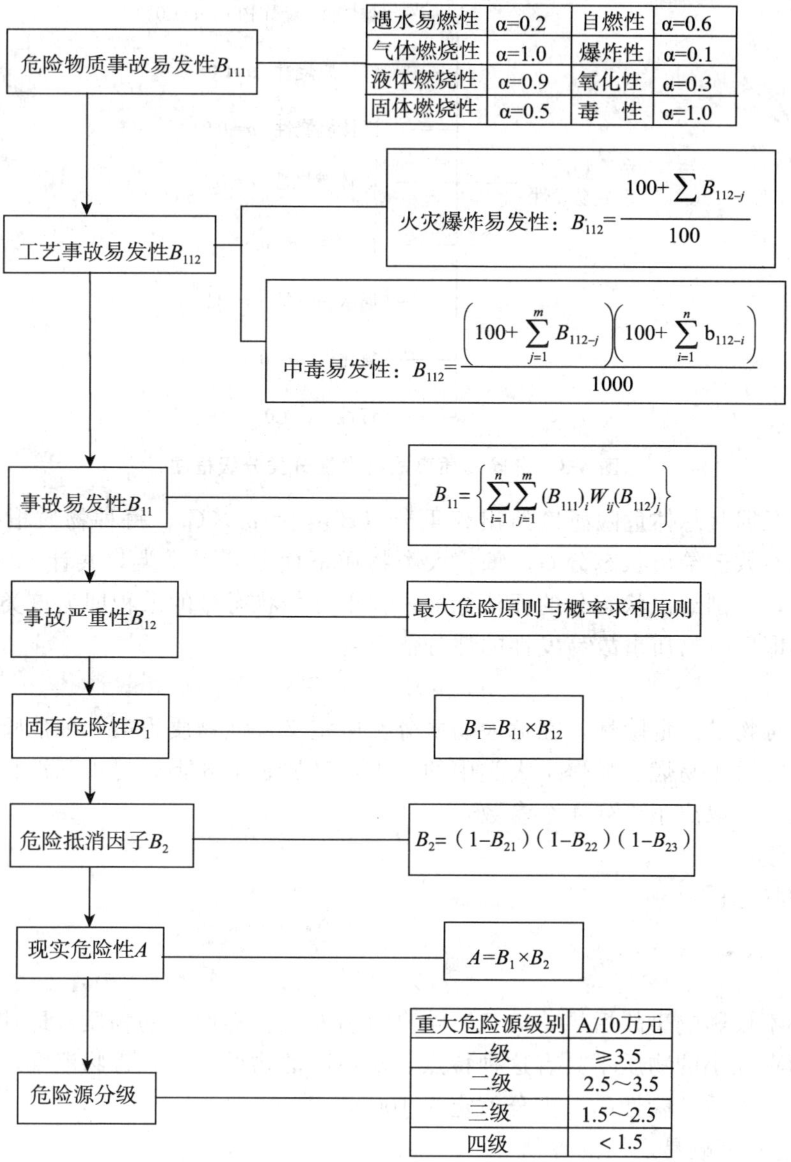

图 4-2 重大危险源评估方法的工艺流程

$(B_{112})_j$——第 j 种工艺危险性的评估值；

W_{ij}——第 j 项工艺与第 i 种物质危险性的相关系数；

B_{12}——事故严重度评估值；

B_{21}——工艺、设备、容器、建筑结构抵消因子；

B_{22}——人员素质抵消因子；

B_{23}——安全管理抵消因子。

1）物质事故易发性的评估

具有燃烧、爆炸、有毒危险物质的事故易发性分为 8 类，见图 4-3。

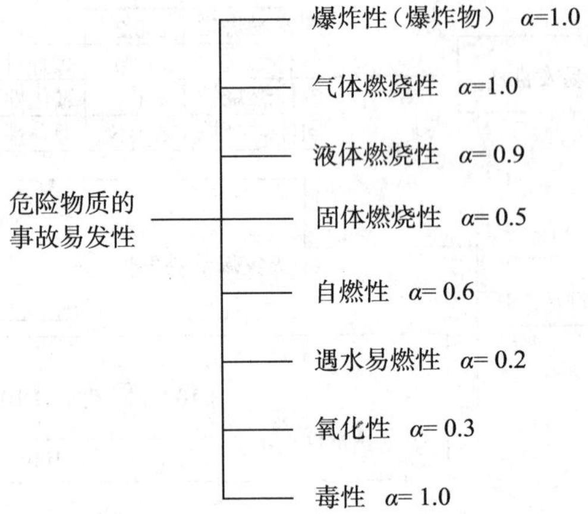

图 4-3 危险物质事故易发性分类分级框图

每类物质根据其总体危险感度给出权重分 $(B_{111})_i=\alpha_i\times G_i$；每种物质根据其与反应感度有关的理化参数值给出状态分 G；每一大类物质下面分若干小类，共计 19 个子类。对每一大类或子类，分别给出状态分的评估标准。权重分与状态分的乘积即为该类物质危险感度的评估值，亦即危险物质事故易发性的评分值 B_{111}，即

$$(B_{111})_i=\alpha_i\times G_i \tag{4-2}$$

为了考虑毒物扩散危险性，在危险物质分类中定义毒性物质为第 8 种危险物质，一种危险物质可以同时属于易燃、易爆 7 大类中的一类，又属于第 8 类。对于毒性物质，其危险物质事故易发性主要取决于下列 4 个参数：

①毒性等级；

②物质的状态；

③气味；

④重度。

毒性大小不仅影响事故后果，而且影响事故易发性。毒性大的物质，即使微量扩散也能酿成事故，而毒性小的物质不具有这种特点。对不同的物质状态，毒物泄漏和扩散的难易程度有很大不同。物质危险性的最大分值定为 100 分。

2）工艺过程事故易发性的评估

工艺过程事故易发性与过程中的反应形式、物料处理过程、操作方式、工作环境和工艺过程等有关。确定 21 项因素为工艺过程事故易发性的评估因素。这 21 项因素是：放热反应、吸热反应、物料处理、物料贮存、操作方式、粉尘生成、低温条件、高温条件、负压条件、特殊的操作条件、腐蚀、泄漏、设备因素、密闭单元、工艺布置、明火、摩擦与冲击、高温体、电器火花、静电、毒物出料及输送。最后一种工艺因素仅与含毒性物质有相关关系。对于一个工艺过程，可以从两方面进行评估，即火灾爆炸事故危险和工艺过程毒性。

3）事故严重度的评估

事故严重度用事故后果的经济损失表示。事故后果指事故中人员伤亡以及房屋、设备、物资等的财产损失，不考虑停工损失。人员伤亡分为人员死亡数、重伤数、轻伤数。财产损失严格讲应分若干个破坏等级，在不同等级破坏区破坏程度是不相同的，总损失为全部破坏区损失的总和。在危险性评估中为了简化方法，用统一的财产损失区来描述，假定财产损失

区内财产全部破坏，在损失区外全不受损，即认为财产损失区内未受损失部分的财产同损失区外受损失的财产相互抵消。死亡、重伤、轻伤、财产损失各自都用一当量圆半径描述。对于单纯毒物泄漏事故仅考虑人员伤亡，暂不考虑动植物死亡和生态破坏所受到的损失。

①危险物与伤害模型之间的对应关系

不同的危险物具有不同的事故形态。事实上，即使是同一种类型的物质，甚至同一种物质，在不同的环境、条件下也可能表现出不同的事故形态。例如液化石油气罐，如果由于火焰烘烤而破裂，往往形成沸腾液体扩展为蒸气爆炸；如果罐破裂后遇上延迟点火，则可能发生蒸气云爆炸。在事故过程中，一种事故形态还可能向另一种形态转化，例如燃烧可引起爆炸，爆炸也可引起燃烧。

为了对可能出现的事故严重度进行预先判别，建立了如下原则：

a. 最大危险原则

如果一种危险物具有多种事故形态，且它们的事故后果相差悬殊，则按后果最严重的事故形态考虑。

b. 概率求和原则

如果一种危险物具有多种事故形态，且它们的事故后果相差不太悬殊，则按统计平均原理估计总的事故后果 S，即

$$S = \sum_{i=1}^{N} P_i \times S_i \tag{4-3}$$

式中：P_i——事故形态 i 发生的概率；

S_i——事故形态 i 的严重度；

N——事故形态的个数。

危险物分类中，1.1～1.5、7.1、7.2 类物质（危险物类型与伤害模型之间的对应关系见表 3-1）的主要危险是爆炸。2.1 类为爆炸性气体，如果液态储存，且瞬态泄漏后立即遇到火源，则发生沸腾液体扩展为蒸气爆炸；如果瞬态泄漏后遇到延迟点火，或气态储存时泄漏到空气中，遇到火源，则可能发生蒸气云爆炸；如果遇不到火源，则将无害地消失掉。该类物质发生事故时，事故严重度 S 按公式 4-4 计算

$$S=AS_1+(1-A)S_2 \tag{4-4}$$

式中：S_1、S_2——蒸气云、沸腾液体扩展蒸气的爆炸伤害模型计算的事故后果；

A——蒸气云爆炸和沸腾液体扩展蒸气爆炸发生的概率，取 A=0.9。

等效伤害——破坏半径 R 用公式 4-5 计算

$$R=\left(\frac{S}{3.14\rho}\right)^{1/2} \tag{4-5}$$

式中：ρ——人员或财产密度。

3.1、3.2、3.3 类为可燃液体，主要危险是池火灾。其他类型的危险物质均为固态，采用固体火灾模型预测事故严重度。若池火灾或固体火灾发生在室内，燃烧产生的有毒有害气体是人员伤亡的主要原因，因此按室内火灾伤害模型计算事故严重度。

如上所述，火灾的种类不同、发生火灾的环境不同，应采用不同模型进行评估，评估模型如表 4-1 所示。对于 3.1、3.2、3.3 的池火灾和 4.1、4.2、5.1、5.2、6.1、6.2 的固体和粉尘火灾，当发生在室内时，应采用室内火灾的伤害模型进行评估。

表 4-1 危险物类型与伤害模型之间的对应关系

危险物分级号别	对应模型
1.1～1.5、7.1、7.2	凝聚相含能材料爆炸伤害模型
2.1	(a) 气态储存用蒸气云爆炸伤害模型计算事故后果 (b) 液态储存按 $S=AS_1+(1-A)S_2$ 计算事故后果
3.1、3.2、3.3	池火灾伤害模型
4.1、4.2、5.1、5.2、6.1、6.2	固体和粉尘火灾伤害模型

②一个危险单元内多种危险物并存时的处理办法

如果一个危险单元内有多种危险但非爆炸性物质，则分别计算每种物质发生事故时的总损失，然后取最大者作为该单元的总损失 S，即

$$S=\underset{1\leqslant i\leqslant N}{MAX}(S_i) \tag{4-6}$$

式中：S_i——第 i 种物质发生事故的严重度；

N——危险物质的种数。

如果一个危险单元内有多种爆炸性物质，则按公式 4-7 计算总的爆炸能量，然后按照总的爆炸能量计算总损失。

$$E=\sum_{i=1}^{K}Q_{B、i}W_i \tag{4-7}$$

式中：$Q_{B、i}$——第 i 种爆炸物的爆炸热量（J/kg）；

W_i——第 i 种爆炸物的质量（kg）；

K——单元内爆炸物的种数。

若为地面爆炸，则以公式 4-7 计算出的爆炸能量的 1.8 倍作为总的爆炸能量。

一个危险单元发生事故可能波及其他单元，例如殉爆，这会导致事故规模扩大。本方法对危险单元间的相互作用不予考虑。简单而有效的处理是将可能互相影响的若干单元视作一个单元。

4）危险性分级与危险控制程度分级

单元危险性分级应以单元固有危险性大小作为分级的依据（这也是国际惯用的做法）。分级目的主要是为了便于政府对危险源进行监控。决定固有危险性大小的因素基本上是由单元的生产属性决定的，是不易改变的，因此用固有危险性作为分级依据能使受控目标集保持稳定。分级标准划定不仅是一项技术方法，而且是一项政策性行为，分级标准严和宽将直接影响各级政府行政部门直接监控危险源的数量配比。按照我国的实际情况，建议把全国易燃、易爆、有毒重大危险源划分为四级，一级重大危险源应由国家级安全管理部门直接监控；二级重大危险源由省和直辖市政府安全管理机构监控；三级由县、市政府安全管理机构监控；四级由企业重点管理控制和管理。分级标准划定原则应使各级政府直接监控的危险源总量自下而上呈递减趋势。推荐用 $A^*=\log(B^*)$ 作为危险源分级标准，式中 A^* 是以十万元为基准单位的单元固有危险性的评分值，其定义见表 4-2。

表 4-2 危险源分级标准

重大危险源级别	一级	二级	三级	四级
A^*（十万元）	≥3.5	2.5～3.5	1.5～2.5	<1.5

单元综合抵消因子的值 B_2 愈小，说明单元现实危险性与单元固有危险性比值愈小，即单元内危险性的受控程度愈高。因此可以用单元综合抵消因子值的大小说明该单元安全管理与控制的绩效。一般说来，单元的危险性级别愈高，要求的受控级别也应愈高。建议用表4-3给出的标准作为单元危险控制程度的分级依据。

表 4-3 危险控制程度分级标准

单元危险控制程度级别	A级	B级	C级	D级
B	≤0.001	0.001～0.01	0.01～0.1	>0.1

各级重大危险源应该达到的受控标准是：一级危险源在A级以上，二级危险源在B级以上，三级和四级危险源在C级以上。

二、评估应用实例分析

例1：在某煤化工企业安全现状评估中对甲醇储罐重大危险源（见表4-4）进行安全评估。

表 4-4 甲醇罐区的重大危险源

物质名称	甲醇
GB编号	22058
相对分子质量	32.04
液体密度	0.79
沸点（℃）	64.8
燃点（℃）	385
闪点（℃）	11
蒸气压（kPa）	13.33/21.2 ℃
爆炸上限（V%）	44
爆炸下限（V%）	5.5
临界温度（℃）	240
临界压力（MPa）	7.95
燃烧热（kJ/mol）	727

（1）危险物质事故易发性评估

根据《常用危险化学品的分类及标志》GB 13690—92和《石油化工企业设计防火规范》GB 50160—2008，甲醇属于中闪点易燃液体，为甲B类火灾危险性物质，$\alpha=0.9$，$G=60$，则甲醇物质事故易发性：

$$B_{111}=0.9\times60=54$$

（2）工艺过程事故易发性评估

甲醇反应区间：放热反应系数 $(B_{112})_{-1}$ 取50；吸热反应系数 $(B_{112})_{-2}$ 取40；物料处理系数 $(B_{112})_{-3}$ 取10；高温系数 $(B_{112})_{-8}$ 取25；高压系数 $(B_{112})_{-10}$，取 $(B_{112})_{-10}=90\times1.3=117$；腐蚀系数 $(B_{112})_{-12}$ 取10；泄漏系数 $(B_{112})_{-13}$ 取20；工艺布置系数 $(B_{112})_{-16}$ 取30；静电系数 $(B_{112})_{-21}$ 取30。

（3）评估单元的事故易发性

由于同一种工艺条件对于不同类危险物质所体现的危险程度是各不相同的，因此必须确定相关系数。W_{ij} 分为5级，见表4-5。

表 4-5 工艺—物质危险性相关系数的分级

级别	相关性	工艺—物质危险性相关系数 W_{ij}
A级	关系密切	0.9
B级	关系大	0.7
C级	关系一般	0.5
D级	关系小	0.2
E级	没有关系	0

甲醇反应区间：放热反应系数（B_{112}）$_{-1}$、吸热反应系数（B_{112}）$_{-2}$、物料处理系数（B_{112}）$_{-3}$、高温系数（B_{112}）$_{-8}$、高压系数（B_{112}）$_{-10}$、腐蚀系数（B_{112}）$_{-12}$、泄漏系数（B_{112}）$_{-13}$、工艺布置系数（B_{112}）$_{-16}$、静电系数（B_{112}）$_{-21}$与甲醇的相关系数分别为0.7、0.5、0.7、0.7、0.7、0.7、0.7、0.7、0.7。

事故易发性 B_{11} 为：

$$B_{11}=\sum_{i=1}^{n}\sum_{j=1}^{m}B_{111}W_{ij}(B_{112})_j$$
$$=54\times(50\times0.7+40\times0.5+10\times0.7+25\times0.7+117\times0.7+10\times0.7+20\times0.7+30\times0.7+30\times0.7)$$
$$=12117.6$$

（4）甲醇生产厂区的伤害模型及伤害/破坏半径

甲醇生产厂区最大火灾爆炸风险是生产过程和甲醇罐发生泄漏等原因引起的燃烧爆炸，其伤害模型有两种：蒸气云爆炸（VEC）模型；沸腾液体扩展为蒸气爆炸（BLEVE）模型。前者属于爆炸型，后者属于火灾型。

1）甲醇蒸气云爆炸（VEC）

甲醇有两个储罐，型式是立式拱顶，贮存容量8000 m^3，贮存天数为18.5天，充装系数为0.8，材质为CS。

最大贮存量为 $W_f=(8000+8000)\times790=12640000$（kg）

TNT当量计算公式为：

$$W_{TNT}=\frac{1.8\alpha W_f Q_f}{Q_{TNT}} \tag{4-8}$$

式中：1.8——地面爆炸系数；

α——蒸气云当量系数，取 $\alpha=0.04$；

Q_f——甲醇的爆炸热量，取 $Q_f=22690.39$ kJ/kg；

Q_{TNT}——TNT的爆炸热量，取 $Q_{TNT}=4520$ kJ/kg。

甲醇的TNT当量为：

$W_{TNT}=1.8\times0.04\times12640000\times22690.39\div4520=4568594$（kg）

死亡半径 R_1 为：

$$R_1=13.6\,(W_{TNT}/1000)^{0.37}=307.4\text{（m）}$$

重伤半径 R_2 求解方程如下：

$$\begin{cases}\Delta p_s=0.137Z^{-3}+0.119Z^{-2}+0.269Z^{-1}-0.019\\ Z=\dfrac{R_2}{\left(\dfrac{E}{p_0}\right)^{\frac{1}{3}}}=0.001697R_2\\ \Delta p_s=\dfrac{44000}{p_0}=0.4344\end{cases}$$

解得 $R_2=641.7$（m）

轻伤半径 R_3 求解方程如下：

$$\begin{cases}\Delta p_s=0.137Z^{-3}+0.119Z^{-2}+0.269Z^{-1}-0.019\\ Z=\dfrac{R_3}{\left(\dfrac{E}{p_0}\right)^{\frac{1}{3}}}=0.001697R_3\\ \Delta p_s=\dfrac{17000}{p_0}=0.1678\end{cases}$$

解得 $R_3=1153.2$（m）

对于爆炸型破坏，财产损失半径 $R_{财}$ 的计算公式为：

$$R_{财}=\frac{K_{\mathrm{II}}W_{\mathrm{TNT}}^{\frac{1}{3}}}{\left[1+\left(\dfrac{3175}{W_{\mathrm{TNT}}}\right)^2\right]^{\frac{1}{6}}} \tag{4-9}$$

式中：K_{II}—— 二级破坏系数，$K_{\mathrm{II}}=5.6$。

计算得： $R_{财}=929.2$（m）

全部计算结果见表 4-6。

表 4-6 蒸气云爆炸伤害

蒸气云爆炸伤害	死亡半径	重伤半径	轻伤半径	破坏半径
破坏半径（m）	307.4	641.7	1153.2	929.2

2）甲醇扩展蒸气爆炸（BLEVE）

甲醇用两个罐贮存，取 $W=0.7\times12640000=8848000$（kg）

按以下公式进行计算：

火球半径 $R=2.9W^{\frac{1}{3}}=599.8$（m）

火球持续时间 $t=0.45W^{\frac{1}{3}}=93$（s）

当伤害几率 $P_r=5$ 时，伤害百分数 $D=\int_{-\infty}^{P_r-5}e^{-\frac{\mu^2}{2}}\mathrm{d}\mu=50\%$，死亡、一度、二度烧伤及烧毁财物，都以 $D=50\%$定义。

下面求不同伤害、破坏时的热通量。

①死亡计算公式为：

$$P_r=-37.23+2.56\ln(tq_1^{\frac{4}{3}}) \tag{4-10}$$

式中：P_r——取 5；

t——火球持续时间，$t=93$ s。

则 $q_1=7884.2$（W/m²）

②二度烧伤(重伤)计算公式为:

$$P_r=-43.14+3.0188\ln(tq_2^{\frac{4}{3}}) \tag{4-11}$$

则 $$q_2=5221.8\ (\mathrm{W/m^2})$$

③一度烧伤(轻伤)计算公式为:

$$P_r=-39.83+3.0186\ln(tq_3^{\frac{4}{3}}) \tag{4-12}$$

则 $$q_3=2294.5\ (\mathrm{W/m^2})$$

④财产损失计算公式为:

$$q_4=6730t^{\frac{4}{5}}+25400=25579.2\ (\mathrm{W/m^2})$$

按上述 q_1、q_2、q_3、q_4、热辐射通量值，计算伤害/破坏半径，由热辐射通量计算公式:

$$q(r)=\frac{q_0R^2r\ (1-0.058\ln r)}{(R^2+r^2)^{\frac{3}{2}}} \tag{4-13}$$

式中：R——火球半径，取 $R=599.8$ m；

q_0——圆柱罐的基准热通量，取 $q_0=270000$ W。

已知火球半径 $R=599.8$ m，伤害/破坏半径应有 $R_i>R_0$，求解为:

①按死亡热通量 $q_1=7884.2$ W/m²，计算扩散蒸气爆炸的死亡半径 $R_1=2485.7$ m。

②按重伤（二度烧伤）热通量 $q_2=5221.8$ W/m²，计算扩展蒸气爆炸时的重伤（二度烧伤）半径 $R_2=3065.2$ m。

③由轻伤（一度烧伤）热通量 $q_3=2294.5$ W/m²，计算轻伤（一度烧伤）半径 $R_3=4592.1$ m。

④由财产烧毁热通量 $q_4=25579.2$ W/m²，用上述同样办法计算得到扩展蒸气爆炸的财产破坏半径 $R_4=1285.6$ m。

综合各项，得扩散蒸气爆炸伤害/破坏半径如表 4-7 所示。

表 4-7 沸腾液体扩散蒸气爆炸伤害/破坏半径（m）

死亡半径	重伤半径（二度烧伤）	轻伤半径（一度烧伤）	财产破坏半径
2485.7	3065.2	4592.1	1285.6

显然，如果甲醇罐发生扩展蒸气爆炸，火球半径 $R=599.8$ m，使整个原料罐区成为一片火海，全部吞没；由于死亡半径 $R_1=2485.7$ m，财产损失半径 $R_4=1285.6$ m，使得罐区一旦发生扩展蒸气爆炸，厂区内的人员难以幸免，而且会殃及四邻。

(5) 事故严重度 B_{12} 的估计（见表 4-8）

事故严重度 B_{12} 用符号 S 表示，它反映事故发生造成的经济损失大小。事故严重度包括人员伤害和财产损失两个方面，并把人的伤害也折算成财产损失（万元）。

可用公式 4-14 表示总损失值:

$$S=C+20\times\left(\frac{N_1+0.5N_2+1.05N_3}{6000}\right) \tag{4-14}$$

式中：N_1，N_2，N_3——事故中死亡、重伤、轻伤人数。

C——财产破坏价值，万元；

事故严重毒 B_{12} 取决于伤害/破坏半径构成圆面积中的财产价值和死伤人数。由于甲醇罐区爆炸伤害模型是两个，即蒸气云爆炸和扩展蒸气爆炸，并可能同时发生，则储罐爆炸事故严重度应是两种严重度的加权求和：

$$S=\alpha S_1+(1-\alpha)S_2 \tag{4-15}$$

式中：S_1，S_2——分别为两种爆炸事故后果；

α，$1-\alpha$——分别为两种爆炸的发生概率，$\alpha=0.9$，$1-\alpha=0.1$。

表 4-8　甲醇生产区爆炸事故严重度

事故模型		死亡		重伤（二度烧伤）		轻伤（一度烧伤）		财产损失	
		半径（m）	波及范围暴露人员	半径（m）	波及范围暴露人员	半径（m）	波及范围暴露人员	半径（m）	波及范围暴露人员
储罐爆炸	蒸气云爆炸	307.4		641.7		1153.2		929.2	
	扩展蒸气爆炸	2485.7	厂区全部人员	3065.2		4592.1		1285.6	全部财产

蒸气云爆炸的可能性远大于扩展蒸气爆炸，蒸气云爆炸是主要的。

事故严重度计算结果为：

$$S=\alpha S_1+(1-\alpha)S_2=0.9\times113931=102537.9\text{（万元）}$$

(6) 固有危险性 B_1 及危险性等级

原料罐区的固有危险性为：

$$B_1=B_{11}B_{12}=12117.6\times102537.9=1242513257.04\text{（万元）}$$

危险性等级为：

$$A=\lg\left(\frac{B_1}{10^5}\right)=9.09$$

因此，甲醇罐区为一级重大危险源。

例 2：某工程天然气储罐区为储气球罐 4 个（2000 m^3/个），罐区平面图如图 4-4 所示。

根据天然气的密度为 0.55，经计算得出储气罐区天然气的储存量为 $2000\times0.55\times4\times1000=4400$ t >50 t。下面应用易燃、易爆、有毒重大危险源评价法对此重大危险源进行量化分级。

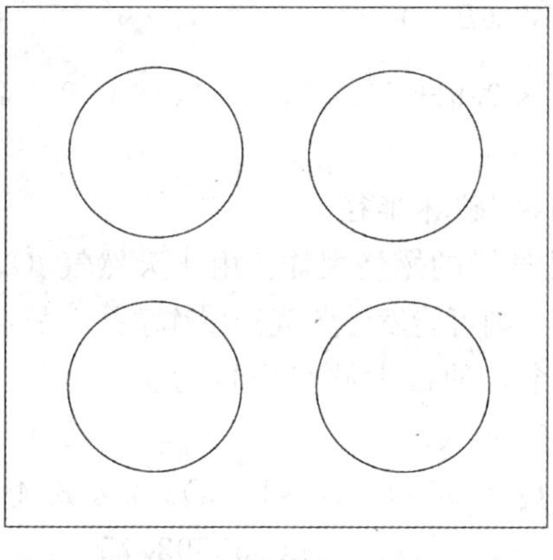

图 4-4　罐区平面图

(1) 罐区的事故易发性 B_{11}

原料罐区事故易发性 B_{11} 包含物质事故易发性 B_{111} 和工艺事故易发性 B_{112} 两方面及其耦合。

1) 物质事故易发性 B_{111}

选取天然气作为物质易发性评价的对象。根据天然气与感度有关的理化参数得出状态分，列表计算，如表 4-9 所示。

表 4-9 天然气物质事故易发性 B_{111} 计算表

	性质	分级	得分
爆炸气体特性	最大安全缝隙	1.14	5
	爆炸极限	5%～15%	8
	最小点燃电流	1.0	5
	最小点燃能	0.28 mJ	17
	引燃温度	537 ℃	5
总分			$G=40$
事故易发性系数 α			1.0
危险系数 $C_{ij}=\alpha G$			1.0×40=40
化学活泼系数 k			0.12
天然气事故易发性 $B_{111}=C_{ij}$（1+k）=40×（1+0.12）=44.8			

2）工艺事故易发性 B_{112}

从 21 种工艺影响因素中找出罐区工艺过程中实际存在的危险，构成工艺过程事故易发性。物质事故易发性与工艺事故易发性之间的相关性用相关系数表示，如表 4-10 所示。

表 4-10 工艺过程事故易发性相关系数

影响因素	内容与参数	B_{112}	相关系数
$B_{112\text{-}10}$（高压）	0.1～0.8 MPa	30×1.2=36	$W_{ij}=2.1_{j=10}=0.9$
$B_{112\text{-}11}$（燃烧）	操作时处于燃烧范围内	50	$W_{ij}=2.1_{j=11}=0.7$
$B_{112\text{-}12}$（腐蚀）	有防腐衬里	20	$W_{ij}=2.1_{j=12}=0.9$
$B_{112\text{-}13}$（泄漏）	设备泄漏	20	$W_{ij}=2.1_{j=13}=0.9$
$B_{112\text{-}21}$（静电）	气体喷出	30	$W_{ij}=2.1_{j=21}=0$

3）事故易发性 B_{11}

事故易发性 B_{11} 计算结果为：

$$
\begin{aligned}
B_{11} &= \sum_{i=1}^{n}\sum_{j=1}^{m} B_{111} W_{ij} (B_{112})_j \\
&= 44.8 \times (36 \times 0.9 + 50 \times 0.7 + 20 \times 0.9 + 20 \times 0.9 + 30 \times 0) \\
&= 4632.32
\end{aligned}
$$

（2）罐区的伤害模型及伤害/破坏半径

罐区的火灾爆炸风险是天然气罐的燃烧爆炸。由于天然气（2.1 类爆炸性气体）是气态储存，当其泄漏到空气中，遇到火源时，则可能发生蒸气云爆炸事故，故选用蒸气云爆炸（VCE）模型。

4 个球型储罐（2000 m^3/个）的最大储存质量为：

$W_f=2000\times4\times550=4400000$（kg）

根据天然气的爆炸热量（$Q_f=55593.75$ kJ/kg）和公式 4-8，天然气的 TNT 当量为：

$$W_{TNT}=1.8\times0.04\times4400000\times\frac{55593.75}{4520}=3896482.3 \text{（kg）}$$

死亡半径 R_1 为：

$$R_1=13.6\left(\frac{W_{TNT}}{1000}\right)^{0.37}=289.8 \text{（m）}$$

重伤半径 R_2 由下列方程式求解：

$$\begin{cases}\triangle p_s=0.137Z^{-3}+0.119Z^{-2}+0.269Z^{-1}-0.019\\ Z=\dfrac{R_2}{\left(\dfrac{E}{p_0}\right)^{\frac{1}{3}}}=\dfrac{R_2}{\left(\dfrac{W_{TNT}Q_{TNT}}{p_0}\right)^{\frac{1}{3}}}=0.0179R_2\\ \triangle p_s=\dfrac{44000}{p_0}=0.4344\end{cases}$$

解得：$R_2=611.9$（m）

轻伤半径 R_3 由下列方程式求解：

$$\begin{cases}\triangle p_s=0.137Z^{-3}+0.119Z^{-2}+0.269Z^{-1}-0.019\\ Z=\dfrac{R_3}{\left(\dfrac{E}{p_0}\right)^{\frac{1}{3}}}=\dfrac{R_3}{\left(\dfrac{W_{TNT}Q_{TNT}}{p_0}\right)^{\frac{1}{3}}}=0.0179R_3\\ \triangle p_s=\dfrac{17000}{p_0}=0.1678\end{cases}$$

解得：$R_3=1095.9$（m）

对于爆炸性破坏，根据公式 4-9，计算得：$R_{财}=881.2$（m）

将上述结果列入表 4-11。

表 4-11　蒸气云爆炸伤害

蒸气云爆炸伤害	死亡半径	重伤半径	轻伤半径	财产损失半径
破坏半径（m）	289.8	611.9	1095.9	881.2

伤害区域如图 4-5 所示。

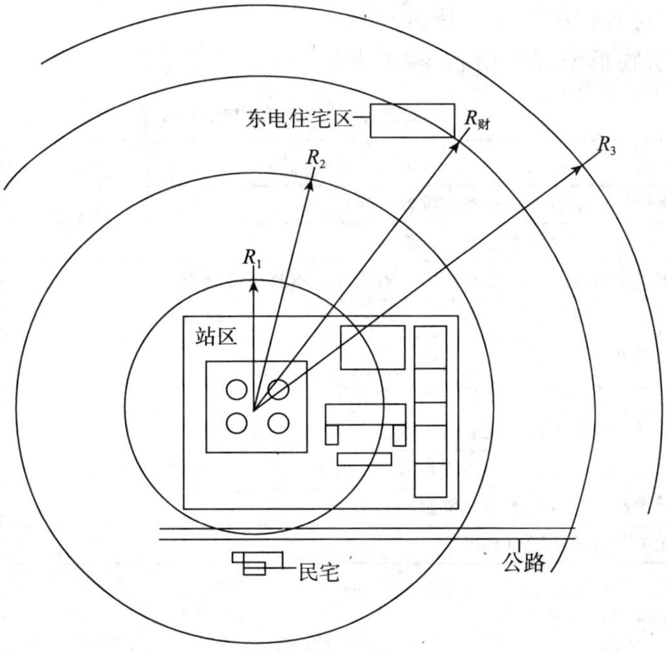

图 4-5　罐区伤害模型及伤害/破坏半径

（3）事故严重度 B_{12} 的估计

根据公式 4-14，其计算结果为：

$$S=4363.85+20\times\left(\frac{6000\times10+3000\times30+105\times300}{6000}\right)=4968.85\ (\text{万元})$$

罐区爆炸事故严重度计算如表 4-12 所示。

表 4-12 原料罐区爆炸事故严重度

事故模型	死亡		重伤（二度烧伤）		轻伤（一度烧伤）		财产破坏	
	半径（m）	波及范围暴露人员	半径（m）	波及范围暴露人员	半径（m）	波及范围暴露人员	半径（m）	波及范围暴露人员
蒸气云爆炸	289.8	罐区、站房（含仪表控制间、办公楼）、门卫等约 10 人	611.9	整个站区及附近民宅约 30 人	1095.9	站区波及其他区域（东电住宅区）约 300 人	881.2	站区外界广泛区域

（4）固有危险性 B_1 及危险性等级

原料罐区的固有危险性为：

$$B_1=B_{11}B_{12}=4632.32\times4968.85=23017303.23$$

危险性等级为：

$$A=\lg\frac{B_1}{10^5}=2.36$$

$1.5<A<2.5$，属于三级重大危险源。

（5）抵消因子 B_2 及单元控制等级估计

抵消因子的取值根据抵消因子关联算法实例的结果来确定。

1）工艺设备、建筑物抵消因子评价

工艺设备、建筑物抵消因子用表 4-13 计算：

表 4-13 工艺设备、建筑物抵消因子

项目	子项目内容	得分	是否
B_{21-1}设备维修保养 8（or）	①严格按照计划对设备检查、维修、保养	8	√
	②基本按照计划对设备检查、维修、保养	6	
B_{21-2}抑爆装置 35（and）	①处理粉尘或蒸气的设备有抑爆装置或设备本身有抑爆作用	24	
	②设备上有防爆膜或泄爆口	11	√
B_{21-3}惰性气体保护 15（or）	①盛装易燃气体设备有连续的惰性气体保护	13	
	②惰性气体系统量足够并自动吹扫整个单元	15	
B_{21-4}紧急冷却 12（or）	①冷却系统能保证在出现故障时维持正常冷却 10 min 以上	10	
	②备用冷却系统冷却能力为正常需要量的 1.5 倍，且至少维持 10 min	12	√
B_{21-5}应急电源 12（or）	①单元中设有双电源等多路电源	12	
	②单元中备有柴油发电机组	12	

续表

项目	子项目内容	得分	是否
B_{21-6}电气防爆 7（or）	①电气设备为隔爆型	7	√
	②电气设备为增安型	7	
	③电气设备为本质安全型	7	
	④电气设备为正压型	7	
	⑤电气设备为充油型	7	
	⑥电气设备为充砂型	7	
	⑦电气设备为无火花型	7	
	⑧电气设备为防爆特殊型	7	
	⑨电气设备为粉尘防爆型	7	
	⑩单元的防爆区域等级（在备注栏内填写）		
B_{21-7}防静电 7（or）	①生产过程中尽量少产生静电荷	7	
	②泄漏和导走静电荷	7	√
	③中和物体上聚集着的静电荷	7	
	④屏蔽带静电的物体	7	
	⑤使物体内外表面光滑和无棱角	7	
B_{21-8}避雷 35（and）	①防雷接地电阻小于10Ω	7	√
	②避雷针、避雷带与接地线采用焊接连接	7	
	③独立的避雷针及接地装置不设在行人经常通过的地方，与道路或建筑物出入口及其他接地体的距离大于3 m	7	
	④装有避雷针或避电线的构架上不架设低压或通讯线	7	
	⑤系统的定期检查，保证接地处于完好状态	7	
B_{21-9}阻火装置 36（and）	①使用阻火器	12	
	②液封	12	
	③其他阻火材料	12	
B_{21-13}工艺参数控制 11（or）	①同一参数有一套仪表监测	11	√
	②同一参数有并行两套（或以上）仪表监控，手动控制	11	
	③同一参数有并行两套（或以上）仪表监控，自动控制	11	
B_{21-14}泄漏检测装置与响应 15（or）	①气体或蒸气泄漏检测装置能报警和确定危险带	11	√
	②该装置既能报警又能在达到燃烧极限之前使保护系统动作	15	
B_{21-15}故障报警及控制装置 55（and）	①设有某一种流体管线发生故障时能可靠切断另一种流体的连锁装置	11	
	②在容器或泵的吸入侧设有远距离控制阀	11	
	③压缩机、透平、鼓风机等装有振动测定仪，振动能报警	10	
	④上述振动仪能使设备自动停车	13	
	⑤其他装置	10	
B_{21-16}事故排放与处理 62（and）	①备用储槽能安全地直接接受单元内的物料	11	
	②备用储槽安置在单元外	13	
	③应急通风管能将全部安全阀、紧急排放阀及其他气体、蒸气物料排至火炬或密闭受槽	13	√
	④装有易燃性液体和液化气的管道，容器有双层夹套	14	
	⑤易燃性液体的储罐区域设有防护堤	11	√

续表

项目	子项目内容	得分	是否
B_{21-17}厂房通风 6	处理易燃性液体的单元以及研磨、喷涂树脂、熟化及敞口罐的单元安装在室内，但厂房有充分换气	6	
B_{21-18}建筑物泄压 8（or）	①危险操作隔离厂房设有压力升高时能自动打开的窗	8	
	②隔离厂房设有安全孔	8	
	③其他泄压设施	8	
B_{21-19}装置监控 40（and）	①操作人员能用无线电或类似设备同控制室联系	10	√
	②重要项目能用计算机或闭路电视监视	12	√
	③在线计算机有故障时的应急停车或故障排除功能	18	√
B_{21-20}厂房结构 25（and）	①合理划分生产的火灾危险分类	5	√
	②厂房的耐火等级、层数及占地面积符合规定	5	√
	③合适的厂房防火阀距	5	√
	④厂房的防爆措施适当	5	√
	⑤厂房的安全疏散口符合要求	5	√
B_{21-21}工业下水道 10（and）	①设有易燃可燃物的工业下水道符合要求	5	
	②隔油池符合规范	5	√

工艺设备、建筑物抵消因子评价的应得分为：

$$8+35+12+7+7+35+11+15+62+40+25+10=267\text{（分）}$$

实得分为：

$$8+11+12+7+7+7+11+11+24+40+25+5=168\text{（分）}$$

2）危险岗位操作人员素质评价

基于对系统中人的行为特征的分析，从操作人员的合格性、熟练性、稳定性及工作负荷量 4 个方面对工业设施危险岗位操作人员的群体素质进行评估。

罐区有 5 名操作工，均是持证上岗，岗位工龄为 1 年，无事故工作时间为 1 年，每天平均工作 8 小时。

人员持证上岗，合格性为：$R_1=1$

人员的熟练性为：

$$R_2=1-\frac{1}{k_2\left(\frac{t}{T_2}+1\right)}=1-\frac{1}{4\times\left(\frac{1}{0.5}+1\right)}=0.9167$$

人员的操作稳定性为：

$$R_3=1-\frac{1}{k_3\left[\left(\frac{t}{T_3}\right)^2+1\right]}=1-\frac{1}{2\times\left[\left(\frac{1}{0.5}\right)^2+1\right]}=0.9$$

岗位操作人员的负荷因子为：

$$R_4=1-k_4\left(\frac{t}{T_4}-1\right)^2=1-k_4\left(\frac{8}{8}-1\right)^2=1$$

单个人员的可靠性为：

$$R_S=R_1R_2R_3R_4=1\times0.9167\times0.9\times1=0.8250$$

指定岗位人员素质的可靠性为：

$$R_S = \sum_{i=1}^{N} \frac{R_{si}}{N} = 0.8250$$

$$R_P = \prod_{i=1}^{n} R_{si} = 0.8250$$

单元人员素质的可靠性为：

$$R_u = 1 - \prod_{i=1}^{m} (1 - R_{pi}) = 1 - (1 - 0.8250) = 0.8250$$

3）安全管理评价

安全管理评价的主要目的是评价企业的安全行政管理绩效。安全管理评价指标体系共10个项目，72个指标，总分1000分。安全管理评价如表4-14～表4-23所示。

表4-14　安全生产责任制

序号	评价内容及标准	是否	应得分	实得分
1.1	经理对安全生产工作负全面领导责任	√	100	100
1.2	分管安全的副经理对安全生产负主要领导责任	√		
1.3	分管其他工作的副经理对分管范围的安全生产工作负直接领导责任	√		
1.4	总工程师（技术负责人）对安全技术负全面责任	√		
1.5	各职能部门负责人对各自业务范围的安全生产工作负领导责任	√		
1.6	站长对本站安全生产工作负具体领导责任	√		
1.7	班组长对本职范围的安全生产工作负责	√		
1.8	工人对本岗的安全生产负直接责任	√		
1.9	工会负责人对安全生产工作负监督责任	√		

表4-15　安全生产教育

序号	评价内容及标准	是否	应得分	实得分
2.1	新工人上岗前三级安全教育	√	100	80
2.2	特殊工种工人专业培训，考核合格，持证上岗率100%	√		
2.3	对采用新技术、新工艺、新设备、新材料的工人进行安全技术教育	√		
2.4	对复工工人进行安全教育	×		
2.5	对调换新工种的工人进行安全教育	√		
2.6	中层干部安全教育	√		
2.7	班组长安全教育	√		
2.8	全员安全教育	√		

表4-16　安全技术措施计划

序号	评价内容及标准	是否	应得分	实得分
3.1	企业在编制生产、技术、财务计划时，必须同时编制安全技术措施计划	√	100	100
3.2	按规定提取安全技术措施费用，专款专用	√		
3.3	安全技术措施计划有明确的期限和负责人	√		
3.4	企业年度工作计划中有安全目标值	√		

表 4-17 安全生产检查

序号	评价内容及标准	是否	应得分	实得分
4.1	定期组织全面安全检查	√	100	80
4.2	车间、班组进行经常性检查	√		
4.3	安全管理人员进行专门的安全检查	√		
4.4	每年要按规定进行专业性的安全检查	√		
4.5	季节性安全检查	√		
4.6	节假日检查	×		
4.7	要害部门重点检查	√		

表 4-18 安全生产规章制度

序号	评价内容及标准	是否	应得分	实得分
5.1	安全生产奖励制度	×	100	70
5.2	安全值班制度	√		
5.3	各工种安全技术操作规程	√		
5.4	特种作业设备管理制度	√		
5.5	危险作业管理审批制度	√		
5.6	易燃、易爆、剧毒、放射性、腐蚀性等危险物品的生产、使用、储运、管理制度	√		
5.7	防护用品发放和使用制度	√		
5.8	安全用电制度	√		
5.9	加班加点审批制度	×		
5.10	危险场所动火审批制度	√		
5.11	危险岗位巡回检查制度	√		
5.12	防止物料泄漏、跑损管理制度	√		
5.13	安全标志管理制度	×		

表 4-19 安全生产管理机构及人员

序号	评价内容及标准	是否	应得分	实得分
6.1	建立企业安全生产委员会	√	100	100
6.2	建立或指定安全管理组织机构，配备专（兼）职安全管理人员	√		
6.3	班组按规定配专职或兼职安全管理人员	√		
6.4	企业工会设三级劳保组织，配专职或兼职劳保干部	√		
6.5	专职安全管理人员具备安监部门认可的安全监督员资格	√		

表 4-20 事故统计分析

序号	评价内容及标准	是否	应得分	实得分
7.1	有系统完整的事故记录	√	100	100
7.2	有完整的事故调查、分析报告	√		
7.3	事故处理符合规定	√		
7.4	有年度、月度事故统计、分析图表	√		

表 4-21　危险源评估与整改

序号	评价内容及标准	是否	应得分	实得分
8.1	两年内是否进行过安全评价	√	100	75
8.2	有无危险源分级管理制度	×		
8.3	对事故隐患是否按要求整改，有事故隐患排查治理档案	√		
8.4	整改后是否上报并经审查验收	√		

表 4-22　应急计划与措施

序号	评价内容及标准	是否	应得分	实得分
9.1	有应急指挥和组织机构	√	100	100
9.2	有场内应急计划、事故应急处理程序和措施	√		
9.3	有场外应急计划和向外报警程序	√		
9.4	有安全装置、报警装置、疏散口装置、避难场所位置图	√		
9.5	安全进、出口路线畅通无阻，数量、规格符合要求	√		
9.6	急救设备（担架、氧气瓶、防护用品等）符合规定要求	√		
9.7	通讯联络与报警系统可靠	√		
9.8	与应急服务机构（医院、消防）建立联系	√		
9.9	每年进行一次事故应急训练和演习	√		

表 4-23　消防安全管理

序号	评价内容及标准	是否	应得分	实得分
10.1	有防火安全委员会	√	100	70
10.2	有领导负责的逐级防火责任制	√		
10.3	有专职或兼职的防火安全人员，并按规定时间、路线进行巡逍	√		
10.4	有健全的三级火灾隐患管理制度，并建立了隐患治理台账	√		
10.5	防火区设有防火安全标志	√		
10.6	有重点防火部位分布图、灭火计划平面图	×		
10.7	根据《消防法》设有消防站或消防车、消防艇、消防栓、灭火器（干粉、泡沫、水）等，且符合消防安全规定	×		
10.8	消防用水、干粉等灭火剂充足	×		
10.9	火灾通讯系统完备可靠	√		
10.10	每年进行一次消防演习	√		

安全管理评价的实得分为：

$$100+80+100+80+70+100+100+75+100+70=875\text{（分）}$$

4）抵消因子的关联算法

对于罐区：

$$V_1=\frac{168}{267}=0.6292$$

$$V_2=0.8250$$

$$V_3=\frac{875}{1000}=0.875$$

$X_{AB}=0.6292$　$X_{A\bar{B}}=1-0.8250=0.175$　$X_{\bar{A}B}=1-0.6292=0.3708$　$X_{\bar{A}\bar{B}}=0.175$

$$X_{AC}=0.875 \quad X_{A\overline{C}}=1-0.875=0.125 \quad X_{\overline{A}C}=1-0.6292=0.3708 \quad X_{\overline{A}\overline{C}}=0.125$$

$$X_{BC}=0.8250 \quad X_{B\overline{C}}=1-0.875=0.125 \quad X_{\overline{B}C}=1-0.8250=0.175 \quad X_{\overline{B}\overline{C}}=0.125$$

$$X_{T_1}=X_{AB}+X_{A\overline{B}}+X_{\overline{A}B}+X_{\overline{A}\overline{B}}=0.6292+0.175+0.3708+0.175=1.35$$

$$X_{T_2}=X_{AC}+X_{A\overline{C}}+X_{\overline{A}C}+X_{\overline{A}\overline{C}}=0.875+0.125+0.3708+0.125=1.4958$$

$$X_{T_3}=X_{BC}+X_{B\overline{C}}+X_{\overline{B}C}+X_{\overline{B}\overline{C}}=0.8250+0.125+0.175+0.125=1.25$$

$$W(ab)=\frac{X_{AB}}{X_{T_1}}=0.4661 \qquad W(a\overline{b})=\frac{X_{A\overline{B}}}{X_{T_1}}=0.1296$$

$$W(\overline{a}b)=\frac{X_{\overline{A}B}}{X_{T_1}}=0.2747 \qquad W(\overline{a}\overline{b})=\frac{X_{\overline{A}\overline{B}}}{X_{T_1}}=0.1296$$

$$W(ac)=\frac{X_{AC}}{X_{T_2}}=0.5850 \qquad W(a\overline{c})=\frac{X_{A\overline{C}}}{X_{T_2}}=0.0836$$

$$W(\overline{a}c)=\frac{X_{\overline{A}C}}{X_{T_2}}=0.2479 \qquad W(\overline{a}\overline{c})=\frac{X_{\overline{A}\overline{C}}}{X_{T_2}}=0.0836$$

$$W(bc)=\frac{X_{BC}}{X_{T_3}}=0.66 \qquad W(b\overline{c})=\frac{X_{B\overline{C}}}{X_{T_3}}=0.1$$

$$W(\overline{b}c)=\frac{X_{\overline{B}C}}{X_{T_3}}=0.14 \qquad W(\overline{b}\overline{c})=\frac{X_{\overline{B}\overline{C}}}{X_{T_3}}=0.1$$

$$B_{2A}=0.66\times0.982+0.1\times0.522+0.14\times0.254+0.1\times0.216=0.7575$$

$$B_{2B}=0.5850\times0.969+0.0836\times0.792+0.2479\times0.775+0.0836\times0.658=0.8802$$

$$B_{2C}=0.4661\times0.923+0.1296\times0.379+0.2747\times0.569+0.1296\times0.347=0.6806$$

$$B_{21}=B_{2A}V_1=0.7575\times0.6296=0.4766$$

$$B_{22}=B_{2B}V_2=0.8802\times0.8250=0.7262$$

$$B_{23}=B_{2C}V_3=0.6806\times0.875=0.5955$$

综合抵消因子为：

$$B_2=\prod_{k=1}^{3}(1-B_{2k})=(1-0.4766)(1-0.7262)(1-0.5955)=0.0580$$

由单元危险控制程度分级标准（见表 4-24）可知，该罐区控制程度等级是 C 级。罐区的危险等级是三级，控制能力等级是 C 级。故控制能力和危险等级相匹配，控制能力已达到危险等级所要求的 C 级，说明罐区的安全措施和安全管理达到了较理想的状况。

表 4-24 危险控制分级标准

危险控制程度级别	A 级	B 级	C 级	D 级
B_2	≤0.001	0.001～0.01	0.01～0.1	>0.1

（6）现实危险性

罐区发生爆炸的现实危险性由于抵消因子的抵消和控制作用，已经较固有危险性大大降低。

罐区发生爆炸的现实危险性为：

$$A=B_1B_2=23017303.23\times0.0580=1335003.587$$

（7）罐区评价总结

罐区评价结果汇总见表 4-25。

表 4-25　评价结果汇总表

项目指标	结果
事故易发性 B_{11}	4632.32
事故后果严重度 B_{12}（万元）	4968.85
固有危险性 B_1	23017303.23
危险性等级	三级重大危险源
危险抵消因子 B_2	0.0580
控制程度等级	C 级
现实危险性 A	1335003.587

第二节　道化学火灾、爆炸危险指数评估法及实例分析

一、道化学火灾、爆炸危险指数评估法

1. 道化学火灾、爆炸危险指数评估法定义

美国道化学公司自 1964 年开发“火灾、爆炸危险指数评估法”（第一版）以来，历经 29 年，不断修改完善，在 1993 年推出了第七版。道化学（DOW）火灾、爆炸危险指数评估法（第七版）根据以往的事故统计资料、物质的潜在能量和现行的安全措施情况，利用系统工艺过程中的物质、设备、设备操作条件等数据，通过逐步推算的公式，对系统工艺装置及所含物料的实际潜在火灾、爆炸危险、反应性危险进行评估。

2. 道化学火灾、爆炸危险指数评估法特点

道化学火灾、爆炸危险指数评估法特点如下：

①对化工方面较广范围内的工程及储存设备、装置、易燃易爆化学物质使用管理进行评估；

②考虑安全措施补偿系数对评估结果的影响程度；

③考虑特殊工艺危险系数对评估结果的影响；

④该方法能对化工生产、使用储存设备和装置危险度进行定量的评估，并能量化潜在火灾、爆炸和反应性事故的预期损失。

3. 道化学火灾、爆炸危险指数评估法应用范围

道化学火灾、爆炸危险指数评估法（第七版）要求，评估单元内可燃、易燃、易爆等危险物质的最低限量为 2270 kg 或 2.27 m^3，小规模实验工厂上述物质的最低量为 454 kg 或 0.454 m^3，评估结果才有意义。若单元内物料量较少，则评估结果有可能被夸大。

道化学火灾、爆炸危险指数评估法在各种评估类型中都可以使用，尤其在安全预评估中使用的最多。安全预评估阶段根据项目的可行性研究分析报告，为了采取有效的措施降低财产损失，通过道化学火灾、爆炸危险指数评估法计算暴露危险区域的半径，在设计阶段通过改变平面布置增大间距或减少暴露危险区域的投资来降低或减少事故发生带来的风险。

4. 道化学火灾、爆炸危险指数评估法程序

①准备资料。包括准确无误的工厂设计方案（设计图纸）；工艺流程图；*F&EI* 危险分

级指南（道化学公司第七版）；F&EI 计算表；单元分析汇总表；工厂危险分析汇总表；工艺设备成本表等。

②确定评估单元。划分评估单元时要考虑工艺过程，评估单元应反映最大的火灾、爆炸危险。评估单元可以是独立的生产装置，也可以是工艺装置的任一主要单元或生产单元（包括化学工艺、机械加工、仓库、包装线等在内的整个生产设施），与其他部分保持一定的距离，或用防火墙隔离开来。

③求取单元内重要物质的物质系数 MF。评估单元的物质系数，是一个最基础的数值。这个系数是由评估单元的物质本身具有的潜在化学能，即物质的燃烧性和化学活性等内在特性决定的。物质系数（MF）由物质可燃性 N_f 和化学活泼性（不稳定性）Nr 求得。单一物质的物质系数可通过查表来获取，评估单元内混合物物质系数是由单元内最危险的物质（最大组分浓度≥5%以上）的物质系数确定。由于物质的内在特性，有时需要对物质系数进行温度（工艺单元温度超过 60 ℃）修正。

④根据单元的工艺条件，采用适当的危险系数，求得单元一般工艺危险系数 F_1 和特殊工艺危险系数 F_2。一般工艺危险系数 F_1 是确定事故损害大小的主要因素，它等于基本系数与所有选取的一般工艺危险系数之和。特殊工艺危险系数 F_2 是影响事故发生概率的主要因素，等于基本系数与所有选取的特殊工艺危险系数之和。

⑤一般工艺危险系数 F_1 和特殊工艺危险系数 F_2 的乘积 F_3（$=F_1 \times F_2$）即为工艺单元危险系数（F_3 值范围为 1～8，若 $F_3>8$，则按 8 计）。它表明了单元的危险程度，由工艺单元危险系数 F_3 和物质系数 MF 来确定表示损失的大小危害系数（危害系数≤1）。

⑥工艺单元的危险系数 F_3 与物质系数 MF 的乘积 $F\&EI$（$=F_3 \times MF$），为火灾、爆炸指数，用来确定该单元影响区域的大小以及评估单元的危险程度，得出评估结果。

⑦用火灾、爆炸指数 $F\&EI$ 计算出单元的暴露区域半径 R（m），并计算暴露面积 A。[$R=0.84 \times F\&EI$（单位：英尺）$=0.256 \times F\&EI$（单位：m）；$A=\pi \times R^2$（m^2）]

⑧确定安全措施补偿系数 C。安全措施补偿系数 C 为工艺控制补偿系数 C_1（C_1 为其下属子系数的乘积）、物质隔离补偿系统数 C_2（C_2 为其下属子系数的乘积）、防火措施补偿系数 C_3（C_3 为其下属子系数的乘积）三者的乘积，即 $C=C_1 \times C_2 \times C_3$。安全措施补偿系数的值越小，事故的损失也越小，一般来说安全措施补偿系数 C 的值小于 1。

⑨确定暴露区域内的财产价值。暴露区域内的财产价值可由区域内含有的财产（包括在存的物料）的更换价值确定。更换价值＝原来成本×0.82×增长系数，增长系数一般由工程预算专家确定。

⑩确定基本最大可能财产损失（Base MPPD）。基本最大可能财产损失是假定没有任何一种安全措施来降低损失。基本最大可能财产损失是由暴露区域内财产更换价值和危害系数相乘得到的，即：基本最大可能财产损失＝暴露区域内财产更换价值×危害系数。

⑪确定实际最大可能财产损失（Actual MPPD）。基本最大可能财产损失与安全措施补偿系数的乘积就是实际最大可能财产损失（Actual MPPD），即：实际最大可能财产损失（Actual MPPD）＝基本最大可能财产损失（Base MPPD）×安全措施补偿系数（C）。它表示在采取适当（但不完全理想）的防护措施后事故造成的财产损失。如果这些防护装置出现故障，其损失值就接近于基本最大可能财产损失。

⑫确定最大可能工作日损失（MPDO）。通过最大可能工作日损失（MPDO）与实际最

大可能财产损失（Actual MPPD）之间的方程关系并结合计算图表来确定最大可能工作日损失（MPDO）。

⑬确定停产损失（BI）。停产损失 BI＝MPDO/30×VPM×0.7（式中：VPM 为每月产值；0.7 代表固定成本和利润）。

通常来说，我们国家做的安全评估都执行步骤①至⑧，⑨至⑬为财产损失计算，由于需要财务方面的一些数据，因此在实际评估项目中，很少评估工艺单元内相关的财产损失和工作日损失。

道化学火灾、爆炸危险指数评估法（第七版）评估程序见图 4-6。

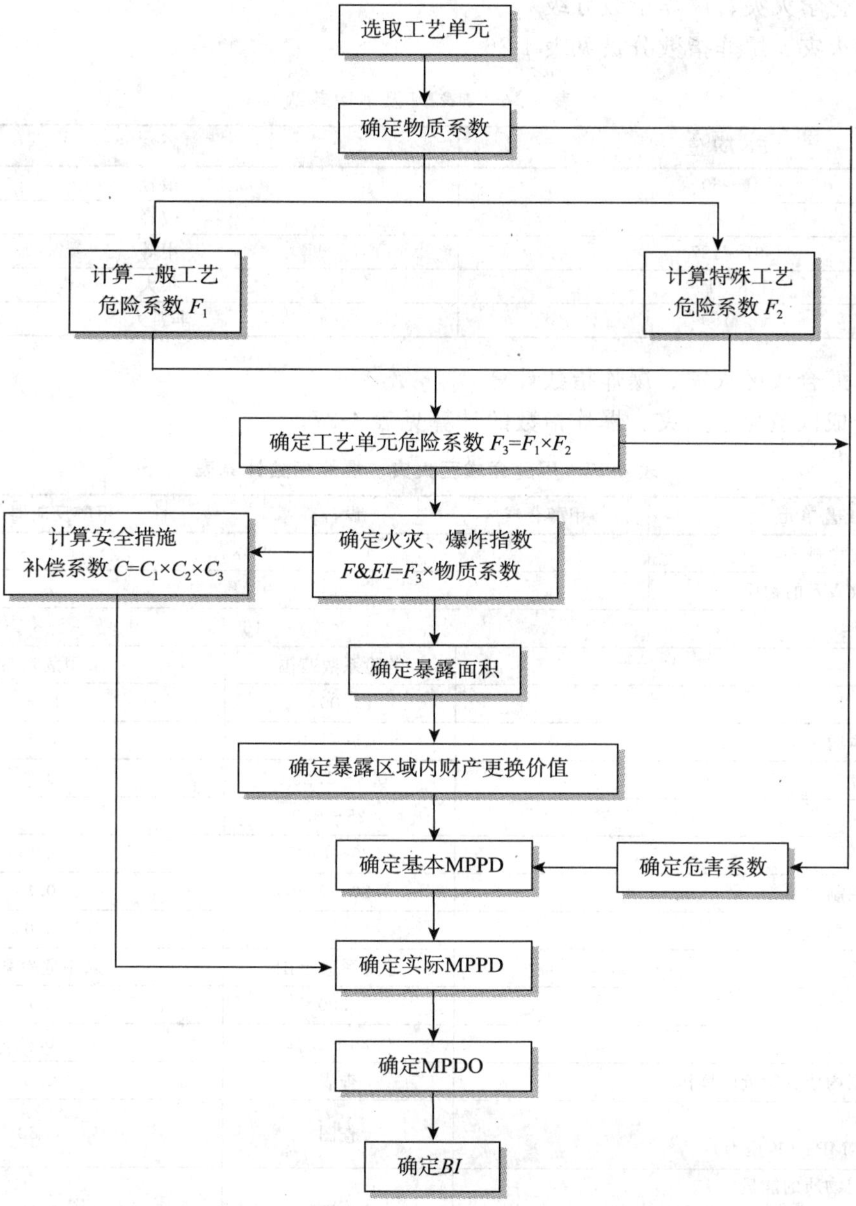

图 4-6 道化学火灾、爆炸危险指数评估法（第七版）评估程序

二、评估应用实例分析

例 1：对某煤化工企业甲醇合成区用道化学火灾、爆炸指数评估进行安全评估。

（1）评估单元确定

本评估对甲醇合成区进行危险性分析，以此为评估单元，用道化学火灾、爆炸危险指数评估法对其火灾、爆炸危险性进行评估。

（2）评估程序

按图 4-6 所示的程序进行评估。

（3）道化学火灾、爆炸指数分级

道化学火灾、爆炸指数分级见表 4-26。

表 4-26　*F&EI* 及危险等级

F&EI 值	危险等级
1～60	最轻
61～96	较轻
97～127	中等
128～158	很大
≥159	非常大

（4）甲醇合成区火灾、爆炸指数计算

甲醇合成区道化学火灾、爆炸指数的计算见表 4-27。

表 4-27　甲醇合成区火灾、爆炸指数计算表

工艺单元	甲醇合成区	设备	甲醇反应器
工艺设备中的物料	甲醇		
确定物质系数 *MF* 的物质	甲醇		
物质系数 *MF*	16		
1. 一般工艺危险		危险系数范围	采用危险系数
基本系数		1.00	1.00
物料处理与输送		0.25～1.05	0.6
放热化学反应		0.3～1.25	0.5
密闭式或室内工艺单元		0.25～0.9	0.4
通道		0.20～0.35	0.20
排放和泄漏控制		0.20～0.50	0.3
一般工艺危险系数 F_1			3.0
2. 特殊工艺危险		危险系数范围	采用危险系数
基本系数		1.00	1.00
毒性物质		0.20～0.80	0.4
燃烧爆炸范围内或其附近的操作		查表	0.3
压力 设计压力—6 MPa（表压力）		查图	0.82
易燃及不稳定物质的能量 物质质量（10 min）　4195 b 物质燃烧热 H_C　8.6×10^3 Btu/b		查图	0.12

续表

工艺单元	甲醇合成区	设备	甲醇反应器
腐蚀及磨蚀		0.1～0.5	0.2
泄漏		0.1～1.50	0.3
特殊工艺危险系数 F_2			3.14
工艺单元危险系数 $F_3=F_1\times F_2$			9.42
火灾、爆炸指数 $F\&EI=F_3\times MF$			128

（5）初步分析评估结论

甲醇合成区的火灾、爆炸指数为128。危险等级：很大。

（6）安全措施补偿系数 C

安全措施补偿系数 C 见表4-28。

表4-28　安全措施补偿系数 C

1. 工艺控制补偿系数 C_1		
项目	补偿系数范围	采用补偿系数
（1）计算机控制	0.93～0.99	0.97
（2）操作指南或操作规程	0.91～0.99	0.92
（3）紧急切断装置	0.96～0.99	0.98
工艺控制补偿系数 C_1	$C_1=0.97\times0.92\times0.98=0.8746$	
2. 物质隔离补偿系数 C_2		
项目	补偿系数范围	采用补偿系数
（1）远距离控制阀	0.96～0.99	0.98
（2）排放系统	0.91～0.97	0.95
（3）连锁装置	0.98	0.98
物质隔离补偿系数 C_2	$C_2=0.98\times0.95\times0.98=0.9124$	
3. 防火措施补偿系数 C_3		
项目	补偿系数范围	采用补偿系数
（1）泄漏检测装置	0.94～0.98	0.98
（2）消防水供应	0.94～0.97	0.94
（3）特殊灭火系统	0.91	0.91
（4）手提式灭火器/水枪	0.93～0.98	0.95
（5）电缆保护	0.94～0.98	0.94
物质隔离补偿系数 C_3	$C_3=0.98\times0.94\times0.91\times0.95\times0.94=0.7486$	
安全措施补偿系数 $C=C_1\times C_2\times C_3=0.8746\times0.9124\times0.7486=0.5974$		

由计算结果可见，因安全措施的实施，可使事故后果造成的损失减少到采取安全措施前的59.74%。补偿后的火灾、爆炸指数为128×0.5974=76.47，危险等级为“较轻”。

（7）火灾、爆炸暴露半径和暴露面积确定

暴露半径（R）：暴露半径表明了生产单元危险区域的平面分布，它是一个以工艺设备的关键部位为中心，以暴露半径为半径的圆。暴露半径用 $0.84\times F\&EI$ 系数查图或计算而得。

$$R=0.3048\times0.84\times F\&EI=0.3048\times0.84\times128=32.8\ (\mathrm{m})$$

暴露面积（S）：考虑评估单元内设备在火灾、爆炸中遭受的损坏的实际影响，往往用一个围绕着工艺单元的圆柱体体积来表征发生火灾、爆炸时生产单元所承受风险的大小。圆柱体的底面积为暴露区域面积。

$$S=\pi R^2=3371.5\ (m^2)$$

单元破坏系数：破坏系数由单元危险系数（F_3）和物质系数（MF）查图确定。它表示单元中的物料或反应能量释放所引起的火灾、爆炸事故综合效应。

根据 MF 及 F_3 查得单元破坏系数为 0.78。

(8) 甲醇合成区危险分析汇总

甲醇合成区域危险分析汇总见表 4-29。

表 4-29 甲醇合成危险分析汇总表

序号	内容	数值
1	火灾爆炸危险指数 $F\&EI$	128
2	危险等级	很大
3	补偿后的火灾、爆炸指数	76.5
4	补偿后的危险等级	较轻
5	暴露区域半径	32.8 m
6	暴露区域面积	3371.5 m^2
7	破坏系数	0.78
8	安全措施补偿系数	0.597

注：省略事故引发的财产及工作日损失。

例 2：对某油库重大危险源区域用道化学火灾、爆炸指数评估方法进行定量分析。

油库可分成 4 个主要储油区，其重大危险源基本情况介绍及分析如图 4-7 及表 4-30、表 4-31 和表 4-32 所示。

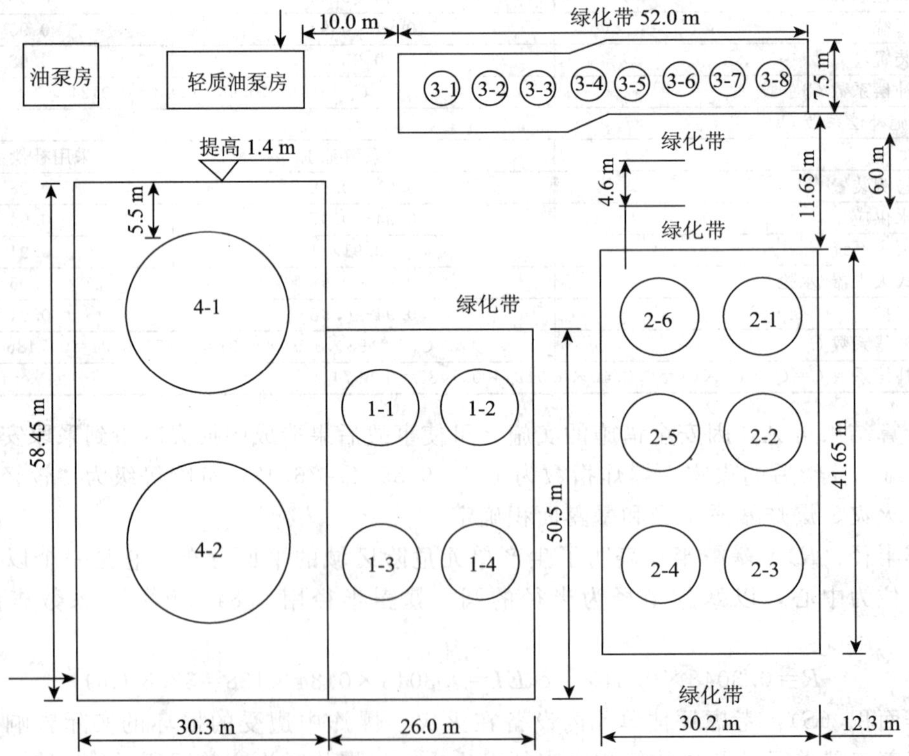

图 4-7 油库分区情况

表 4-30　油库分区情况

油罐类型	油罐容积（m^3）	油罐实际储量（t）	数量（个）	储存物质
拱顶罐	3000	1800	1	汽油
拱顶罐	1000	640	4	柴油
拱顶罐	200	120	3	润滑油
内浮顶罐	3000	1800	1	汽油
内浮顶罐	2000	1200	4	汽油
内浮顶罐	1000	640	2	柴油
内浮顶罐	100	78	5	航空煤油
合计	21100	12990	20	

区域序号	总体积	储存物质
1	2000×4	汽油
2	1000×6	柴油
3	100×5+200×3	航空煤油、润滑油
4	3000×2	汽油

表 4-31　油库储存物质特性

物质	物质系数 MF	闪点（℃）	密度（kg/m^3）	热值（kJ/kg）	沸点（℃）
柴油	10	100～130			315
汽油	16	−50～−45	790	4.6×10^4	100～400
航空煤油	10	38	775	4.128×10^4	304～574
润滑油	4	300～450			680

柴油、润滑油属于高闪点物质，不在重大危险源辨识之列，所以储存柴油、润滑油的储罐可以不用进行重大危险源辨识，即 2 区域和部分 3 区域不属于辨识范围。

表 4-32　贮罐区（贮罐）临界量表

类别	物质特性	临界量（t）	典型物质举例
易燃液体	闪点<28 ℃	200	汽油
	28 ℃≤闪点<60 ℃	5000	煤油

从平面图可以得知，1、3、4 区域之间的距离小于 500 m。因此可以把三个区域划归一个重大危险源单元。

依照《危险化学品重大危险源辨识》（GB 18218—2009）中的辨识方法，对该单元进行重大危险源辨识：

$$\frac{q_1}{Q_1}+\frac{q_2}{Q_2}+\cdots+\frac{q_n}{Q_N}=\frac{1800}{200}\times2+\frac{1200}{200}\times4+\frac{78}{5000}\times5>1$$

所以该单元属于重大危险源，即 1、3、4 号区域组成单元构成重大危险源。下面，使用道化学火灾、爆炸指数评价方法进行评价。

（1）评价单元的选取

同一个堤内的储罐储存的物质相同、数量相同，可以将同一个防火堤内的储罐看做一个单元，即1号、3号、4号分别为3个评价单元。

（2）对选取的单元进行评价（见表4-33～表4-37）

表4-33 油罐置火灾、爆炸危险度评价表

工艺单元	油品储罐区			
储存物料	汽油、煤油			
确定物质系数的物质	汽油、煤油			
汽油物质系数 *MF*	16、10			
1. 一般工艺危险	危险系数范围	1号区域	4号区域	3号区域
基本系数	1.00	1.00	1.00	1.00
A. 放热化学反应	0.3～1.25	0	0	0
B. 吸热反应	0.2～0.4	0	0	0
C. 物料处理与输送	0.25～1.05	0.5	0.5	0.5
D. 封闭或室内单元	0.25～0.9	0.45	0.45	0.45
E. 通道	0.2～0.35	0.35	0.35	0.2
F. 排放和泄露控制	0.25～0.5	0.5	0.5	0.5
一般工艺危险系数（F_1）		2.8	2.8	2.8
2. 特殊工艺危险				
基本系数	1.00	1.00	1.00	1.00
A. 毒性物质	0.2～0.80	0.2	0.2	0
B. 负压操作	0.5	0	0	0
C. 燃烧范围或其附近的操作	0.30～2.05	0.3	0.3	0.3
D. 粉尘爆炸	0.25～2.00	0	0	0
E. 释放压力		0.16	0.16	0.16
F. 低温	0.2～0.3	0	0	0
G. 易燃和不稳定数量		1.1	0.9	0.35
H. 腐蚀	0.10～0.50	0.1	0.1	0.1
I. 泄漏	0.10～1.5	0.1	0.1	0.1
J. 明火设备的使用	0.10～1.0	0	0	0
K. 热油交换系统	0.15～1.15	0.5	0.5	0.5
L. 转动设备	0.50	0	0	0
特殊工艺危险系数（F_2）		3.46	3.26	2.51
3. F_3 工艺单元危险系数（$F_1 \times F_2 = F_3$）		8	8	7.0
火灾、爆炸指数（$F_3 \times MF = F\&EI$）		128	128	70
火灾爆炸危险等级		很大	很大	较轻

表 4-34　安全措施补偿系数

1. 工艺控制安全补偿系数 C_1			
安全措施	1 号区域	4 号区域	3 号区域
应急电源	0.98	0.98	0.98
冷却	1	1	1
抑爆	1	1	1
紧急停车装置	1	1	1
计算机控制	0.97	0.97	0.97
惰性气体保护	1	1	1
操作指南或操作规程	0.92	0.92	0.92
活性化学物质检查	1	1	1
其他工艺过程危险分析	0.91	0.91	0.91
工艺控制安全补偿系数 C_1	0.80	0.80	0.80
2. 物质隔离安全补偿系数 C_2			
远距离控阀	0.98	0.96	0.98
备用泄料装置	1	1	1
排放系统	1	1	1
连锁装置	1	1	1
物质隔离安全补偿系数 C_2	0.98	0.96	0.98
3. 防火设施安全补偿系数 C_3			
泄漏检测装置	0.94	0.94	0.94
钢质结构	0.98	0.98	0.98
消防水供应	0.94	0.94	0.94
特殊系统	1	1	1
喷洒系统	0.97	0.97	0.97
水幕	1	1	1
泡沫装置	0.92	0.92	0.92
手提式灭火器/水枪	0.93	0.93	0.93
电缆保护	0.94	0.94	0.94
防火设施安全补偿系数 C_3	0.68	0.68	0.68
单元安全补偿系数 $=C_1\times C_2\times C_3$	0.53	0.52	0.53
安全补偿后	67	67	37.1
安全补偿后火灾爆炸危险等级	较轻	较轻	最轻

表 4-35 补偿前后危险性分析表

分析单元	补偿前		补偿后	
	F&EI	危险等级	F&EI	危险等级
1 号区域	128	很大	67	较轻
4 号区域	128	很大	67	较轻
3 号区域	70	较轻	37.1	最轻

表 4-36 道化学评价法危险等级标准

火灾、爆炸指数（F&EI）	危险程度
1～60	最轻
61～96	较轻
97～127	中等
128～158	很大
≥159	非常大

表 4-37 工艺单元危险分析汇总表

序号	内容	工艺单元		
		1 号区域	4 号区域	3 号区域
1	F&EI	128	128	70
2	危险等级	很大	很大	较轻
3	暴露区域半径	32.2 m	32.2 m	17.6 m
4	暴露区域面积	3255.6 m^2	3255.6 m^2	977.0 m^2
5	破坏系数	0.78	0.78	0.25

第三节 重大危险源伤害（或破坏）范围评估分析法及实例分析

一、重大危险源爆炸评估分析

爆炸是物质的一种非常急剧的物理、化学变化，也是大量能量在短时间内迅速释放或急剧转化成机械功的现象。它通常是借助气体的膨胀来实现。

从物质运动的表现形式来看，爆炸就是物质剧烈运动的一种表现。物质运动急剧增速，由一种状态迅速地转变成另一种状态，并在瞬间内释放出大量的能。

一般说来，爆炸现象具有以下特征：

①爆炸过程进行得很快；

②爆炸点附近压力急剧升高，产生冲击波；

③发出或大或小的响声；

④周围介质发生震动或邻近物质遭受破坏。

一般将爆炸过程分为两个阶段：第一阶段是物质的能量以一定的形式（定容、绝热）转变为强压缩能；第二阶段强压缩能急剧绝热膨胀对外做功，引起作用介质变形、移动和破坏。

按爆炸性质可分为物理爆炸和化学爆炸。物理爆炸就是物质状态参数（温度、压力、体积）迅速发生变化，在瞬间放出大量能量并对外做功的现象。其特点是在爆炸现象发生过程中，造成爆炸发生的介质的化学性质不发生变化，发生变化的仅是介质的状态参数。例如锅炉、压力容器和各种气体或液化气体钢瓶的超压爆炸以及高温液体金属遇水爆炸等。化学爆炸就是物质由一种化学结构迅速转变为另一种化学结构，在瞬间放出大量能量并对外做功的现象。如可燃气体、蒸气或粉尘与空气混合形成爆炸性混合物的爆炸。化学爆炸的特点是：爆炸发生过程中介质的化学性质发生了变化，形成爆炸的能源来自物质迅速发生化学变化时所释放的能量。化学爆炸有三个要素：反应的放热性、反应的快速性和生成气体产物。

从工厂爆炸事故来看，有以下几种化学爆炸类型：

①蒸气云团的可燃混合气体遇火源突然燃烧，是在无限空间中的气体爆炸；

②受限空间内可燃混合气体的爆炸；

③化学反应失控或工艺异常所造成的压力容器爆炸；

④不稳定的固体或液体爆炸。

总之，发生化学爆炸时会释放出大量的化学能，爆炸影响范围较大；而物理爆炸仅释放出机械能，其影响范围较小。

（一）物理爆炸的能量

物理爆炸如压力容器破裂时，气体膨胀所释放的能量（即爆破能量）不仅与气体压力和容器的容积有关，而且与介质在容器内的物性相态相关。因为有的介质以气态存在，如空气、氧气、氢气等；有的以液态存在，如液氨、液氯等液化气体、高温饱和水等。容积与压力相同而相态不同的介质，在容器破裂时产生的爆破能量也不同，而且爆炸过程也不完全相同，其能量计算公式也不同。

1. 压缩气体与水蒸气容器爆破能量

当压力容器中介质为压缩气体，即以气态形式存在而发生物理爆炸时，其释放的爆破能量为：

$$E_g=\frac{PV}{k-1}\left[1-\left(\frac{0.1013}{P}\right)^{\frac{k-1}{k}}\right]\times10^3 \tag{4-16}$$

式中：E_g——气体的爆破能量，kJ；

P——容器内气体的绝对压力，MPa；

V——容器的容积，m^3；

k——气体的绝热指数，即气体的定压比热容与定容比热容之比。

常用气体的绝热指数数值见表 4-38。

表 4-38 常用气体的绝热指数

气体名称	空气	氮	氧	氢	甲烷	乙烷	乙烯	丙烷	一氧化碳
k 值	1.4	1.4	1.397	1.412	1.316	1.18	1.22	1.33	1.395

续表

气体名称	二氧化碳	一氧化氮	二氧化氮	氨气	氯气	过热蒸汽	干饱和蒸汽	氢氰酸
k 值	1.295	1.4	1.31	1.32	1.35	1.3	1.135	1.31

从表中可看出，空气、氮、氧、氢及一氧化氮、一氧化碳等气体的绝热指数均为 1.4 或近似 1.4，若用 $k=1.4$ 代入式（4-16）中，

$$E_g=2.5PV\left[1-\left(\frac{0.1013}{P}\right)^{0.2857}\right]\times10^3 \tag{4-17}$$

令

$$C_g=2.5P\left[1-\left(\frac{0.1013}{P}\right)^{0.2857}\right]\times10^3$$

则式（4-17）可简化为：

$$E_g=C_gV \tag{4-18}$$

式中：C_g——常用压缩气体爆破能量系数，kJ/m^3。

压缩气体爆破能量系数 C_g 是压力 P 的函数，各种常用压力下的气体爆破能量系数列于表4-39中。

表 4-39 常用压力下的气体容器爆破能量系数（$k=1.4$ 时）

表压力 P（MPa）	0.2	0.4	0.6	0.8	1.0	1.6	2.5
爆破能量系数 C_g（kJ/m^3）	2×10^2	4.6×10^2	7.5×10^2	1.1×10^3	1.4×10^3	2.4×10^3	3.9×10^3
表压力 P（MPa）	4.0	5.0	6.4	15.0	32	40	
爆破能量系数 C_g（kJ/m^3）	6.7×10^3	8.6×10^3	1.1×10^4	2.7×10^4	6.5×10^4	8.2×10^4	

若将 $k=1.135$ 代入式（4-16），可得干饱和蒸汽容器爆破能量为：

$$E_s=7.4PV\left[1-\left(\frac{0.1013}{P}\right)^{0.1189}\right]\times10^3 \tag{4-19}$$

因为没有考虑蒸汽干度的变化和其他的一些影响，用上式计算有较大的误差，但它可以不用查明蒸汽热力性质而直接计算，对危险性评估是可提供参考的。

对于常用压力下的干饱和蒸汽容器的爆破能量可按式 4-20 计算：

$$E_s=C_sV \tag{4-20}$$

式中：E_s——水蒸气的爆破能量，kJ；

V——水蒸气的体积，m^3；

C_s——干饱和蒸汽爆破能量系数，kJ/m^3。

各种常用压力下的干饱和蒸汽容器爆破能量系数列于表 4-40 中。

表 4-40 常用压力下干饱和水蒸气容器爆破能量系数

表压力 P（MPa）	0.3	0.5	0.8	1.3	2.5	3.0
爆破能量系数	4.37×10^2	8.31×10^2	1.5×10^3	2.75×10^3	6.24×10^3	7.77×10^3

2. 介质全部为液体时爆破能量

通常用液体加压时所做的功作为常温液体压力容器爆炸时释放的能量，计算公式如下：

$$E_L=\frac{(p-1)^2V\beta_t}{2} \tag{4-21}$$

式中：E_L——常温液体压力容器爆炸时释放的能量，kJ；

p——液体的压力（绝），Pa；

V——容器的体积，m^3；

β_t——液体在压力 p 和 T 正气压缩系数，Pa^{-1}。

3. 液化气体与高温饱和水的爆破能量

液化气体和高温饱和水一般在容器内以气、液两态存在，当容器破裂发生爆炸时，除了气体的急剧膨胀做功外，还有过热液体激烈的蒸发过程。在大多数情况下，这类容器内的饱和液体占有容器介质重量的绝大部分，它的爆破能量比饱和气体大得多，一般计算时考虑气体膨胀做的功。过热状态下液体在容器破裂时释放出爆破能量可按式 4-22 计算：

$$E=[(H_1-H_2)-(S_1-S_2)T_1]W \tag{4-22}$$

式中：E——过热状态液体的爆破能量，kJ；

H_1——爆炸前饱和液体的焓，kJ/kg；

H_2——在大气压力下饱和液体的焓，kJ/kg；

S_1——爆炸前饱和液体的熵，kJ/（kg·℃）；

S_2——在大气压力下饱和液体的熵，kJ/（kg·℃）；

T_1——介质在大气压力下的沸点，℃；

W——饱和液体的质量，kg。

饱和水容器的爆破能量按式 4-23 计算：

$$E_W=C_WV \tag{4-23}$$

式中：E_W——饱和水容器的爆破能量，kJ；

V——容器内饱和水所占的容积，m^3；

C_W——饱和水爆破能量系数，kJ/m^3，其值见表 4-41；

表 4-41　常用压力下饱和水爆破能量系数

表压力 P（MPa）	0.3	0.5	0.8	1.3	2.5	3.0
C_W（kJ/m^3）	2.38×10^4	3.25×10^4	4.56×10^4	6.35×10^4	9.56×10^4	1.06×10^5

（二）爆炸冲击波及其伤害、破坏作用

压力容器爆破时，爆破能量在向外释放时以冲击波能量、碎片能量和容器残余变形能量三种形式表现出来。根据介绍，后二者所消耗的能量只占总爆破能量的 3%～15%，也就是说大部分能量是产生空气冲击波。

1. 爆炸冲击波

冲击波是由压缩波叠加形成的，是波阵面以突进形式在介质中传播的压缩波。容器破裂时，器内的高压气体大量冲出，使它周围的空气受到冲击波而发生扰动，使其状态（压力、密度、温度等）发生突跃变化，其传播速度大于扰动介质的声速，这种扰动在空气中传播就成为冲击波。在离爆破中心一定距离的地方，空气压力会随时间发生迅速而悬殊的变化。开始时，压力突然升高，产生一个很大的正压力，接着又迅速衰减，在很短时间内正压降至负压。如此反复循环数次，压力渐次衰减下去。开始时产生的最大正压力即是冲击波波阵面上的超压 ΔP。多数情况下，冲击波的伤害、破坏作用是由超压引起的。超压 ΔP 可以达到数个甚至数十个大气压（1 大气压≈0.1 MPa）。

冲击波伤害、破坏作用准则有：超压准则、冲量准则、超压—冲量准则等。为了便于操作，下面仅介绍超压准则。超压准则认为，只要冲击波超压达到一定值时，便会对目标造成一定的伤害或破坏。超压波对人体的伤害和对建筑物的破坏作用见表 4-42 和表 4-43。

表 4-42 冲击波超压对人体的伤害作用

超压 ΔP（MPa）	伤害作用
0.02～0.03	轻微损伤
0.03～0.05	听觉器官或骨折
0.05～0.10	内脏严重损伤或死亡
>0.10	大部分人员死亡

表 4-43 冲击波超压对建筑的破坏作用

超压 ΔP（MPa）	伤害作用
0.005～0.006	门、窗玻璃部分破碎
0.006～0.015	受压面的门窗玻璃大部分破碎
0.015～0.02	窗框损坏
0.02～0.03	墙有裂缝
0.04～0.05	墙有大裂缝，屋瓦掉下
0.06～0.07	木建筑厂房房柱折断，房架松动
0.07～0.10	砖墙倒塌
0.10～0.20	防震钢筋混凝土破坏，小房屋倒塌
0.20～0.30	大型钢架结构破坏

2. *冲击波的超压*

冲击波波阵面上的超压与产生冲击波的能量有关，同时也与距离爆炸中心的远近有关。冲击波的超压与爆炸中心距离的关系如下：

$$\Delta P \propto R^{-n} \tag{4-24}$$

式中：ΔP——冲击波波阵面上的超压，MPa；

R——距爆炸中心的距离，m；

n——衰减系数。

衰减系数在空气中随着超压的大小而变化，在爆炸中心附近内为 2.5～3；当超压在数个大气压以内时，$n=2$；小于 1 个大气压时，$n=1.5$。

实验数据表明，不同数量的同类炸药发生爆炸时，如果距离爆炸中心的距离 R 之比与炸药量 q 三次方根之比相等，则所产生的冲击波超压相同，用公式表示如下：

若
$$\frac{R}{R_0}=\sqrt[3]{\frac{q}{q_0}}=\alpha \tag{4-25}$$

则　　　　　　　　$\Delta P=\Delta P_0$

式中：R——目标与爆炸中心距离，m

R_0——目标与基准爆炸中心的相当距离，m；

q_0——基准爆炸能量，TNT，kg；

q——爆炸时产生冲击波所消耗的能量，TNT，kg；

ΔP——目标处的超压，MPa；

ΔP_0——基准目标处的超压，MPa；

α——炸药爆炸试验的模拟比。

公式 4-25 也可写成为：

$$\Delta P(R)=\Delta P_0(R/\alpha) \tag{4-26}$$

利用它就可以根据某些已知药量的试验所测得的超压来确定任意药量爆炸时在各种相应距离下的超压。

表 4-44 是 1000 kg TNT 炸药在空气中爆炸时所产生的冲击波超压。

表 4-44　1000 kg TNT 爆炸时的冲击波超压

距离 R_0（m）	5	6	7	8	9	10	11	12
超压 ΔP_0（MPa）	2.94	2.06	1.67	1.27	0.95	0.76	0.50	0.33
距离 ΔR_0（m）	16	18	20	25	30	35	40	45
超压 ΔP_0（MPa）	0.235	0.17	0.126	0.079	0.057	0.043	0.033	0.027
距离 ΔR_0（m）	50	55	60	65	70	75		
超压 ΔP_0（MPa）	0.0235	0.0205	0.018	0.016	0.0143	0.013		

综上所述，计算压力容器爆破时对目标的伤害、破坏作用，可按下列程序进行。

（1）首先根据容器内所装介质的特性，分别计算出其爆破能量 E。

（2）将爆破能量 q 换算成 TNT 当量 q_{TNT}。因为 1 kg TNT 爆炸所放出的爆破能量为 4230～4836 kJ/kg，一般取平均爆破为 4500 kJ/kg，故其关系为：

$$q=E/q_{\mathrm{TNT}}=E/4500$$

（3）按式（4-25）求出爆炸的模拟比 α，即

$$\alpha=(q/q_0)^{1/3}=(1/1000)^{1/3}=0.1q^{1/3}$$

（4）求出在 1000 kg TNT 爆炸试验中的相当距离 R_0，即 $R_0=R/\alpha$。

（5）根据 R_0 值在表 4-44 中找出距离为 R_0 处的超压 ΔR_0（中间值用插入法），此即所求距离为 R 处的超压。

（6）根据超压 ΔR 值，从表 4-42、表 4-43 中找出对人员和建筑场的伤害、破坏作用。

3. 蒸气云爆炸的冲击波伤害、破坏半径

爆炸性气体液态储存，如果瞬间泄漏后遇到延迟点火或气态储存时泄漏到空气中，遇到火源，则可能发生蒸气云爆炸。导致蒸气云形成的力来自容器内含有的能量或可燃物含有的内能，或两者兼而有之。“能”主要形式是压缩能、化学能或热能。一般说来，只有压缩能和热能才能单独导致形成蒸气云。

根据荷兰应用科研院 TNO（1979）建议，可按下式预测蒸气云爆炸的冲击波的损害半径：

$$R=C_S\ (NE)^{1/3} \tag{4-27}$$

式中：R——损害半径，m；

E——爆炸能量，kJ，可按下式取：

$$E=V\cdot H \tag{4-28}$$

V——参与反应的可燃气体的体积，m^3；

H_C——可燃气体的高燃烧热值，kJ/m^3，取值情况见表 4-45；

N——效率因子，其值与燃烧浓度持续展开所造成损耗的比例和燃料燃烧所得机械能的数量有关，一般取 $N=10\%$；

C_S——经验常数，取决于损害等级，其取值情况见表 4-46。

表 4-45 某些气体的高燃烧热值（kJ/m^3）

气体名称		高热值	气体名称	高热值
氢气		12770	乙烯	64019
氨气		17250	乙炔	58985
苯		47843	丙烷	101828
一氧化碳		17250	丙烯	94375
硫化氢	生成 SO_2	25708	正丁烷	134026
硫化氢	生成 SO_3	30146	异丁烷	132016
甲烷		39860	丁烯	121883
乙烷		70425		

表 4-46 损害等级表

损害等级	C_S ($mJ^{-1/3}$)	设备损坏	人员伤害
1	0.03	重创建筑物的加工设备	1%死亡于肺部伤害 >50%耳膜破裂 >50%被碎片击伤
2	0.06	损坏建筑物外表可修复性破坏	1%耳膜破裂 1%被碎片击伤
3	0.15	玻璃破碎	被碎玻璃击伤
4	0.4	10%玻璃破碎	

（三）实例分析

以某煤化企业为例，评估分析该企业的空气压缩机压缩空气储罐爆炸及蒸汽锅炉锅筒爆炸后果。

1. 空气压缩机压缩空气储罐爆炸后果分析

本评估报告对仪表空气压力储罐进行定量分析。

（1）爆炸能量（以工作压力计算爆炸能量）

压缩空气储罐工作压力 $P=0.6$ MPa（表压力）

单台压缩空气储罐容积 $V=200\ m^3$

0.8 MPa 下压缩空气的爆炸能量系数 $C_p=7.5\times10^2\ kJ/m^3$

爆炸能量　$L=C_pV=7.5\times10^2\times200=1.5\times10^5$ kJ

TNT 爆热值　$q_{TNT}=4.23\times10^3$ kJ/kg

200 m^3 压缩空气储罐的爆炸能量的 TNT 当量值　$Q=L/q_{TNT}=35.5$ kg（TNT）。

（2）物理爆炸冲击波超压可能的伤害范围

标准炸药量　$Q_0=1000$ kg

模拟比　$\alpha=(Q/Q_0)^{1/3}=(35.5/1000)^{1/3}=0.329$

1000 kg 的标准炸药，距离爆炸中心 $R_0=42.5$ m 范围内可致人重伤，最小冲击波超压为 $\Delta P_0=0.03$ MPa。压缩空气储罐爆炸致人重伤的实际距离 $R=\alpha R_0=0.329\times42.5=14.0$ m。压缩空气储罐爆炸致人重伤的圆面积 $S=\pi R^2=\pi\times14.0^2=615.4$ m^2。

1000 kg 标准炸药致人死亡的最小冲击波超压 $\Delta P_0=0.05$ MPa，离爆炸中心的标准距离 $R_0=32.5$ m。空气压缩机储罐爆炸导致人死亡的实际距离 $R=\alpha R_0=0.329\times32.5=10.7$ m，压缩空气储罐爆炸致人死亡的圆面积 $S=\pi R^2=\pi\times10.7^2=359.5$ m^2。

1000 kg 标准炸药导致防震钢筋混凝土破坏的最小冲击波超压 $\Delta P_0=0.1$ MPa，离爆炸中心的标准距离 $R_0=22.3$ m。压缩空气储罐爆炸导致防震钢筋混凝土破坏的实际距离 $R=\alpha R_0=0.329\times22.3=7.3$ m。压缩空气储罐爆炸导致防震钢筋混凝土破坏的圆面积 $S=\pi R^2=\pi\times7.3^2=167.3$ m^2。

如果 200 m^3 的压缩空气储罐爆炸，以压缩空气储罐为中心，在半径 $R=14.0$ m 的圆形面积 $S=615.4$ m^2 之内，均可能因储气罐爆炸的冲击波超压而致重伤；在半径 $R=10.7$ m 的圆形面积 $S=359.5$ m^2 之内，均可能因压缩空气储罐爆炸的冲击波超压而致死；在半径 $R=7.3$ m的圆形面积 $S=167.3$ m^2 之内，致防震钢筋混凝土破坏。

压缩空气储罐爆炸后碎片对人和设备都会造成很大的破坏作用。

2. 蒸汽锅炉锅筒爆炸后果分析

由于蒸汽锅炉锅筒的爆炸能量最大，本评估报告仅对蒸汽锅炉锅筒爆炸后果进行定量分析。

（1）锅筒爆炸能量

锅炉额定工作压力　$P=3.82$ MPa（表压力）

取出气流动阻力为　0.5 MPa

锅筒在正常工作压力下的绝对压力为 4.42 MPa

锅炉汽容积　　$V_1=6.0$ m^3

锅炉水容积　　$V_2=6.0$ m^3

饱和汽的爆炸能量系数　$C_{p1}=1.3\times10^4$ kJ/m^3

饱和水的爆炸能量系数　$C_{p2}=1.3\times10^5$ kJ/m^3

锅炉总爆炸能量　$L=C_{p1}V_1+C_{p2}V_2=8.58\times10^5$ kJ

TNT 爆热值　$q_{TNT}=4.23\times10^3$ kJ/kg

锅炉爆炸能量的 TNT 当量　$Q=L/q_{TNT}=202.8$ kg（TNT）

（2）物理爆炸冲击波超压可能的伤害范围

标准炸药量　$Q_0=1000$ kg

模拟比　$\alpha=(Q/Q_0)^{1/3}=(202.8/1000)^{1/3}=0.59$

1000 kg 的标准炸药，距离爆炸中心 $R_0=42.5$ m 范围内可致人重伤，最小冲击波超压

为 $\Delta P_0=0.03$ MPa。锅炉锅筒爆炸致人重伤的实际距离 $R=\alpha R_0=0.59\times42.5=25.1$ m。锅炉锅筒爆炸致人重伤的圆面积 $S=\pi R^2=\pi\times25.1^2=1978.2$ m^2。

1000 kg 标准炸药致人死亡的最小冲击波超压 $\Delta P_0=0.05$ MPa，离爆炸中心的标准距离 $R_0=32.5$ m。锅炉锅筒爆炸导致人死亡的实际距离 $R=\alpha R_0=0.59\times32.5=19.2$ m。锅炉锅筒爆炸致人死亡的圆面积 $S=\pi R^2=\pi\times19.2^2=1157.5$ m^2

1000 kg 标准炸药导致防震钢筋混凝土破坏的最小冲击波超压 $\Delta P_0=0.1$ MPa，离爆炸中心的标准距离 $R_0=22.3$ m。锅炉锅筒爆炸导致防震钢筋混凝土破坏的实际距离 $R=\alpha R_0=0.59\times22.3=13.2$ m。锅炉锅筒爆炸导致防震钢筋混凝土破坏的圆面积 $S=\pi R^2=\pi\times13.2^2=547.1$ m^2。

(3) 锅炉爆炸后湿热蒸汽伤害范围

表压力为 4.42 MPa 的饱和汽的膨胀系数为 $C_{L1}=30.2$，饱和水的膨胀系数为 $C_{L2}=338.4$。当锅炉爆炸时，锅炉内压力为 4.42 MPa 的饱和水和饱和汽瞬间在大气压力下蒸发或膨胀，锅筒中的汽体积为 $V_1=6.0$ m^3，水体积为 $V_2=6.0$ m^3，汽化和膨胀后的体积为 $V_L=V_1C_{L1}+V_2C_{L2}=2211.6$ m^3，被蒸汽笼罩的半径（以锅筒为中心）为：

$$R_L=\sqrt[3]{\frac{3}{4\pi}V_L}=8.1\ \text{m}$$

如果锅炉锅筒发生爆炸，以锅筒为中心，在半径 $R=25.1$ m 的圆形面积 $S=1978.2$ m^2 之内，均可能因锅炉爆炸的冲击波超压而致重伤；在半径 $R=19.2$ m 的圆形面积 $S=1157.5$ m^2 之内，均可能因锅筒爆炸的冲击波超压而致死；在半径 $R=13.2$ m 的圆形面积 $S=547.1$ m^2之内，致防震钢筋混凝土破坏；在半径为 $R_L=8.1$ m 半球形范围内造成人员烫伤。

注：以上计算为在额定压力下爆炸造成的危害后果计算，如果设备爆炸时的压力超过额定压力，其爆炸能量及破坏力将超过以上计算值。

二、重大危险源火灾评估分析

火灾事故酿成的灾害最为常见。可燃液体或气体泄漏造成的火灾，在重大事故中占有相当高的比例。火灾后果分析涉及燃烧速度、燃烧时间、火焰尺寸、热辐射强度、人和设备接受热辐射程度等。

火灾的形态大致可分池火、喷射火、火球和突发火四种。

（一）池火

池火灾的主要危害在于易燃液体剧烈燃烧能够释放出巨大的热能，产生强烈的热辐射，对人员以及加工设备、设施、厂房、建筑物等造成伤害和破坏。池火灾的特征可以用世界银行国际信贷公司（IFC）编写的《工业污染事故评估技术手册》中提出的池火灾伤害模型来估计。

1. 池直径的计算

当危险单元为油罐或油罐区时，可根据防护堤所围池面积 S（m^2）计算池直径 D（m）：

$$D=\sqrt{\frac{4S}{3.14}} \tag{4-29}$$

当危险单元为输油管道且无防护堤时，假定泄漏的液体无蒸发、并已充分蔓延、地面无渗透，则根据泄漏的液体量 W（kg）和地面性质，按下式计算最大的池面积 S：

$$S=\frac{W}{H_{\min}\rho} \tag{4-30}$$

式中：$H_{\min}$——最小油层厚度，与地面性质和状态有关（见表 4-47），m；

ρ——油的密度，kg/m^3。

知道可能最大池面积后，按公式 4-30 可计算池直径。

表 4-47　不同的地面的最小油层厚度

地面性质	最小油层厚度 $H_{\min}$（m）
草地	0.020
粗糙地面	0.025
平整地面	0.010
混凝土地面	0.005
平静的水面	0.0018

2. 燃烧速率的计算

当液池中的可燃液体的沸点高于周围环境温度时，液体表面上单位面积的燃烧速率 m_f 为：

$$m_f=\frac{dm}{dt}=\frac{0.001H_c}{C_p(T_b-T_0)+H} \tag{4-31}$$

式中：C_p——液体的定压比热容，J/（kg·K）；

H_c——液体燃烧热，J/kg；

T_b——液体的沸点，K；

T_0——环境温度，K；

H——液体的汽化热，J/K。

当液体的沸点低于环境温度时，如加压液化气或冷冻液化气，起单位面积的燃烧速度 $\frac{dm}{dt}$ 为：

$$\frac{dm}{dt}=\frac{0.001H_c}{H} \tag{4-32}$$

式中符号意义同前。

3. 火焰高度

设液池为一直径 D 的圆池子，其火焰高度可按下式计算：

$$h=42D\left[\frac{m_f}{\rho_0\sqrt{gD}}\right]^{0.6} \tag{4-33}$$

式中：h——火焰高度，m；

D——液池直径，m；

ρ_0——周围空气密度，kg/m^3；

g——重力加速度，$g=9.8$ m/s^2；

m_f——燃烧速度，kg/（m^2·s）。

上式是在木垛试验的基础上推导出来的，因此，预测的火焰高度比池火灾的实际值稍微偏高。

4. 热辐射通量

当液池燃烧时，放出的总热辐射通量为：

$$Q=(\pi r^2+2\pi r)\ m_f\eta H_c/\ [72m_f^{0.61}+1] \tag{4-34}$$

式中：Q——总热辐射通量，W；

η——效率因子，可取 0.13～0.35。

r——液池半经。

其他符号意义同前。

5. 目标入射热辐射强度

假设全部辐射热量由液池中心点的小球面辐射出来，则在距液池中心某一距离 x 处的入射热辐射强度为：

$$I=\frac{Qt_c}{4\pi x^2} \tag{4-35}$$

式中：I——热辐射强度，W/m^2；

Q——总热辐射通量，W；

t_c——热传导系数，在无相对理想的数据时，可取为 1；

x——目标点到液池中心距离，m。

伤害半径有一度烧伤半径、二度烧伤半径、死亡半径三种，定义如下：

①一度（二度）烧伤半径指人体出现一度（二度）烧伤的概率为 0.5（对应百分率 50%），或者一群人中 50%的人出现一度（二度）烧伤时，人体（群）所在位置与液化气容器之间的水平距离；

②死亡半径指人死亡概率为 0.5（对应百分率 50%），或者一群人中有 50%的人死亡时，人体（群）所在位置与液化气容器之间的水平距离。

设备财产泛指工艺设备设施、建（构）筑物等。关于火灾热辐射对设备财产的破坏作用，国内外开展的研究较少。热辐射对附近的设备设施会产生不利影响，例如造成设备表面油漆剥落、设备内部介质温度升高、结构变形甚至着火燃烧等。正常情况下，这些建（构）筑物及设备具有较好的耐火性能，受热辐射的危害较轻。相对而言，木材受火灾热辐射的影响较明显。在近距离内，当热辐射强度足够强时，木材有可能被引燃。热剂量等于热辐射强度与作用时间的乘积，它表示物体单位面积发射或吸收的能量。在热辐射作用下，引燃木材所需的临界热剂量由下式决定：

$$q=6730t^{-4/5}+25400 \tag{4-36}$$

式中：t——热辐射作用时间，s。

对于池火灾来说，建议取火灾最大持续时间：

$$t=W/M_c \tag{4-37}$$

式中：W——可燃物质量，kg；

M_c——单位时间烧掉的可燃物质量，kg/s。

将公式联立求解，即可得到引燃半径。

（二）喷射火

加压的可燃物质泄漏时形成射流，如果在泄漏裂口处被点燃，则形成喷射火。这里所用的喷射火辐射热计算方法是一种包括气流效应在内的喷射扩散模式的扩展。把整个喷射火看成是由沿喷射中心线上的所有几个点热源组成，每个点热源的热辐射通量相等。

点热源的热辐射通量按下式计算：

$$q=\mu Q_0 H_c \tag{4-38}$$

式中：q——点热源热辐射通量，W；

η——效率因子，可取0.35；

Q_0——泄漏速度，kg/s；

H_c——燃烧热，J/kg。

从理论上讲，喷射火的火焰长度等于从泄漏口到可燃混合气燃烧下限（LFL）的射流轴线长度。对表面火焰热通量，则集中在LFL/1.5处。

射流轴线上某点热源i到距离该点x处一点的热辐射强度为：

$$I_i=\frac{q\cdot R}{4\pi x^2} \tag{4-39}$$

式中：I_i——点热源i至目标点x处的热辐射强度，W/m^2；

q——点热源的辐射通量，W；

x——点热源到目标点的距离，m。

某一目标点处的入射热辐射强度I等于喷射火的全部点热源对目标的热辐射强度的总和：

$$I=\sum_{i=1}^{n} I_i \tag{4-40}$$

式中：n——计算时选取的点热源数，一般取$n=5$。

（三）火球

低温可燃液化气由于过热，容器内压增大，使容器爆炸，内容物释放并被点燃，发生剧烈的燃烧，产生强大的火球，形成强烈的热辐射。

1. 火球半径

$$R=2.665M^{0.327} \tag{4-41}$$

式中：R——火球半径，m；

M——急剧蒸发的可燃物质的质量，kg。

2. 火球持续时间

$$t=1.089M^{0.327} \tag{4-42}$$

式中：t——火球持续时间，s。

3. 火球燃烧时释放出的辐射热通量

$$Q=\frac{\eta H_c M}{t} \tag{4-43}$$

式中：Q——火球燃烧时辐射热通量，W；

H_c——燃烧热，J/kg；

η——效率因子，取决于容器内可燃物质的饱和蒸汽压P，$\eta=0.27P^{0.32}$。

其他符号意义同前。

4. 目标接受到的入射热辐射强度

$$I=\frac{QT_c}{4\pi x^2} \tag{4-44}$$

式中：T_c——传导系数，保守取值为1；

x——目标距火球中心的水平距离，m；

其他符号意义同前。

（四）固体火灾

固体火灾的热辐射参数按点源模型估计。此模型认为火焰射出的能量为燃烧的一部分，并且辐射强度与目标至火源中心距离的平方成反比，即

$$q_r=\frac{fM_c\dot{H}_c}{(4x^2)} \tag{4-45}$$

式中：q_r——目标接收到的辐射强度，W/m²；

f——辐射系数，可取 f=0.25；

M_c——燃烧速率，kg/s；

H_c——燃烧热，J/kg；

X——目标至火源中心间的水平距离，m。

（五）突发火

泄漏的可燃气体、液体蒸发的蒸气在空中扩散，遇到火源发生突然燃烧而没有爆炸。此种情况下，处于气体燃烧范围内的室外人员将会全部烧死；建筑物内将有部分人被烧死。

突发火后果分析，主要是确定可燃混合气体的燃烧上、下极限的廓线及其下限随气团扩散到达的范围。为此，可按气团扩散模型计算气团大小和可燃混合气体的浓度。

（六）火灾损失

火灾通过辐射热的方式影响周围环境，当火灾产生的热辐射强度足够大时，可使周围的物体燃烧或变形，强烈的热辐射可能烧毁设备甚至造成人员伤亡等。

火灾损失估算建立在辐射通量与损失等级的相应关系的基础上，表 4-48 为不同入射通量造成伤害或损失的情况。

表 4-48 热辐射的不同入射通量所造成的伤害或损失

入射通量 kW/m²	对设备的损害	对人的伤害
37.5	操作设备全部损坏	1%死亡/10 s 100%死亡/1 min
25	在无火焰、长时间辐射下，木材燃烧的最小能量	重大烧伤/10 s 100%死亡/1 min
12.5	有火焰时，木材燃烧，塑料熔化的最低能量	1 度烧伤/10 s 1%死亡/1 min
4.0		20 s 以上感觉疼痛，未必起泡
1.6		长期辐射无不舒服感

从表中可看出，在较小辐射等级时，致人重伤需要一定的时间，这时人们可以逃离现场或掩蔽起来。

（七）实例分析

例 1：以某化工企业重大危险源油罐区作为评估对象，分析评估其发生池火灾对人体的伤害及周围设施的破坏程度。

原油和汽油的一些理化特性见表 4-49。

表 4-49 原油和汽油的一些理化特性

物料名称	原油	汽油
燃烧热（kJ/kg）	39504.4	43728.8
密度（kg/m^3）	900	720

原油罐区有 3 座 50000 m^3 的外浮顶式油罐，成品油罐区内有 4 座 15000 m^3 内浮顶式储罐。各储罐启动压力可认为是大气压。

因为多个储罐同时发生爆炸事故的可能性较小，本次评估将分别考虑单个 50000 m^3 原油罐、单个 15000 m^3 汽油罐发生池火灾及蒸气云爆炸事故时的破坏情况。池火灾计算中，油罐的工作容积取一半，平均温度为 12 ℃，相对湿度为 55％。

本例将死亡半径、重伤半径、轻伤半径记为 R_{b1}、R_{b2} 和 R_{b3}，将木材引燃半径记为 R_w。

池火灾热通量危害评估：将数据代入模型公式，可得池火灾热辐射对人体的伤害及周围设施的破坏情况（见表 4-50）。

表 4-50 池火灾热辐射伤害范围（m）

	死亡半径 R_{b1}	重伤半径 R_{b2}	轻伤半径 R_{b3}	财产损失半径 R_w
单个原油罐	190.2	264.1	536.8	84.6
单个汽油罐	178.1	249.3	511	75.6

例 2：某煤化工企业二甲醚储罐泄漏蒸气云爆炸冲击波伤害/破坏半径预测。

二甲醚，属第 2.1 类易燃气体，在空气中的爆炸范围为 3.4％～27％，与空气混合能形成爆炸性混合物，接触热、火星、火焰或氧化剂易燃烧爆炸。接触空气或在光照条件下可生成具有潜在爆炸危险性的过氧化物。气体比空气重，能在较低处扩散到相当远的地方，遇火源会着火回燃。若遇高热，容器内压增大，有开裂和爆炸的危险。《石油化工企业设计防火规范》（GB 50160—92，1999 年版）将其火灾危险性定为“甲”类。

二甲醚球罐以液态形式贮存于容器内，但在其贮存过程中，由于操作失误、容器质量不良或受外界撞击等因素可能导致二甲醚大量外泄，泄漏的二甲醚与空气形成爆炸性混合物，遇到明火、高热等会立即被引爆，即二甲醚蒸气云爆炸。

（1）蒸气云爆炸冲击波伤害/破坏半径预测模型

采用荷兰应用科学研究院 TNO（1979）建议，可按公式 4-27 和公式 4-28 来预测二甲醚蒸气云爆炸的冲击波损害半径。

（2）二甲醚蒸气云爆炸冲击波伤害/破坏半径预测模型

1）相关数据如表 4-51 所示。

表 4-51　二甲醚相关数据表

储罐形式	单罐容积 V（m^3）	操作温度 t（℃）	操作压力 P（MPa）	高燃烧热值 H（kJ/kg）	效率因子 η
球罐	3000	40	0.887	28000	10%

2）计算过程如下：

$$H_c = H \times 661 = 28000 \times 661 = 1.85 \times 10^7$$

$$E = VH_c = 3000 \times 1.85 \times 10^7 = 5.55 \times 10^{10}$$

分别取 C_s 值为 0.03、0.06、0.15、0.4，预测相应损害等级的伤害/破坏半径：

$$R_1 = C_s\ (NE)^{1/3} = 0.03 \times\ (0.1 \times 5.55 \times 10^{10})^{1/3} = 53.12$$

$$R_2 = C_s\ (NE)^{1/3} = 0.06 \times\ (0.1 \times 5.55 \times 10^{10})^{1/3} = 106.24$$

$$R_3 = C_s\ (NE)^{1/3} = 0.15 \times\ (0.1 \times 5.55 \times 10^{10})^{1/3} = 265.60$$

$$R_4 = C_s\ (NE)^{1/3} = 0.4 \times\ (0.1 \times 5.55 \times 10^{10})^{1/3} = 708.27$$

将预测伤害/破坏半径结果汇总如表 4-52 所示。

表 4-52　二甲醚蒸气云爆炸损害半径汇总表

损害等级	设备损坏	人员伤害	损害半径 R（m）
1	重创建筑物的加工设备	1%死亡于肺部伤害 >50%耳膜破裂 >50%被碎片击伤	53.12
2	损坏建筑物外表（可修复性破坏）	1%耳膜破裂 1%被碎片击伤	106.24
3	玻璃破碎	被玻璃击伤	265.60
4	10%玻璃破碎		708.27

3）后果分析

本建设项目库区共设置二甲醚球罐 4 个，公称容积均为 3000 m^3。假设其中 1 个储罐意外破裂使二甲醚大量泄漏，与空气形成爆炸性混合物，遇明火、高热等立即引起燃烧爆炸，即蒸气云爆炸。应用 TNO 模型进行事故后果模拟预测，结果表明：在距离预测球罐中心 53.12 m 范围内 1%人员死亡于肺部伤害，106.24 m 范围内 1%人员耳膜破裂，265.60 m 范围内人员可能被玻璃击伤。该结果虽然是在假设基础上采用数学模型进行模拟计算得出的，但仍可为加强二甲醚球罐的安全管理和事故应急救援预案提供科学依据和创造条件，具有现实的指导意义。

三、重大危险源泄漏评估分析

在化工、石化工业中由于设备损坏或操作失误，大量易燃、易爆、有毒物质会向空中释放，并在空中扩散。一般将泄漏气体或蒸汽与空气的混合物称为气云，瞬间泄露形成的气云称为云团，连续泄漏形成的气云称为云羽。倘若泄漏物质易燃、易爆，在极限浓度和有火源条件下，气云就会在空中燃烧或爆炸；若泄漏物质有毒，人暴露在这种环境中就会中毒。

由于泄漏物质的性质不同，泄漏造成的灾害也不同。可燃气体从容器中泄出，如果立即点燃，就会发生扩散燃烧，形成喷射性火焰或火球；如果可燃气体泄出后与空气混合形成可燃蒸气云团，并随风漂移，遇火源就会发生爆炸或爆轰，具有强大的破坏力。

对于易燃液体泄漏后造成的灾害，随液体性质和工作条件的不同而异。常温、常压下液体泄漏，容易形成液池，液体在液池表面缓慢蒸发，如果遇到火源，就会发生池火灾。对于带压液化气体的泄漏，一部分液体泄漏后会瞬时蒸发，另一部分液体将形成液池；对于低温液体泄漏，一般都形成液池，吸收热量蒸发。蒸发的蒸气与空气混合，在一定条件下遇到火源，就会发生火灾或爆炸。

当发生泄漏的设备的裂口是规则的，而且裂口尺寸及泄漏物质的有关热力学、物理化学性质及参数已知时，可根据流体力学中的有关方程式计算泄漏量。当裂口不规则时，可采取等效尺寸代替；当遇到泄漏过程中压力变化等情况时，往往采用经验公式计算。

（一）液体泄漏量

液体泄漏速度可用流体力学的伯努利方程计算，其泄漏速度为：

$$Q_0=C_dA\rho\sqrt{\frac{2\ (P+P_0)}{\rho}+2gh} \tag{4-46}$$

式中：Q_0——液体泄漏速度，kg/s；

C_d——液体泄漏系数，按表 4-53 选取；

A——裂口面积，m^2；

ρ——泄漏液体密度，kg/m^3；

P——容器内介质压力，Pa；

P_0——环境压力，Pa；

g——重力加速度，9.8 m/s^2；

h——裂口之上液位高度，m。

表 4-53 液位泄漏系数 C_d

雷诺数（Re）	裂口形状		
	圆形（多边形）	三角形	长方形
>100	0.65	0.60	0.55
≤100	0.50	0.45	0.40

对于常压下的液体泄漏速度，取决于裂口之上液位的高低；对于非常压下的液体泄漏速度，主要取决于窗口内介质压力与环境压力之差和液位高低。

当容器内液体是过热液体，即液体的沸点低于周围环境温度，液体流过裂口时由于压力减小而突然蒸发。蒸发所需热量取自于液体本身，而容器内剩下的液体温度将降至常压沸点。在这种情况下，泄漏时直接蒸发的液体所占百分比 F 可按式 4-47 计算：

$$F=C_p\ \frac{T-T_0}{H} \tag{4-47}$$

式中：C_p——液体的定压比热容，J/（kg·K）；

T——泄漏前液体的温度，K；

T_0——液体在常压下的沸点，K；

H——液体的汽化热，J/kg。

按式 4-47 计算的结果，几乎总是在 0～1 之间。事实上，泄漏时直接蒸发的液体将以细小烟雾的形式形成云团，与空气相混合而吸收热蒸发。如果空气传给液体烟雾的热量不足以使其蒸发，有一些液体烟雾将凝结成液滴降落到地面，形成液池。根据经验，当 $F>0.2$ 时，一般不会形成液池；当 $F<0.2$ 时，F 与带走液体之比，有线性关系。即当 $F=0$ 时，没有液体被带走（蒸发）；当 $F=0.1$ 时，有 50％的液体被带走。

（二）气体泄漏量

气体从裂口泄漏的速度与其流动状态有关。因此，计算泄漏量时首先要判断泄漏时气体流动属于音速还是亚音速流动，前者称为临界流，后者称为次临界流。

当下式成立时，气体流动属音速流动：

$$\frac{P_0}{P} \leqslant \left(\frac{2}{k+1}\right)^{\frac{k}{k-1}} \tag{4-48}$$

当下式成立时，气体流动属亚音速流动：

$$\frac{P_0}{P} > \left(\frac{2}{k+1}\right)^{\frac{k}{k-1}} \tag{4-49}$$

式中：P_0、P——符号意义同前；

k——气体的绝热指数，即定压比热容 C_p 与定容比热容 C_V 之比。

气体呈音速流动时，其泄漏量为：

$$Q_0=C_dAP\sqrt{\frac{Mk}{RT}\left(\frac{2}{k+1}\right)^{\frac{k+1}{k-1}}} \tag{4-50}$$

气体呈亚音速流动时，其泄漏量为：

$$Q_0=YC_dAP\sqrt{\frac{Mk}{RT}\left(\frac{2}{k+1}\right)^{\frac{k+1}{k-1}}} \tag{4-51}$$

式中：C_d——气体泄漏系数，当裂口形状为圆形时取 1.00，三角形时取 0.95，长方形时取 0.90；

Y——气体膨胀因子，由下式计算：

$$Y=\sqrt{\left(\frac{1}{k-1}\right)\left(\frac{k+1}{2}\right)^{\frac{k+1}{k-1}}\left(\frac{P}{P_0}\right)^{\frac{2}{k}}\left[1-\left(\frac{P_0}{P}\right)^{\frac{k-1}{k}}\right]} \tag{4-52}$$

M——分子量；

ρ——气体密度，kg/m^3；

R——气体常数，J/（mol·K）；

T——气体温度，K。

当容器内物质随泄漏而减少或压力降低而影响泄漏速度时，泄漏速度的计算比较复杂。如果流速小或时间短，在后果计算中可采用最初排放速度，否则应计算其等效泄漏速度。

（三）两相流动泄漏量

在过热液体发生泄漏时，有时会出现气、液两相流动。均匀两相流动的泄漏速度可按下式计算：

$$Q_0=C_dA\sqrt{2\rho(P-P_c)} \tag{4-53}$$

式中：Q_0——两相流动泄漏速度，kg/s；

C_d——两相流动泄漏系数，可取 0.8；

A——裂口面积，m^2；

P——两相混合物的压力，Pa；

P_c——临界压力，Pa，可取 $P_c=0.55\text{Pa}$；

ρ——两相混合物的平均密度，kg/m^3，由下式计算：

$$\rho=\frac{1}{\frac{F_v}{\rho_1}+\frac{1-F_v}{\rho_2}} \tag{4-54}$$

式中：ρ_1——液体蒸发的蒸气密度，kg/m^3；

ρ_2——液体密度，kg/m^3；

F_v——蒸发的液体占液体总量的比例，由下式计算：

$$F_v=\frac{C_p\ (T-T_c)}{H} \tag{4-55}$$

式中：C_p——两相混合物的定压比热容，J/（kg·K）；

T——两相混合物的温度，K；

T_c——临界温度，K；

H——液体的汽化热，J/kg。

当 $F_v>1$ 时，表明液体将全部蒸发成气体，这时应按气体泄漏公式计算；如果 F_v 很小，则可近似按液体泄漏公式计算。

四、重大危险源扩散评估分析

如前所述，泄漏物质的特性多种多样，而且还受原有条件的强烈影响，但大多数物质从容器中泄漏出来后，都可发展成弥散的气团向周围空间扩散。对可燃气体来说，若遇到引火源会着火。这里仅讨论气团原形释放的开始形式，即液体泄漏后扩散。关于气团在大气中的扩散属环境保护范畴，在此不予考虑。

（一）液体的扩散

液体泄漏后立即扩散到地面，一直流到低洼处或人工边界，如防火堤、岸墙等，形成液池。液体泄漏出来不断蒸发，当液体蒸发速度等于泄漏速度时，液池中的液体量将维持不变。

如果泄漏的液体是低挥发度的，则从液池中蒸发量较少，不易形成气团，对厂外人员没有危险；如果着火则形成池火灾；如果渗透进土壤，有可能对环境造成影响，如果泄漏的是挥发性液体或低温液体，泄漏后液体蒸发量大，大量蒸发在液池上面后会形成蒸气云，并扩散到厂外，对厂外人员有影响。

1. 液池面积

如果泄漏的液体已达到人工边界，则液池面积即为人工边界形成的面积。如果泄漏的液体未达到人工边界，则将假设以液体的泄漏点为中心呈扁圆柱形在光滑平面上扩散，这时液池半径 r 用下式计算：

瞬时泄漏（泄漏时间不超过 30 s）时，

$$r=\left(\frac{8gm}{\pi P}\right)^{\frac{1}{4}}\cdot t^{\frac{1}{2}} \tag{4-56}$$

连续泄漏（泄漏持续 10 min 以上）时，

$$r=\left(\frac{32gmt^3}{\pi P}\right)^{\frac{1}{4}} \tag{4-57}$$

上述两式中，r——液池半径，m；

m——泄漏的液体量，kg；

g——重力加速度，9.8 m/s^2；

P——设备中液体压力，Pa；

t——泄漏时间，s。

2. 蒸发量

液池内液体蒸发按其机理可分为闪蒸、热量蒸发和质量蒸发三种，下面分别介绍。

(1) 闪蒸：过热液体泄漏后由于液体的自身热量而直接蒸发称为闪蒸。发生闪蒸时液体蒸发速度 Q_1 可由下式计算：

$$Q_1=F_v\cdot m/t \tag{4-58}$$

式中：F_v——直接蒸发的液体与液体总量的比例；

m——泄漏的液体总量，kg；

t——闪蒸时间，s。

(2) 热量蒸发：当 $F_v<1$ 或 $Q_t<m$ 时，液体闪蒸不完全，有一部分液体在地面形成液池，并吸收地面热量而气化称为热量蒸发，其蒸发速度 Q_2 按下式计算：

$$Q_2=\frac{KA_1\ (T_0-T_b)}{H\sqrt{\pi at}}+\frac{KNuA_1}{HL}\ (T_0-T_b) \tag{4-59}$$

式中：A_1——液池面积，m^2；

T_0——环境温度，K；

T_b——液体沸点，K；

H——液体蒸发热，J/kg；

L——液池长度，m；

α——热扩散系数，m^2/s，见表 4-54；

K——导热系数，J (m·K)，见表 4-54；

t——蒸发时间，s；

Nu——努舍尔特 (Nusselt) 数。

表 4-54 某些地面的热传递性质

地面情况	K (J/ (m·K))	α (m^2/s)
水泥	1.1	1.29×10^{-7}
土地（含水 8%）	0.9	4.3×10^{-7}
干涸土地	0.3	2.3×10^{-7}
湿地	0.6	3.3×10^{-7}
砂砾地	2.5	11.0×10^{-7}

(3) 质量蒸发：当地面传热停止时，热量蒸发终了，转而由液池表面之上的气流运动使液体蒸发称为质量蒸发。其蒸发速度 Q_3 为：

$$Q_3 = \alpha Sh \frac{A}{L} \rho_1 \tag{4-60}$$

式中：α——分子扩散系数，m^2/s；

Sh——舍伍德（Sherwood）数；

A——液池面积，m^2；

L——液池长度，m；

ρ_1——液体的密度，kg/m^3。

（二）喷射扩散

气体泄漏时从裂口喷出形成气体喷射。大多数情况下气体直接喷出后，其压力高于周围环境大气压力，温度低于环境温度。在进行喷射计算时，应以等价喷射孔口直径计算。等价喷射的孔口直径按下式计算：

$$D = D_0 \sqrt{\frac{\rho_0}{\rho}} \tag{4-61}$$

式中：D——等价喷射孔径，m；

D_0——裂口孔径，m；

ρ_0——泄漏气体的密度，kg/m^3；

ρ——周围环境条件下气体的密度，kg/m^3。

如果气体泄漏能瞬时间达到周围环境的温度、压力状况，即 $\rho_0 = \rho$，则 $D = D_0$。

1. 喷射的浓度分布

在喷射轴线上距孔口 x 处的气体浓度 $C(x)$ 为：

$$C(x) = \frac{\frac{b_1 + b_2}{b_1}}{0.32 \frac{x}{D} \cdot \frac{\rho}{\sqrt{\rho_0}} + 1 - \rho} \tag{4-62}$$

式中：b_1、b_2——分布函数，其表达式如下：

$b_1 = 50.5 + 48.2\rho - 9.95\rho^2$

$b_2 = 23 + 41\rho$

其余符号意义同前。

如果把式（4-62）改写成 x 是 $C(x)$ 的函数形式，则给定某浓度值 $C(x)$，就可算出具有该浓度的点至孔口的距离 x。

在过喷射轴线上点 x 且垂直于喷射轴线的平面内任一点处的气体浓度为：

$$\frac{C(x, y)}{C(x)} = e^{-b_2 (y/x)^2} \tag{4-63}$$

式中：$C(x, y)$——距裂口距离 x 且垂直于喷射轴线的平面内 Y 点的气体浓度，kg/m^3；

$C(x)$——喷射轴线上距裂口 x 处的气体浓度，kg/m^3；

b_2——分布参数，同前；

y——目标点到喷射轴线的距离，m。

2. 喷射轴线上的速度分布

喷射速度随着轴线距离增大而减少，直到轴线上的某一点喷射速度等于风速为止，该点称为临界点，临界点以后的气体运动不再符合喷射规律。沿喷射轴线的速度分布由下式得出：

$$\frac{V(x)}{V_0}=\frac{\rho_0}{\rho}\cdot\frac{b_1}{4}\left[0.32\frac{x}{D}\cdot\frac{\rho}{\rho_0}+1-\rho\right]\left(\frac{D}{x}\right)^2 \tag{4-64}$$

式中：ρ_0——泄漏气体的密度，kg/m^3；

ρ——周围环境条件下气体的密度，kg/m^3。

D——等价喷射孔径，m；

b_1——分布参数，表达式同前：

x——喷射轴线上距裂口某点的距离，m；

$V(x)$——喷射轴线上距裂口 x 处一点的速度，m/s；

V_0——喷射初速，等于气体泄漏时流经裂口时的速度，m/s，按下式计算：

$$V_0=\frac{Q_0}{C_d\rho\pi\left(\frac{D_0}{2}\right)^2} \tag{4-65}$$

其中：Q_0——气体泄漏速度，kg/s；

C_d——气体泄漏系数；

D_0——裂口直径，m；

当临界点处的浓度小于允许浓度（如可燃气体的燃烧下限或者有害气体最高允许浓度）时，只需按喷射来分析；若该点浓度大于允许浓度时，则需要进一步分析泄漏气体在大气中扩散的情况。

（三）绝热扩散

闪蒸液体或加压气体瞬时泄漏后，有一段快速扩散时间，假定此过程相当快以致在混合气团和周围环境之间来不及热交换，则此扩散称为绝热扩散。

根据 TNO（1979 年）提出的绝热扩散模式，泄漏气体（或液体闪蒸形成的蒸气）的气团呈半球形向外扩散。根据浓度分布情况，把半球分成内外两层，内层浓度均匀分布，且具有 50%的泄漏量；外层浓度呈高斯分布，具有另外 50%的泄漏量。

绝热扩散过程分为两个阶段，第一阶段气团向外扩散至大气压力，在扩散过程中，气团获得动能，称为“扩散能”；第二阶段，扩散能再将气团向外推，使紊流混合空气进入气团，从而使气团范围扩大。当内层扩散速度降到一定值时，可以认为扩散过程结束。

1. 气团扩散能

在气团扩散的第一阶段，扩散的气体（或蒸气）内能的一部分用来增加动能，对周围大气做功。假设该阶段的过程为可逆绝热过程，并且是等熵的。

（1）气体泄漏扩散能

根据内能变化得出扩散能计算公式如下：

$$E=C_V(T_1-T_2)-0.98P_0(V_2-V_1) \tag{4-66}$$

式中：E——气体扩散能，J；

C_V——定容比热容，J/(kg·K)；

T_1——气团初始温度，K；

T_2——气团压力降至大气压力时的温度，K；

P_0——环境压力，Pa；

V_1——气团初始体积，m^3；

V_2——气团压力降至大气压力时的体积，m^3。

（2）闪蒸液泄漏扩散能

蒸发的蒸气团扩散能可以按下式计算：

$$E=\left[H_1-H_2-T_b\left(S_1-S_2\right)\right]W-0.98\left(P_1-P_0\right)V_1 \tag{4-67}$$

式中：E——闪蒸液体扩散能，J；

H_1——泄漏液体初始焓；J/kg；

H_2——泄漏液体最终焓；J/kg；

T_b——液体的沸点，K；

S_1——液体蒸发前的熵，J/（kg・K）；

S_2——液体蒸发量，J/（kg・K）；

W——液体蒸发量，kg；

P_1——初始压力，Pa；

P_0——周围环境压力，Pa；

V_1——初始体积，m^3。

2. 气团半径与浓度

在扩散能的推动下气团向外扩散，并与周围空气发生紊流混合。

（1）内层半径与浓度

气团内层半径 R_1 和浓度 C 是时间函数，表达如下：

$$R_1=2.7\sqrt{K_d}\cdot t \tag{4-68}$$

$$C=\frac{0.0059V_0}{\sqrt{(K_d\cdot t)^3}} \tag{4-69}$$

式中：t——扩散时间，s；

V_0——在标准温度、压力下气体的体积，m^3；

K_d——紊流扩散系数，按下式计算：

$$K_d=0.0137\sqrt[3]{V_0}\cdot\sqrt{E}\cdot\left[\frac{\sqrt[3]{V_0}}{t\sqrt{E}}\right]^{\frac{1}{4}} \tag{4-70}$$

如上所述，当中心扩散速度（dR/dt）降到一定值时，第二阶段才结束。临界速度的选择是随机的且不稳定的。设扩散结束时扩散速度为 1 m/s，则在扩散结束时内层半径 R_1 和浓度 C 可按下式计算：

$$R_1=0.08837E^{0.3}V_0^{\frac{1}{3}} \tag{4-71}$$

$$C=172.95E^{-0.9} \tag{4-72}$$

（2）外层半径与浓度

第二阶段末气团外层的大小可根据试验观察得出，即扩散终结时外层气团半径 R_2 由下式求得：

$$R_2=1.456R_1 \tag{4-73}$$

式中：R_2、R_1——分别为气团外层、内层半径，m。

外层气团浓度自内层向外层呈高斯分布。

五、重大危险源中毒评估分析

有毒物质泄漏后生成有毒蒸气云，它在空气中飘移、扩散，直接影响现场人员并可能波及居民区。大量剧毒物质泄漏可能带来严重的人员伤亡和环境污染。

毒物对人员的危害程度取决于毒物的性质、毒物的浓度和人员与毒物接触时间等因素。有毒物质泄漏初期，其毒气形成气团密集在泄漏源周围，随后由于环境温度、地形、风力和湍流等影响气团飘移、扩散，扩散范围变大，浓度减小。在后果分析中，往往不考虑毒物泄漏的初期情况，即工厂范围内的现场情况，主要计算毒气气团在空气中飘移、扩散的范围、浓度、接触毒物的人数等。

（一）毒物泄漏后果的概率函数法

概率函数法是通过人们在一定时间接触一定浓度毒物所造成影响的概率来描述毒物泄漏后果的一种表示法。概率与中毒死亡百分率有直接关系，二者可以互相换算，见表 4-55，概率值在 0～10 之间。

表 4-55　概率（%）与死亡百分率的换算

死亡百分率（%）	0	1	2	3	4	5	6	7.	8	9
0		2.67	2.95	3.12	3.25	3.36	3.45	3.52	3.59	3.66
10	3.72	3.77	3.82	3.87	3.92	3.96	4.01	4.05	4.08	4.12
20	4.16	4.19	4.23	4.26	4.29	4.33	4.26	4.39	4.42	4.45
30	4.48	4.50	4.53	4.56	4.59	4.61	4.64	4.67	4.69	4.72
40	4.75	4.77	4.80	4.82	4.85	4.87	4.90	4.92	4.95	4.97
50	5.00	5.03	5.05	5.08	5.10	5.13	5.15	5.18	5.20	5.23
60	5.25	5.28	5.31	5.33	5.36	5.39	5.41	5.44	5.47	5.50
70	5.52	5.55	5.58	5.61	5.64	5.67	5.71	5.74	5.77	5.81
80	5.84	5.88	8.92	5.95	5.99	6.04	6.08	6.13	6.18	6.23
90	6.28	6.34	6.41	6.48	6.55	6.64	6.75	6.88	7.05	7.33
99	0.0	0.1	0.2	0.3	0.4	0.5	0.6	0.7	0.	0.9
	7.33	7.37	7.41	7.46	7.51	7.58	7.58	7.65	7.88	8.09

概率值 Y 与接触毒物浓度及接触时间的关系如下：

$$Y=A+B\ln\left(C^{n}\cdot t\right) \tag{4-74}$$

式中：A、B、n——取决于毒物性质的常数，表 4-56 列出了一些常见有毒物质的有关参数；

C——接触毒物的浓度，ppm；

t——接触毒物的时间，min。

（二）有毒液化气容器破裂时毒害区域估算

液化介质在容器破裂时会发生蒸气爆炸。当液化介质为有毒物质，如液氯、液氨、二氧化硫、氢氰化硫、氢氰酸等，爆炸后若不燃烧，会造成大面积的毒害区域。

设有毒液化气重量为 W（kg），容器破裂前器内介质温度为 t（℃），液体介质比热容为 C（kJ/（kg·℃）），当容器破裂时，器内压力降至大气压，处于过热状态的液化气温度迅速降至标准沸点 t_0（℃），此时全部液体所放出的热量为：

$$Q=W\cdot C\ (t-t_0) \tag{4-75}$$

设这些热量全部用于器内液体的蒸发，如它的汽化热为 q（kJ/kg），则其蒸发量：

$$W'=\frac{Q}{q}=\frac{W\cdot C\ (t-t_0)}{q} \tag{4-76}$$

如介质的分子量为 M，则在沸点下蒸发蒸气的体积 V_g（m^3）为：

$$V_g=\frac{22.4\ W'}{M}\cdot\frac{273+t_0}{273}$$

$$=\frac{22.4W\cdot C\ (t-t_0)}{Mq}\cdot\frac{273+t_0}{273} \tag{4-77}$$

为便于计算，现将压力容器最常用的液氨、液氯、氢氰酸等的有关物理化学性能列于表4-56中。关于一些有毒气体的危险浓度见表4-57。

表 4-56　一些有毒物质的有关物化性能

物质名称	分子量 M	沸点 t_0（℃）	液体平均比热 C（kJ/（kg·℃））	汽化热 q（kJ/kg）
氨	17	−33	4.6	1.37×10^3
氯	71	−34	0.96	2.89×10^2
二氧化硫	64	−10.8	1.76	3.93×10^2
丙烯醛	56.06	52.8	1.88	5.73×10^2
氢氰酸	27.03	25.7	3.35	9.75×10^2
四氯化碳	153.8	76.8	0.85	1.95×10^2

表 4-57　有毒气体的危险浓度

物质名称	吸入 5～10 min 致死的浓度（%）	吸入 0.5～1 h 致死的浓度（%）	吸入 0.5～1 h 致重病的浓度（%）
氨	0.5		
氯	0.09	0.0035～0.005	0.014～0.0021
二氧化硫	0.05	0.053～0.065	0.015～0.019
丙烯醛	0.027	0.011～0.014	0.01
氢氰酸	0.08～0.1	0.042～0.06	0.036～0.05
四氯化碳	0.05	0.032～0.053	0.011～0.021

若已知某种有毒物质的危险浓度，则可求出其危险浓度下的有毒空气体积。如二氧化硫在空气中的浓度达到0.05%时，人吸入5～10 min即致死，则 V_g（m^3）的二氧化硫可以产生令人致死的有毒空气体积为

$$V=V_g\times100/0.05=2000V_g\ (m^3)$$

假设这些有毒空气以半球形向地面扩散，则可求出该有毒气体扩散半径为

$$R=\sqrt[3]{\frac{V_g/C}{\frac{1}{2}\times\frac{4}{3}\pi}}=\sqrt[3]{\frac{V_g/C}{2.0944}} \tag{4-78}$$

式中：R——有毒气体的半径，m；

V_g——有毒介质的蒸气体积，m^3；

C——有毒介质在空气中的危险浓度值，%。

（三）有毒介质喷射泄漏时毒害区域浓度估算

有毒介质喷射泄漏，在喷射轴线上距孔口 x 处的气体浓度 $C(x)$ 为：

$$C(x)=\frac{\frac{b_1+b_2}{b_1}}{0.32\frac{x}{D}\cdot\frac{\rho}{\sqrt{\rho_0}}+1-\rho} \tag{4-79}$$

$$b_1=50.5+48.2\rho-9.95\rho^2$$
$$b_2=23+41\rho \tag{4-80}$$

式中：$C(x)$——喷射轴线上距裂口 x 处的气体浓度，kg/m^3；

D——孔口当量直径，$D=D_0\sqrt{\frac{\rho_0}{\rho}}$，m；

D_0——裂口孔径，m；

b_1、b_2——分布参数；

x——与 $C(x)$ 值对应的浓度点距孔口的距离，m；

ρ_0——泄漏气体的密度，kg/m^3；

ρ——周围环境条件下气体的密度，kg/m^3。

（四）实例分析：液氨重大危险源储槽破裂泄漏毒害区域范围预测

某建设项目吸收制冷工段设置液氨储槽两座，如果其液氨储槽由于自身或外界原因意外破裂，大量的液氨将急剧气化为氨气，并随风漂移到很远的地方，造成大面积的毒害区域。

采用科学的数学模型对该工段储槽破裂泄漏进行模拟分析，预测其毒害区域范围，可以为其安全管理和事故应急救援预案疏散距离的确定提供科学的参考依据，模拟评估程序如下：

1. 基本假设

(1) 假设在同一时刻只有 1 台储槽发生泄漏，根据最大危险性原则，此处仅对液氨储槽（ϕ2000×6500）破裂泄漏扩散进行后果模拟；

(2) 假设模拟储槽中的液氨全部转化为氨气，并形成云团；

(3) 根据 TNO 的绝热扩散模型，泄漏后的氨气呈半圆形覆盖于近地面。然后沿风向水平扩散和垂直扩散，假设 t s后，气团形成标准长方体。

2. 当地气象概况

液氨储槽所处区域属温带干旱、半干旱大陆性高原气候，气候干燥，雨量稀少、日照充分，蒸发强烈。年平均最高气温 23.6 ℃，极端最高和最低气温分别为 37.5 ℃和－26.5 ℃。

夏季主导风向为东南风，最大和最小平均风速为 1.8～3.9 m/s，冬季主导风向为北风，最大和最小平均风速为 2.1～5.0 m/s，全年平均风速为 2.4 m/s。

3. 模拟分析程序

(1) 气团半径 r_g 计算

$$m_L=\rho_L\times V_L=0.82\times10^3\times\pi\times6.5=16736.2$$

$$m_g=m_L=16736.2$$

$$V_g=m_g/\rho_g=16736.2/0.78=21456.67$$

$$r_g=\sqrt[3]{\frac{V_g}{\frac{1}{2}\times\frac{4}{3}\pi}}=\sqrt[3]{\frac{21456.67}{\frac{1}{2}\times\frac{4}{3}\pi}}=21.7$$

(2) 瞬时中毒范围预测

实验表明，人员吸入氨气 5～10 min 致死浓度为 0.5%，现对其液氨储槽临近区域瞬时中毒范围预测。

氨气泄漏后受气体浮力（浮力作用下的加速度为 a）和风速（u）的双重作用

$$\alpha=g\times(\rho_{空气}-\rho_{氨气})/\rho_{氨气}=9.8\times(1.293-0.78)/0.78=6.4$$

假设 t s 后气团浓度降至 0.5%，此时气团为长方体，则有

$$V=2\times r_g\times L\times H$$

式中：L——气团在水平方向扩散的距离；

H——气团上升高度。

①夏季主导风向为东南风，最大平均风速为 3.9 m/s。

$$L=ut=3.9t$$

$$H=0.5at^2=0.5\times6.4\times t^2$$

$$V=2\times r_g\times L\times H$$

$$=2\times21.7\times3.9t\times3.2\times t^2=21456.67/0.005$$

$$t=\sqrt[3]{\frac{21456.67/0.005}{21.7\times3.2\times2\times3.9}}=20$$

此时可以计算气团在水平方向扩散的距离 L

$$L=ut=3.9t=3.9\times20=78$$

即在液氨储罐的下风向 78 m 范围内将会在 20 s 内浓度达到致死浓度 0.5%（吸入 5～10 min)，此范围内的有关人员应立即撤离。

②冬季主导风向为北风，最大平均风速为 5 m/s。

$$L=ut=5t$$

$$H=0.5at^2=0.5\times6.4\times t^2$$

$$V=2\times r_g\times L\times H$$

$$=2\times21.7\times5t\times3.2\times t^2=21456.67/0.005$$

$$t=\sqrt[3]{\frac{21456.67/0.005}{21.7\times3.2\times2\times5}}=18.4$$

此时可以计算气团在水平方向扩散的距离 L

$$L=ut=5t=5\times18.4=92$$

即在液氨储罐的下风向 92 m 范围内将会在 18.4 s 内浓度达到致死浓度 0.5%（吸入 5～10 min），此范围内的有关人员应立即撤离。

（3）应急疏散范围预测

我国规定车间空气中时间加权平均容许浓度（PC—TWA，8 小时）为 20 mg/m³，假设氨气团扩散后浓度呈均匀分布，可以对其浓度超标范围 V 进行如下估算

$$V=m_g/(20\times10^{-6})=16736.2/(20\times10^{-6})=8.37\times10^{8}$$

假设 t 秒后气团浓度降至 20 mg/m³，则有

$$V=2\times r_g\times L\times H$$

①夏季主导风向为东南风，最大平均风速为 3.9 m/s。

$$L=ut=3.9t$$

$$H=0.5at^2=0.5\times6.4\times t^2$$

因此

$$\begin{aligned}V&=2\times r_g\times L\times H\\&=2\times21.7\times3.9t\times3.2\times t^2=8.37\times10^8\end{aligned}$$

$$t=\sqrt[3]{\frac{8.37\times10^8}{21.7\times3.2\times2\times3.9}}=115.6$$

此时可以计算气团在水平方向扩散的距离 L

$$L=ut=3.9t=3.9\times115.6=451$$

即在液氨贮罐的下风向 451 m 范围内将会在 115.6 s 内浓度达到我国规定的车间空气容许浓度，此范围内的人员应及时撤离。

②冬季主导风向为北风，最大平均风速为 5 m/s。

$$L=ut=5t$$

$$H=0.5at^2=0.5\times6.4\times t^2$$

因此

$$\begin{aligned}V&=2\times r_g\times L\times H\\&=2\times21.7\times5t\times3.2\times t^2=8.37\times10^8\end{aligned}$$

$$t=\sqrt[3]{\frac{8.37\times10^8}{21.7\times3.2\times2\times5}}=106.4$$

此时可以计算气团在水平方向扩散的距离 L

$$L=ut=5t=5\times106.4=532$$

即在液氨贮罐的下风向 532 m 范围内将会在 106.4 s 内浓度达到我国规定的车间空气容许浓度，此范围内的人员应及时撤离。

第四节　事故树分析法及评估实例分析

一、事故树分析法

1. 事故树定义

事故树分析又称为故障树分析（FTA），源于美国贝尔电话实验室，是一种描述事故因

果关系的有方向的“树”，是安全系统工程分析中最为广泛、普遍的一种分析方法。该方法从要分析的特定事故或故障开始（顶上事件），层层分析其发生的原因，直到找出事故的基本原因，即故障树的基本事件为止。事故树分析作为安全评价和事故预测的一种先进的科学方法，已得到国内外公认，并被广泛采用。

2. 事故树分析法特点

事故树分析法直观明了、表达简洁，思路清晰、逻辑性强、易于掌握、具有广泛的应用性，该方法既可以定性分析也可以做定量分析，但 FTA 步骤较多，计算也较复杂；在国内数据较少，进行定量分析还需要做大量工作。

此方法要求安全评价人员、管理人员具有丰富的经验，全面系统深入地了解和掌握各项事故防护的要点。许多事故树模型可通过分析一个较大的工艺过程得到，实际的模型数目取决于危险分析人员选定的顶上事件数，一个顶上事件对应着一个事故树模型。使用 FTA 需要详细懂得装置或系统的功能、详细的工艺图和操作程序以及各种故障模式和它们的结果，良好训练和富有经验的分析人员是有效和高质量运用 FTA 的保证。

3. 事故树分析法应用范围

事故树分析法应用广泛，不仅能分析出事故的直接原因，而且能深入提示事故的潜在原因，因此在评价项目的各阶段，都可以使用 FTA 对它们的安全性作出评价。

4. 事故树分析法编制步骤

事故树分析是对既定的生产系统或作业中可能出现的事故条件及可能导致的灾害后果，按工艺流程、先后次序和因果关系绘成的程序方框图，表示导致灾害、伤害事故（不希望事件）的各种因素之间的逻辑关系。它由输入符号或关系符号组成，用以分析系统的安全问题或系统的运行功能问题，并为判明灾害、伤害的发生途径及与灾害、伤害之间的关系，提供一种最形象、最简洁的表达形式。除用于已发生的事故外，对未发生的或可能发生的事故，也可绘制事故树来进行分析。

事故树的绘制涉及人身安全、系统安全、环境保护等，具有综合性的特点。在绘制事故树时，既要了解过去发生的事故和有关资料，又要了解和懂得生理学、心理学、机械设备、工艺流程及环境保护等方面的知识。只有这样才能绘出准确的事故树，进行正确的分析，提出确切的防护措施，起到真正的作用。

事故树绘制的步骤和内容，根据定性、定量分析，分为以下几步。

（1）确定所分析的系统。确定分析系统即确定系统所包括的内容及其边界范围。

（2）熟悉所分析的系统。指熟悉系统的整个情况，包括系统性能、运行情况及各种重要参数等。如工作程序、重要参数、作业情况、周围环境等。必要时，要绘出工艺流程图及人、机、环境之间的位置关系图。

（3）调查系统发生的事故。在熟悉系统后，开始调查过去已发生的事故，包括未遂事故。调查分析过去、现在和未来可能发生的故障，同时调查本单位及外单位同类系统曾发生的所有同类事故。

（4）确定事故树的顶上事件。是指确定所要分析的对象事件，是事故发生的结果。对调查的事故，分析危险程度和发生的频繁程度，找出容易发生且后果严重的事故，作为顶上事件。确定顶上事件的方法有：直观分析法；危险性预先分析法；故障类型和影响分析法等等。一般运用直观分析法，即可达到目的。

（5）调查与顶上事件有关的所有原因事件和各种影响因素。这是一个关键步骤，事故树的准确、完善与否，要看对原因事件和各种影响因素的调查结果。需要与机械、工艺、管理及指挥人员、操作者共同查找，还可参照安全检查表。

（6）绘制事故树。按照绘制事故树的原则，从顶上事件起，对原因事件进行演绎分析，一层一层往下分析各自的直接原因事件。同时，根据彼此间的逻辑关系，用逻辑门连接上下层事件，直到所要求的分析深度，形成一株倒置的逻辑树形图，即故障树图。

（7）事故树定性分析。它是故障树分析的核心内容之一，其目的是分析该类事故的发生规律及特点，通过求取最小割集（或最小径集），找出控制事故的可行方案，并从事故树结构、发生概率分析各基本事件的重要程度，以便按轻重缓急分别采取对策。按照事故树的结构和逻辑关系，把各基本原因事件转换为布尔代数模型，进行化简，得出最小径集和最小割集，从而确定基本原因事件的结构重要度。

（8）定量分析。包括确定各基本事件的故障率或失误率。求取顶上事件发生的概率，将计算结果与通过统计分析得出的事故发生概率进行比较。根据基本原因事件发生的概率（频率），运用布尔代数模型进行计算，得出顶上事件发生的概率。

（9）安全性评价。根据损失率的大小评价该类事故的危险性。这就要从定性和定量分析的结果中找出能够降低顶上事件发生概率的最佳方案。

事故树的绘制和分析，原则上有以上步骤。实际工作中，可以根据分析的目的、投入人力物力的多少适当掌握。如果事故树规模很大，也可以借助计算机进行分析。

5. 事故树分析法计算分析

（1）FTA 的符号及其运算

FTA 使用布尔逻辑门（如：与，或）产生系统的故障逻辑模型来描述设备故障和人为失误是如何组合导致顶上事件的。

①事故树符号的意义

a. 事件符号

 顶上事件、中间事件符号，需要进一步往下分析的事件。

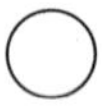 基本事件符号，不能再往下分析的事件。

 正常事件符号，正常情况下存在的事件。

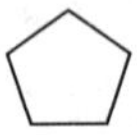 省略事件，不能或不需要向下分析的事件。

b. 逻辑门符号

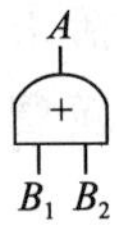

或门，表示 B_1 或 B_2 任一事件单独发生（输入）时，A 事件都可以发生（输出）。

与门，表示 B_1 或 B_2 同时发生 B_1 或 B_2 同时发生（输入）时，A 事件才发生（输出）。

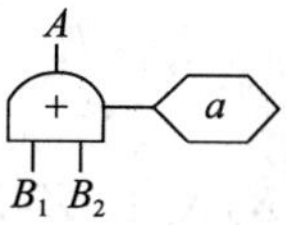

条件或门，表示 B_1 或 B_2 任一事件单独发生（输入）时，还必须满足条件 a，A 事件才发生（输出）。

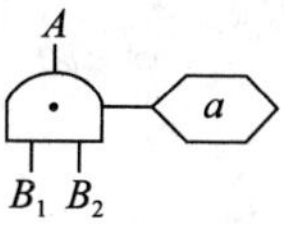

条件与门，表示 B_1 或 B_2 两事件同时发生（输入）时，还必须满足条件 a，A 事件才发生（输出）。

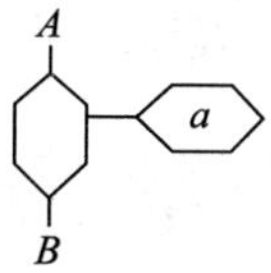

限制门，表示 B 事件发生（输入）且满足条件 a 时，A 事件才发生（输出）。

c. 转移

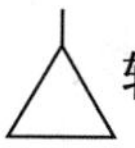
转入符号，表示在别处的部分树，由该处转入（在三角形内标出从何处转入）。

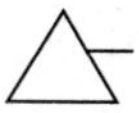
转出符号，表示这部分树由该处转移至他处（在三角形内标出向何处转移）。

②布尔代数与主要运算法则

在事故树分析中常用逻辑运算符号（· ，＋）将各个事件连接起来，这连接式称为布尔代数表达式。在求最小割集或最小径集时，要用布尔代数运算法则，化简代数式。这些法则有：

a. 结合律　$A+(B+C)=(A+B)+C$

$A\cdot(B\cdot C)=(A\cdot B)\cdot C$

b. 分配律　$A\cdot(B+C)=A\cdot B+A\cdot C$

$A+(B\cdot C)=(A+B)\cdot(A+C)$

c. 交换律　$A\cdot B=B\cdot A$

$A+B=B+A$

d. 互补律　$A\cdot A'=0$

$A+A'=\Omega=1$

e. 吸收律　$A\cdot(A+B)=A$

$A+A\cdot B=A$

f. 幂等律　$A\cdot A=A$

$A+A=A$

g. 对偶法则　$(A\cdot B)'=A'+B'$

$(A+B)'=A'\cdot B'$（用它将事故树变成功树）

③事故树的数学表达式

为了进行事故树定性、定量分析，需要建立数学模型，写出它的数学表达式。把顶上事件用布尔代数表现，并自上而下展开，就可得到布尔表达式。

例如：有事故树如图 4-8 所示。

未经化简的事故树，其结构函数表达式为：

$T=A_1+A_2$

$=A_1+B_1B_2B_3$

$=X_1X_2+(X_3+X_4)(X_3+X_5)(X_4+X_5)$

$=X_1X_2+X_3X_3X_4+X_3X_4X_4+X_3X_4X_5+X_4X_4X_5+X_4X_5X_5+X_3X_3X_5+X_3X_5X_5+X_3X_4X_5$

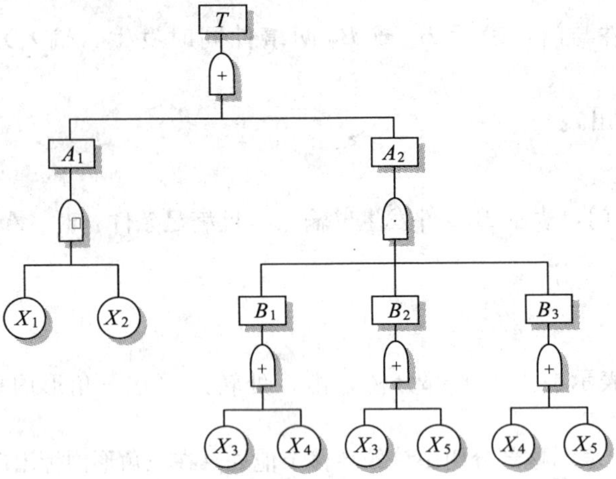

图 4-8 未经化简的事故树

(2) 事故树的定性分析

1) 最小割集的概念和求法

①割集与最小割集的概念

凡是能导致顶上事件发生的基本事件的集合就叫割集。割集也就是系统发生故障的模式。在一个事故树中，割集数目可能有很多，而在内容上可能有相互包含和重复的情况，甚至有多余的事件出现，必须把它们除去。除去这些事件的割集叫最小割集。也就是说凡能导致顶上事件发生的最低限度的基本事件的集合称为最小割集。即：如果割集中任一基本事件不发生，顶上事件就绝不发生。事故树中最小割集越多，顶上事件发生的可能性就越大，系统就越危险。

②最小割集的求法

利用布尔代数化简法，将上式归并、化简。

$T=X_1X_2+X_3X_3X_4+X_3X_4X_4+X_3X_4X_5+X_4X_4X_5+X_4X_5X_5+X_3X_3X_5+X_3X_5X_5+X_3X_4X_5$

$=X_1X_2+X_3X_4+X_3X_4X_5+X_4X_5+X_3X_5+X_3X_4X_5$

$=X_1X_2+X_3X_4+X_4X_5+X_3X_5$

得到四个最小割集 $\{X_1, X_2\}$、$\{X_3, X_4\}$、$\{X_4, X_5\}$、$\{X_3, X_5\}$。

2) 最小径集概念与求法

①径集与最小径集概念

在事故树中，有一组基本事件不发生，顶上事件就不会发生，这一组基本事件的集合叫径集。径集是表示系统不发生故障而正常运行的模式。同样在径集中也存在相互包含和重复事件的情况，去掉这些事件的径集叫最小径集。也就是说，凡是不能导致顶上事件发生的最低限度的基本事件的集合叫最小径集。最小径集越多，顶上事件不发生的途径就越多，系统也就越安全。

②最小径集的求法

最小径集的求法是利用最小径集与最小割集的对偶性，首先画事故树的对偶树，即成功树。求成功树的最小割集，就是原事故树的最小径集。成功树的画法是将事故树的“与门”全部换成“或门”，“或门”全部换成“与门”，并把全部事件的发生变成不发生，就是在所有事件上都加“′”，使之变成原事件补的形式。经过这样变换后得到的树形就是原事故树的成功树。

3）结构重要度分析

结构重要度分析是分析基本事件对顶上事件影响的大小，为改进系统安全性提供重要信息的手段。事故树中各基本事件对顶上事件影响程度是不同的。从事故树结构上分析各基本事件的重要度（不考虑各基本事件的发生概率）或假定各基本事件发生概率相等的情况下，分析各基本事件的发生对顶上事件发生的影响程度，叫结构重要度。结构重要度判断方法如下。

一般利用最小割集分析判断方法进行结构重要度判断，采用此法时，可遵循以下原则处理：

①当最小割集中基本事件的个数相等时，在最小割集中重复出现的次数越多的基本事件，其结构重要度就越大。

②当最小割集的基本事件数不等时，基本事件少的割集中的事件比基本事件多的割集中的基本事件的重要度大。

③在基本事件少的最小割集中，出现次数少的事件与基本事件多的最小割集中出现次数多的相比较，一般前者大于后者。

利用最小割集确定基本事件重要系数的近似公式。

在少事件割集中，出现次数少，多事件割集中次数多，以及它的复杂情况，可以用近似判别式。

$$I(i)=\sum 1/2^{(n-1)}\ ,\ X\in K$$

其中：$I(i)$——基本的重要系数近似判别值；

K_i——包含 X_i 的割集（所有）；

n——基本事件 X_i 所在割集中基本事件个数。

如在 $K_1=\{X_1, X_3\}$、$K_2=\{X_1, X_4\}$、$K_3=\{X_2, X_3, X_5\}$、$K_4=\{X_2, X_3, X_4\}$ 中，

$$I(1)=1/2^{2-1}+1/2^{2-1}=1;$$
$$I(2)=1/2^{3-1}+1/2^{3-1}=1/2;$$
$$I(3)=1/2^{2-1}+1/2^{3-1}+1/2^{3-1}=1;$$
$$I(4)=1/2^{2-1}+1/2^{3-1}=3/4;$$
$$I(5)=1/2^{3-1}=1/4。$$

所以，$I(1)=I(3)>I(4)>I(2)>I(5)$

注：在用割集判断基本事件结构重要系数时，必须按上述原则，先行判断近似式是迫不得已而为之，不能完全用它；用最小割集判别基本事件结构重要顺序与用最小径集判别结果一样；凡对最小割集适用的原则，对最小径集同样适用。

（3）事故树定量分析

1）顶上事件发生的概率计算

事故树很庞大，基本事件和最小割集或最小径集的数量也就很多。要精确地求出顶上事件发生的概率，是非常困难的，甚至是不可能的，即使借助计算机也需要相当长的时间。因此，需要找出一种既能保证相应的精确度，运算又较为简便的方法。

实际上，按精确算式去计算的结果也未必十分精确，这是因为：

①凭经验估计的各种元件、部件的故障率本身就不精确，数据库故障率上限值和下限值相差几个数量级，其平均值离差也很大。

②各种部件、元件的运行条件、运行环境各不相同，修正系数的选取也是因人而异的。

③人的失误率也受多种因素影响，如心理、生理、个人智能、训练情况、适应能力、环境因素等。它是一个极其灵活、伸缩性很大的数据。

用这些数据进行运算，必然得出不太精确的结果。所以，用近似算法计算顶上事件的发生概率是适宜的。况且，在近似过程中，略去的数值与最后一位有效数值相比相差很大，有时达几个数量级，故完全可以忽略不计。迄今为止，所有较复杂故障树顶上事件发生概率的计算，均采用近似算法。

下面介绍几种常用近似计算的方法：

①首项近似法

利用最小割集计算顶上事件发生概率的公式，可改写为：$g=F_1-F_2+\cdots+(-1)^{k-1}F_k$

这样，可逐次求 F_1、$F_2\cdots$的值，当认为满足计算时，就可停止计算。一般情况下，$F_1\geqslant F_2$，$F_2\geqslant F_3$，…。在近似过程中往往求出 F_1 就能满足要求，其余均忽略不计，也就是说，顶上事件的发生概率近似等于所有最小割集发生概率的代数和，这种近似算法称为首项近似。

$$g\approx F_1=\sum_{j=1}^{k}\prod_{x_i\in K_j}q_i$$

例如，某故障树有三个最小割集：$K_1=\{X_1, X_3\}$，$K_2=\{X_2, X_3\}$，$K_3=\{X_3, X_4\}$。其中，X_1 的概率为 q_1，X_2 的概率为 q_2，X_3 的概率为 q_3，X_4 的概率为 q_4。则故障树的结构函数式为：$T=K_1+K_2+K_3$。

利用首项近似法计算

$$g\approx q_1q_3+q_2q_3+q_3q_4$$

②独立近似法

这种近似算法的实质是：尽管故障树各最小割集（或最小径集）中彼此有共同事件，但均认为是无共同事件的，即认为各最小割集（或最小径集）都是彼此独立的。均用下列公式计算顶上事件发生概率。

从下式也可得到 g 值的近似区间

$$g\approx\coprod_{r=1}^{k}\prod_{X_i\in k_r}q_i=1-(1-q_{k1})(1-q_{k2})(1-q_{k3})\cdots(1-q_{kn})$$

在各基本事件概率值较小时，以独立近似法计算更简便、更能接近精确值。

例如，某故障树最小割集为$\{X_1, X_3\}$，$\{X_1, X_5\}$，$\{X_3, X_4\}$，$\{X_2, X_4, X_5\}$，各基本事件发生概率分别为 $q_1=0.01$，$q_2=0.02$，$q_3=0.03$，$q_4=0.04$，$q_5=0.05$。用独立近似计算法计算顶上事件发生的概率如下：

$$g \approx \coprod_{r=1}^{k} \prod_{X_i \in k_r} q_i = 1-(1-q_{k1})(1-q_{k2})(1-q_{k3})(1-q_{k4})$$

$$=1-(1-q_1q_3)(1-q_1q_5)(1-q_3q_4)(1-q_2q_4q_5)$$

2）概率重要度分析

结构重要度分析是从故障树的结构上分析各基本事件的重要程度。如果进一步考虑各基本事件发生概率的变化会给顶上事件发生概率以多大影响，就要分析基本事件的概率重要度。我们利用顶上事件发生概率 g 函数是一个多重线性函数这一性质，只要对自变量 q_i 求一次偏导，就可得到该基本事件的概率重要系数，即：

$$I_g(i)=\frac{\partial g}{\partial q_i}$$

当我们利用上式求出各基本事件的概率重要系数后，就可以了解：诸多基本事件中，减少哪个基本事件的发生概率可以有效地降低顶上事件的发生概率。

利用该方法求上例中各基本事件的概率重要系数。

解：

$$I_g(i)=\frac{\partial g}{\partial q_i}$$

$$I_g(1)=\frac{\partial g}{\partial q_1}=q_3+q_5=0.08$$

$$I_g(2)=\frac{\partial g}{\partial q_2}=q_4q_5=0.002$$

$$I_g(3)=\frac{\partial g}{\partial q_3}=q_1+q_4=0.05$$

$$I_g(4)=\frac{\partial g}{\partial q_4}=q_3+q_2q_5=0.031$$

$$I_g(5)=\frac{\partial g}{\partial q_5}=q_1+q_2q_4=0.0108$$

这样，我们就可以按概率重要系数的大小排出各基本事件的概率重要顺序：$I_g(1)>I_g(3)>I_g(4)>I_g(5)>I_g(2)$。

3）临界重要度分析

一般情况下，减少概率大的基本事件的概率要比减少概率小的基本事件的容易，而概率重要系数并未反映这一事实。因而，它不是从本质上反映各基本事件在事故树中的重要程度。而临界重要度系数 $CI_g(i)$ 则是从敏感度和自身发生概率的双重角度衡量各基本事件的重要度标准，其定义为：

$$CI_g(i)=\frac{\partial \ln g}{\partial \ln g q_i}$$

通过偏导数的公式变换，可以得到它与概率重要系数的关系：

$$CI_g(i)=\frac{q_i}{g}I_g(i)$$

下面我们利用上例已得到的各基本事件概率重要系数来求临界重要系数。

由：

$$g \approx q_1q_2+q_1q_5+q_3q_4+q_2q_4q_5$$

$$=0.01\times0.02+0.01\times0.05+0.03\times0.04+0.02\times0.04\times0.05$$

$$=0.0002+0.0005+0.0012+0.00004$$

$$=0.00184$$

$I_g(1)=0.08$，$I_g(2)=0.002$，$I_g(3)=0.05$，$I_g(4)=0.031$，$I_g(5)=0.0108$

$$CI_g(1)=\frac{q_1}{g}Ig(1)\approx 0.41$$

$$CI_g(2)=\frac{q_2}{g}Ig(2)\approx 0.02$$

$$CI_g(3)=\frac{q_3}{g}Ig(3)\approx 0.77$$

$$CI_g(4)=\frac{q_4}{g}Ig(4)\approx 0.64$$

$$CI_g(5)=\frac{q_5}{g}Ig(5)\approx 0.28$$

这样，就得到一个按临界重要系数的大小排列的各基本顺序：

$$CI_g(3)>CI_g(4)>CI_g(1)>CI_g(5)>CI_g(2)$$

与概率重要度分析相比，基本事件 X_1 的重要性下降了，这是因为它的发生概率最低。基本事件 X_3 的重要性提高了，这不仅是因为它的敏感度大，而且它本身的概率值也比 X_1 大。

二、评估实例分析

例 1：近几年来，城市大中型商业建筑火灾事故频繁发生，造成巨大的人员伤亡和财产损失。为避免商业建筑特大火灾的发生，抓住初期的灭火时机至关重要。

商业建筑特大火灾的发生，是由于自动喷水灭火系统失效（概率为 0.1）和人员灭火失败共同造成的。人员灭火失败可能是由于发现火灾滞后或是消防器材失效引起的。消防器材失效主要因手动灭火器失效（概率为 0.005）和消防栓失效造成（概率为 0.05）。发现火灾滞后是由于火灾自动报警系统失效（概率为 0.05）和人员发现火灾滞后所致。人员发现火灾滞后是因为商业建筑内无值班人员（概率为 0.03），或者是值班人员的失职（概率为 0.05）和起火位置隐蔽（概率为 0.002）等原因造成。

①选取商业建筑特大火灾事故作为顶上事件，绘制事故树图；

②用布尔代数化简法计算该事故树的最小割集和最小径集；

③计算特大火灾事故发生的概率；

④对该事故树的基本事件进行结构重要度、概率重要度、临界重要度分析。

（1）选取商业建筑特大火灾事故作为顶上事件，画出的城市大中型商业建筑特大火灾的故障树，如图 4-9 所示。

（2）用布尔代数化简法计算该故障树的最小割集、最小径集。

1）计算最小割集。

$$\begin{aligned} T &= X_1 \cdot A_1 \\ &= X_1 \cdot (A_2+A_3) \\ &= X_1 \cdot (X_2 \cdot A_4+X_6 X_7) \\ &= X_1 \cdot [X_2(X_3+X_4+X_5)+X_6 X_7] \\ &= X_1 X_2 X_3+X_1 X_2 X_4+X_1 X_2 X_5+X_1 X_6 X_7 \end{aligned}$$

得到 4 组最小割集：$\{X_1, X_2, X_3\}$、$\{X_1, X_2, X_4\}$、$\{X_1, X_2, X_5\}$、$\{X_1, X_6, X_7\}$。

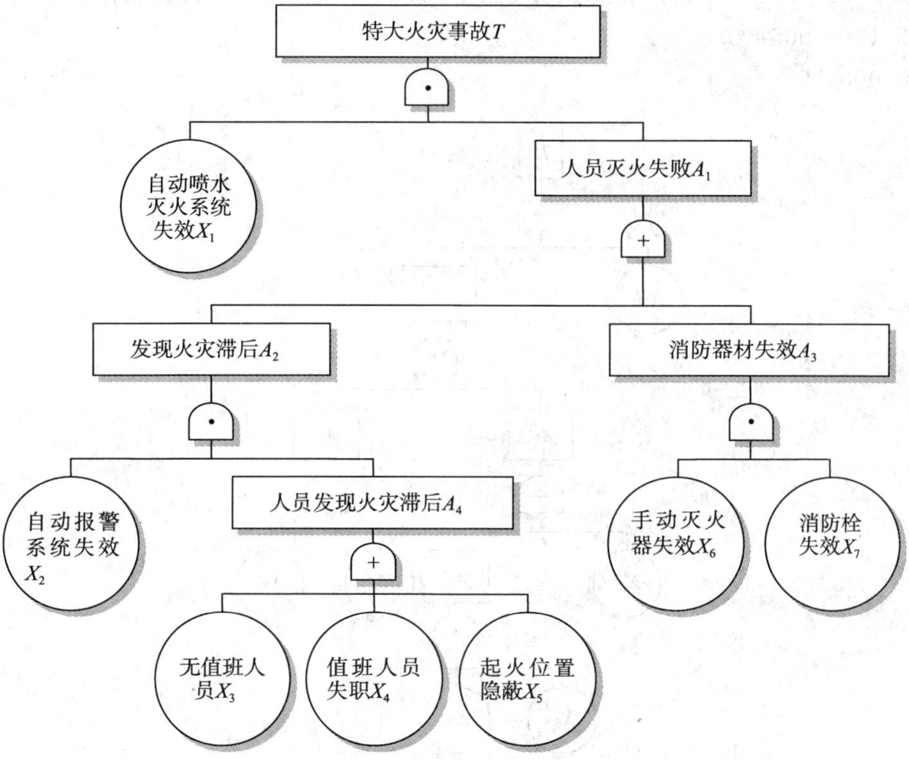

图 4-9　城市大中型商业建筑特大火灾的故障树

2）计算最小径集。

做与故障树对偶的成功树，见图 4-10。

$T'=X_1'+A_1'$

$=X_1'+(A_2'\cdot A_3')$

$=X_1'+[(X_2'+A_4')(X_6'+X_7')]$

$=X_1'+[X_2'+(X_3'X_4'X_5')]\cdot(X_6'+X_7')$

$=X_1'+X_2'X_6'+X_2'X_7'+X_3'X_4'X_5'X_6'+X_3'X_4'X_5'X_7'$

得到 5 组最小径集：

$\{X_1\}$、$\{X_2, X_6\}$、$\{X_2, X_7\}$、$\{X_3, X_4, X_5, X_6\}$、$\{X_3, X_4, X_5, X_7\}$。

（3）各基本事件发生的概率为 $q_1=0.1$，$q_2=0.05$，$q_3=0.03$，$q_4=0.05$，$q_5=0.002$，$q_6=0.005$，$q_7=0.05$。

1）采用首项近似法，计算顶上事件发生的概率

$Q\approx F_1=q_1q_2q_3+q_1q_2q_4+q_1q_2q_5+q_1q_6q_7$

$=0.1\times0.05\times0.03+0.1\times0.05\times0.05+0.1\times0.05\times0.002+0.1\times0.005\times0.05$

$=0.000435$

2）最小割集法

$Q=1-(1-q_1q_2q_3)(1-q_1q_2q_4)(1-q_1q_2q_5)(1-q_1q_6q_7)$

=1－（1－0.1×0.05×0.03）（1－0.1×0.05×0.05）（1－0.1×0.05×0.002）（1－0.1×0.005×0.05）

=0.000435

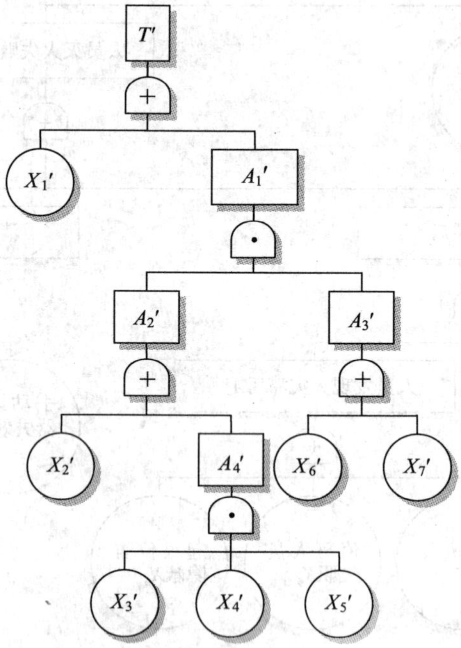

图 4-10 城市大中型商业建筑特大火灾的成功树

（4）对该故障树的基本事件进行结构重要度、概率重要度、临界重要度分析。

1）结构重要度

由：
$$I_\varphi(i)=\sum_{i=1}^{n}K_i\left(\frac{1}{2}\right)^{(n-1)}$$

得：

$$I_\varphi(1)=\left(\frac{1}{2}\right)^{(3-1)}+\left(\frac{1}{2}\right)^{(3-1)}+\left(\frac{1}{2}\right)^{(3-1)}+\left(\frac{1}{2}\right)^{(3-1)}=1$$

$$I_\varphi(2)=\left(\frac{1}{2}\right)^{(3-1)}+\left(\frac{1}{2}\right)^{(3-1)}+\left(\frac{1}{2}\right)^{(3-1)}=\frac{3}{4}$$

$$I_\varphi(3)=I_\varphi(4)=I_\varphi(5)=I_\varphi(6)=I_\varphi(7)=\left(\frac{1}{2}\right)^{(3-1)}=\frac{1}{4}$$

所以，各基本事件结构重要度顺序为：

$I_\varphi(1)>I_\varphi(2)>I_\varphi(3)=I_\varphi(4)=I_\varphi(5)=I_\varphi(6)=I_\varphi(7)$

2）概率重要度

由：
$$I_g(i)=\frac{\partial Q}{\partial q_i}$$

得：

$$I_g(1)=\frac{\partial Q}{\partial q_1}=q_2q_3+q_2q_4+q_2q_5+q_6q_7=0.00435$$

$$I_g(2)=\frac{\partial Q}{\partial q_2}=q_1q_3+q_1q_4+q_1q_5=0.00435=0.0082$$

$$I_g(3)=\frac{\partial Q}{\partial q_3}=q_1q_2=0.005$$

$$I_g(4)=\frac{\partial Q}{\partial q_4}=q_1q_2=0.005$$

$$I_g(5)=\frac{\partial Q}{\partial q_5}=q_1q_2=0.005$$

$$I_g(6)=\frac{\partial Q}{\partial q_6}=q_1q_7=0.005$$

$$I_g(7)=\frac{\partial Q}{\partial q_7}=q_1q_6=0.0005$$

所以，各基本事件概率重要度顺序为：

$I_g(2)>I_g(3)=I_g(4)=I_g(5)=I_g(6)>I_g(1)>I_g(7)$

3）临界重要度

由：
$$CI_g(i)=\frac{q_i}{Q}I_g(i)$$

$$CI_g(1)=\frac{q_1}{Q}I_g(1)=\frac{0.1}{0.000435}\times0.00435=1$$

$$CI_g(2)=\frac{q_2}{Q}I_g(2)=\frac{0.05}{0.000435}\times0.0082=0.94$$

$$CI_g(3)=\frac{q_3}{Q}I_g(3)=\frac{0.03}{0.000435}\times0.005=0.34$$

$$CI_g(4)=\frac{q_4}{Q}I_g(4)=\frac{0.05}{0.000435}\times0.005=0.57$$

$$CI_g(5)=\frac{q_5}{Q}I_g(5)=\frac{0.002}{0.000435}\times0.005=0.23$$

$$CI_g(6)=\frac{q_6}{Q}I_g(6)=\frac{0.005}{0.000435}\times0.005=0.057$$

$$CI_g(7)=\frac{q_7}{Q}I_g(7)=\frac{0.05}{0.000435}\times0.0005=0.057$$

所以，各基本事件临界重要度顺序为：

$CI_g(1)>CI_g(2)>CI_g(4)>CI_g(3)>CI_g(5)>CI_g(6)=CI_g(7)$

例 2：为节约能源，解决全厂生产、采暖用蒸汽的需要，本工程拟自建锅炉房 1 座，设计选用 2 台 220 t/h 循环流化床蒸汽锅炉和共用 1 台甲醇项目锅炉。蒸汽锅炉作为一种在高温高压下运行的承压设备，一旦发生事故，特别是爆炸事故，将会造成非常严重的人员伤亡、财产损失及环境破坏，所以其是否安全运行对于整个生产系统起着至关重要的作用。造成蒸汽锅炉爆炸的原因很多，但最为典型的就是其超压爆炸。

请用事故树分析方法对该建设项目蒸汽锅炉超压爆炸进行分析，计算蒸汽锅炉超压爆炸事故的发生概率。

分析程序如下：

（1）确定顶上事件：锅炉超压。

（2）编制锅炉超压事故树，如图 4-11 所示。

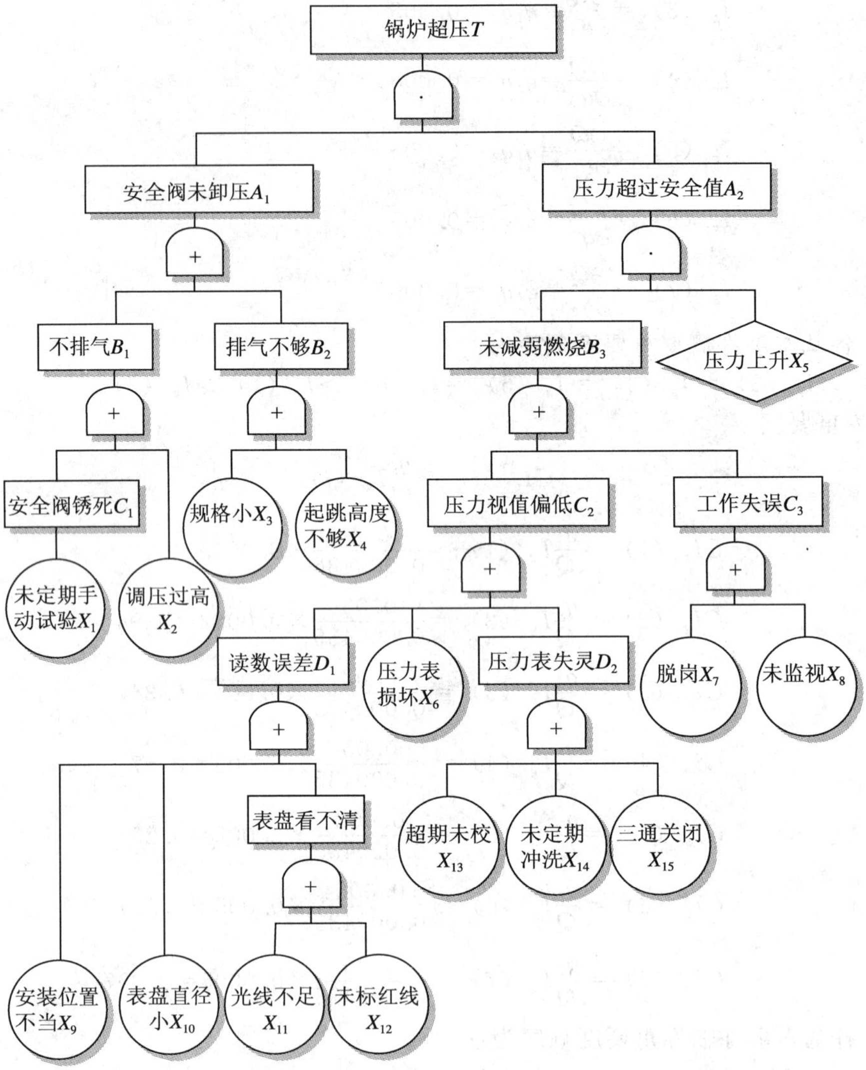

图 4-11 锅炉超压事故树

(3) 定性分析(从最小径集分析)。

1) 锅炉超压成功树如图 4-12 所示。

$$
\begin{aligned}
T' &= A_1' + A_2' \\
&= X_1' \times X_2' \times X_3' \times X_4' + B_3' + X_5' \\
&= X_1' \times X_2' \times X_3' \times X_4' + C_2' \times C_3' + X_5' \\
&= X_1' \times X_2' \times X_3' \times X_4' + D_1' \times D_2' \times X_6' \times X_7' \times X_8' + X_5' \\
&= X_1' \times X_2' \times X_3' \times X_4' + X_6' \times X_7' \times X_8' \times X_9' \times X_{10}' \times X_{11}' \times X_{12}' \times X_{13}' \times X_{14}' \times \\
&\quad X_{15}' + X_5'
\end{aligned}
$$

得出锅炉超压事故树的最小径集为:

$$P_1 = \{X_5\}$$

$$P_2 = \{X_1, X_2, X_3, X_4\}$$

$$P_3 = \{X_6, X_7, X_8, X_9, X_{10}, X_{11}, X_{12}, X_{13}, X_{14}, X_{15}\}$$

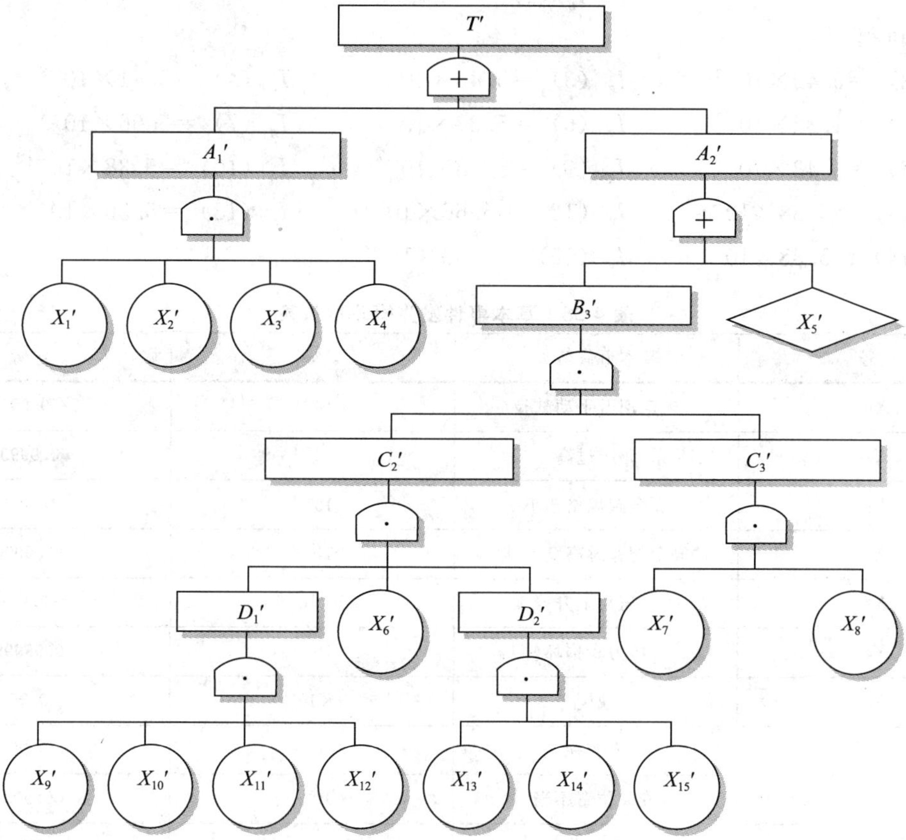

图 4-12　锅炉超压成功树

2）结构重要度分析

由于 3 个最小径集中均不含共同元素，所以得到：

$I_\varphi(5) > I_\varphi(1) = I_\varphi(2) = I_\varphi(3) = I_\varphi(4) > I_\varphi(6) = I_\varphi(7) = I_\varphi(8) = I_\varphi(9) = I_\varphi(10) = I_\varphi(11) = I_\varphi(12) = I_\varphi(13) = I_\varphi(14) = I_\varphi(15)$

(4) 定量分析。

1）锅炉超压事故发生概率

$$P(T) = [1-(1-q_5)][1-(1-q_1)(1-q_2)(1-q_3)(1-q_4)][1-(1-q_6)(1-q_7)(1-q_8)(1-q_9)(1-q_{10})(1-q_{11})(1-q_{12})(1-q_{13})(1-q_{14})(1-q_{15})]$$

将表 4-58 所列各基本事件发生概率数值代入，得：

$P(T) = 6.62\times10^{-5}$

2）概率重要度系数

$$I_g(1) = \frac{\partial P(T)}{\partial q_1} = [1-(1-q_5)][1-(1-q_2)(1-q_3)(1-q_4)][1-(1-q_6)(1-q_7)(1-q_8)(1-q_9)(1-q_{10})(1-q_{11})(1-q_{12})(1-q_{13})(1-q_{14})(1-q_{15})]$$

将表 4-58 所列各基本事件发生概率数值代入，得：

$$I_g\ (1) = 5.46\times10^{-5}$$

同理可得：

I_g（2）$=5.40\times10^{-3}$　I_g（3）$=5.46\times10^{-3}$　I_g（4）$=5.41\times10^{-3}$

I_g（5）$=1.32\times10^{-3}$　I_g（6）$=5.38\times10^{-4}$　I_g（7）$=5.66\times10^{-4}$

I_g（8）$=5.43\times10^{-4}$　I_g（9）$=5.38\times10^{-4}$　I_g（10）$=5.38\times10^{-4}$

I_g（11）$=5.38\times10^{-4}$　I_g（12）$=5.66\times10^{-4}$　I_g（13）$=5.38\times10^{-4}$

I_g（14）$=5.38\times10^{-4}$　I_g（15）$=5.38\times10^{-4}$

表 4-58　基本事件发生概率取值表

代号	基本事件名称	q_i	$1-q_i$
X_1	未定期做手动试验	10^{-2}	0.99
X_2	调压过高	10^{-4}	0.9999
X_3	安全阀规格选小	10^{-3}	0.999
X_4	安全阀起跳高度不够	10^{-3}	0.999
X_5	压力上升	5×10^{-2}	0.95
X_6	压力表损坏	10^{-5}	0.99999
X_7	脱岗	5×10^{-2}	0.95
X_8	未监视	10^{-2}	0.99
X_9	安装位置不当	10^{-3}	0.999
X_{10}	表盘直径小	10^{-4}	0.9999
X_{11}	光线不足	10^{-3}	0.999
X_{12}	未标红线显示	5×10^{-2}	0.95
X_{13}	超期未校（压力表）	10^{-6}	0.999999
X_{14}	未定期冲洗	10^{-3}	0.999
X_{15}	三通关闭	10^{-4}	0.9999

3）临界重要度系数

$$I_c\ (1) = \frac{q_1}{P\ (T)} I_g\ (1) = 0.83$$

同理可得：

I_c（2）$= 8.17\times10^{-3}$　I_c（3）$= 8.18\times10^{-3}$　I_c（4）$= 8.18\times10^{-3}$

I_c（5）$= 0.998$　I_c（6）$= 8.14\times10^{-5}$　I_c（7）$= 0.428$

I_c（8）$= 8.12\times10^{-2}$　I_c（9）$= 8.14\times10^{-3}$　I_c（10）$= 8.14\times10^{-4}$

I_c（11）$= 8.14\times10^{-3}$　I_c（12）$= 0.428$　I_c（13）$= 8.14\times10^{-6}$

I_c（14）$= 8.14\times10^{-3}$　I_c（15）$= 8.14\times10^{-4}$

由此可得临界重要度顺序为：

I_c（5）$>I_c$（1）$>I_c$（7）$=I_c$（12）$>I_c$（8）$>I_c$（3）$=I_c$（4）$>I_c$（2）$>I_c$（9）

$=I_c$（11）$=I_c$（14）$>I_c$（10）$=I_c$（15）$>I_c$（6）$>I_c$（13）

通过对锅炉超压事故树的定量分析，找出了锅炉超压事故的主要发生原因，在 15 个基本事件中，压力上升（X_5）是最主要原因；其次是安全阀没有定期进行手动试验因而无法避免安全阀锈蚀后卡住；再次就是操作人员脱岗和未严密监视压力表。

第五章

重大危险源控制与安全监管

安全监督管理部门应建立重大危险源分级监督管理体系，建立重大危险源宏观监控信息网络，实施重大危险源的宏观监控与管理，最终建立和健全重大危险源的管理制度和监督管理要求。生产经营单位应对重大危险源建立实时的监控预警系统。应用系统论、控制论、信息论的原理和方法，密切结合自动检测与传感器技术、计算机仿真、计算机通信等现代高新技术，对危险源对象的安全状况进行实时监控，严密监视那些可能使危险源对象的安全状态向事故临界状态转化的各种参数的变化趋势，及时给出预警信息或应急控制指令，把事故隐患消灭在萌芽状态。同时，应建立健全重大危险源各项管理制度，按照法律法规规定对重大危险源实施有效监督管理和控制，有效降低重大危险源发生事故的概率，降低工业生产活动中的人员死亡及重大财产损失。

第一节　重大危险源的监控预警

一、重大危险源宏观监控系统

1. 宏观监控的主要思路

在对重大危险源进行普查、分级，并制定有关重大危险源监督管理法规的基础上，明确存在重大危险源的企业对于危险源的管理责任、管理要求（包括组织制度、报告制度、监控管理制度及措施、隐患整改方案、应急措施方案等），促使企业建立重大危险源控制机制，确保安全。

安全生产监督管理部门依据有关法规对存在重大危险源的企业实施分级管理，针对不同级别的企业确定规范的现场监督方法，督促企业执行有关法规，建立监控机制，并督促隐患整改。建立健全新建、改建企业重大危险源申报、分级制度，使重大危险源管理规范化、制度化。同时与技术中介组织配合，根据企业的行业、规模等具体情况提供监控的管理及技术指导。在各地开展工作的基础上，逐步建立全国范围内的重大危险源信息系统，以便各级安全生产监督管理部门及时了解、掌握重大危险源状况，从而建立企业负责、安全生产监督管理部门监督的重大危险源监控体系。

重大危险源的安全监督管理工作主要由区县一级安全部门进行。信息网络建成之后，市级安全部门可以通过网络针对一、二级危险源的情况和监察信息进行了解，有重点地进行现场监察；国家安全监督管理部门可以通过网络对各城市的一级危险源的监察情况进行监督。

2. 宏观监控系统的设计思想

各城市应建立重大危险源信息管理系统。该系统包括各企业重大危险源的普查分类申报信息、危险源分级评估信息、企业对重大危险源管理情况信息及事故应急救援预案，以及安全监督管理部门对重大危险源的监察记录等信息，有条件的城市可建立以地理信息系统为基础的重大危险源信息管理系统，使重大危险源的分布情况更加直观。该系统可以把安全监督管理部门对重大危险源监控管理工作提高到一个新的档次，直接通过计算机实现对各企业重大危险源监控工作的监督管理及跟踪企业重大危险源的分布变化情况，使安全监督管理部门的管理工作从直观性到实时性都有很大的提高，为安全监督管理部门更好的服务。

为了便于信息的传递和更新，各城市应建立各区县安全监督管理部门与市安全监督管理部门的信息网络系统，以拨号连接方式建立网络，定期进行数据的更新。

设立国家重大危险源监控中心，建立以地理信息系统为基础的重大危险源监控总系统，并搜集各城市重大危险源的分布管理情况，对已经建立地理信息系统的城市可以将城市重大危险源的分布、状况信息和管理情况直接在总系统的电子地图上显示出来，为国家安全监督管理部门决策服务之用。待条件成熟之后，可以把重大危险源监控总系统、各城市的监控子系统以及企业的计算机监控系统通过网络相连。

3. 宏观监控系统网络设计方案

各子系统要求采集城市所辖的重大危险源信息，在各城市的地理信息系统（电子地图）上进行危险源信息的统计、报表以及多媒体信息显示，并将危险源信息和监察企业执行重大危险源安全管理有关规定的情况及时发送给监控总系统。

监控总系统要求能上国际互联网（Internet)，建立自己的网络主页（Home Page)，以便子系统和其他授权用户可以在网上访问总系统的主页，子系统将危险源信息和监察企业执行重大危险源安全管理有关规定的情况通过 Internet 及时发送给监控总系统。

重大危险源宏观监控系统的网络组成结构框图如图 5-1 所示。

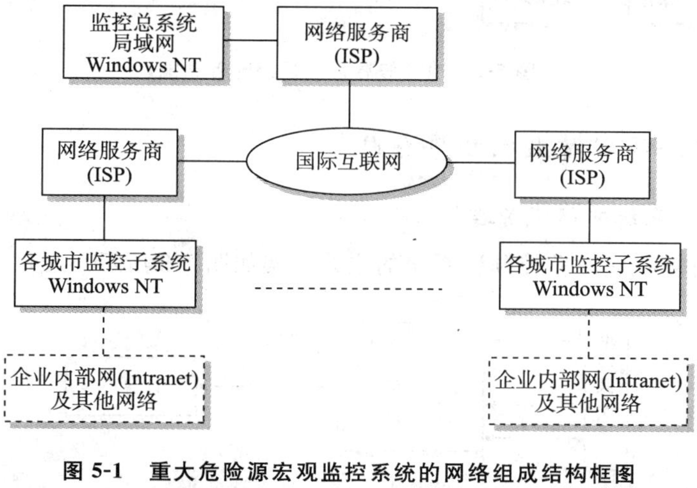

图 5-1 重大危险源宏观监控系统的网络组成结构框图

4. 城市重大危险源信息管理系统

城市重大危险源信息管理系统集计算机数据管理、多媒体、地理信息系统于一身，能够为领导和有关部门及时、直观、形象地提供重大危险源信息，以及发生事故后的抢险、救援信息，有利于有关领导及时、准确地决策，最大限度地减少发生重大事故的可能性及事故后造成的各项损失。城市重大危险源信息管理系统为城市重大危险源的管理工作，在综合采用现代技术和科技新成果，提高此项工作的现代化水平方面探索了一条新路子。目前，北京、青岛等城市已在此方面做出了有益的尝试。

系统的目标主要包括：

①重大危险源信息（包括多媒体及地理信息）的管理；

②重大危险源危险程度评估的计算机辅助分析；

③重大危险源事故应急救援预案的形象表述；

④为政府部门宏观管理和政府决策提供准确、全面、形象的信息、依据和手段，提高政府部门安全生产管理水平，促进重大事故隐患及重大危险源管理的规范化和科学化。

图 5-2 说明了系统的各功能。

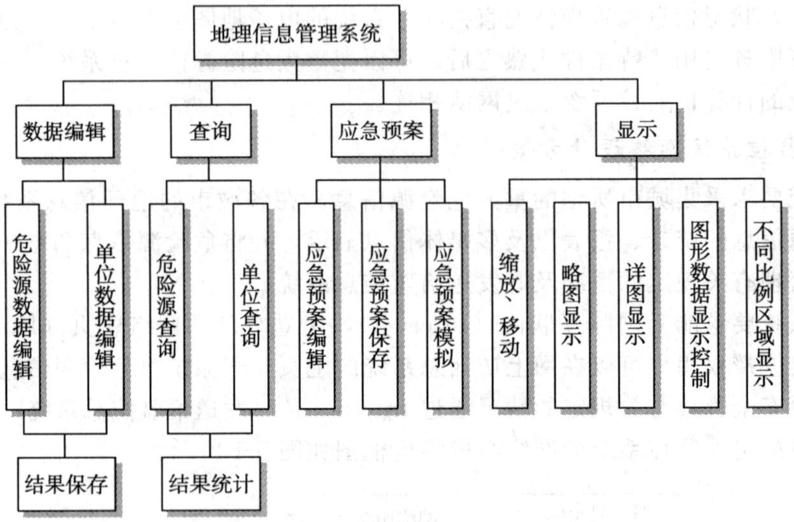

图 5-2 地理信息管理系统的各功能

二、重大危险源实时监控预警系统

1. 计算机控制系统的组成原理

重大危险源计算机实时监控预警系统的主体框架如图 5-3 所示。

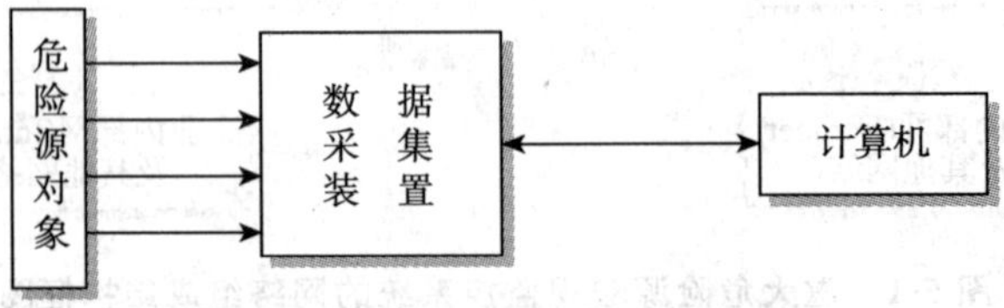

图 5-3 重大危险源监控预警系统框架

其中危险源对象是指工业生产过程中所需的以及各种生产场所拥有的设施或设备，如罐区、库区、生产场所等对象。这些对象有各种易燃、易爆、毒性等危险物质，对安全生产和人身安全构成了极大的威胁。它们的特性参数是重大危险源监控预警系统所要关注的主要参数，将这些参数进行数据采集，转换成计算机所能识别的信号，用计算机对重大危险源进行检测、监视、预警和控制，可以预防重大事故的发生，实现安全生产的目的。

要达到重大危险源的计算机自动检测和自动控制的目的，还应将主计算机所计算出的结果动态反馈到危险源对象上去，由执行机构对危险源对象的各种参数进行控制，使之运行在安全范围以内。计算机控制系统的典型结构如图 5-4 所示。

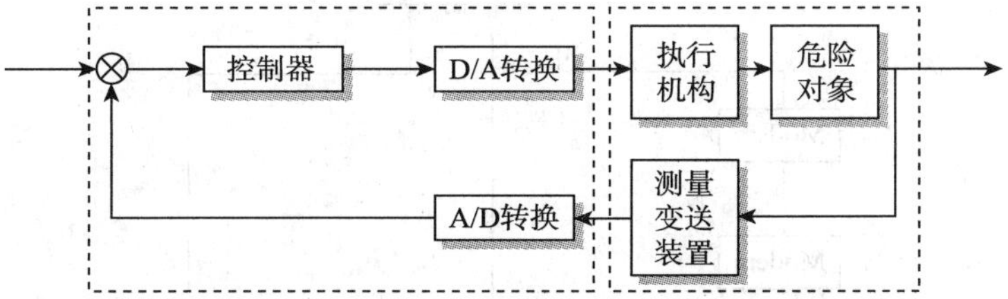

图 5-4　计算机控制系统的典型结构

众所周知，表征工业生产过程特性的物理参数（危险源对象）大部分是模拟信号，或者是开关量信号，而计算机采用的是数字信号。为此，两者之间必须采用模/数转换器（A/D）和数/模转换器（D/A），以实现这两种信号之间的互相转换。尽管各种工业生产过程、危险源对象多种多样，但对其实施控制的计算机却大同小异，该计算机主要由硬件和软件两部分组成。

2. 危险源数据采集与计算机巡回检测系统数据采集系统

应用系统安全工程的理论、观点和方法，结合过程控制、自动检测、传感器、计算机仿真、数据传输和网络信息等理论与实践技术，构成易燃、易爆、有毒重大危险源监控预警系统。

首先从危险源数据采集系统开始，分析哪些因素是造成事故的原因，找到需要采集的危险源对象和参数。

将标准信号通过数据采集装置，转换成计算机能够识别的数字信号，用于控制或预警系统的后处理。

数据采集装置可以是数据采集卡、单片机或 PLC，往往可以同时采集多路标准信号。如果需采集的标准信号很多，也可以选用多个数据采集装置。

有的系统需要采用数据采集装置所采集来的数据，而且可能与数据采集装置相距很远，因而需要采用远距离通信技术将数据采集装置采集的数字信号传送到较远的监控计算机上。必要的时候，还要采用网络技术，将其连成局域网。整个数据采集系统采取分布式层级结构，其结构框图如图 5-5 所示。

3. 计算机监控预警系统

重大危险源对象大多数时间运行在安全状况下。监控预警系统的目的主要是监视其正常情况下危险源对象的运行情况及状态，并对其实时和历史趋势作一个整体评判，对系统的下一时刻做出一种超前（或提前）的预警行为。因而在正常工况下和非正常工况下应该有对危险源对象及参数的记录显示、报表等功能。

(1) 正常运行阶段。正常工况下运行危险源模拟流程，进行主要参数（温度、压力、浓度、油/水界面、泄漏检测传感器输出等）的数据显示、报表统计、超限报警，并根据临界状态判据自动判断是否转入应急控制程序。

（2）事故临界状态。被实时监测的危险源对象的各种参数超出正常值的界限，向事故生成方向转化，如不采取应急控制措施就会引发火灾、爆炸及重大毒物泄漏事故。

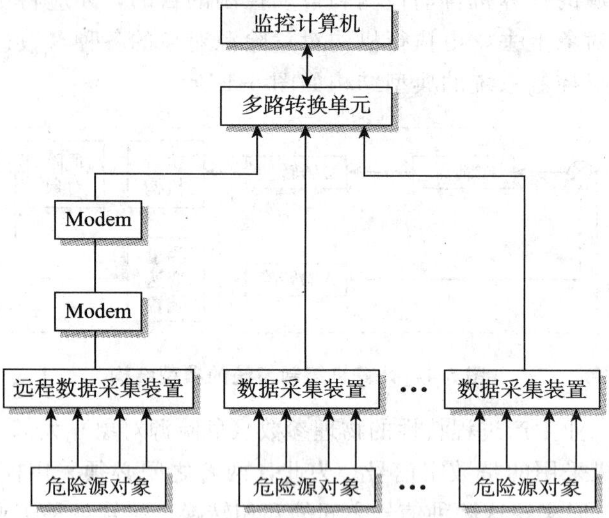

图 5-5 数据采集系统结构框图

在这种状态下，监控系统一方面给出声、光或语言报警信息，由应急决策显示排除故障系统的操作步骤，指导操作人员正确、迅速恢复正常工况，同时发出应急控制指令（例如，条件具备时可自动开启喷淋装置使危险源对象降温，自动开启泄压阀降压，关闭进料阀制止液位上升等）；或者当可燃气体传感器检测到危险源对象周围空气中的可燃气体浓度达到阈值时，监控预警系统将及时报警，同时还能根据检测的可燃气体的浓度及气象参数（风速、风向、气温、气压、温度等）传感器的输出信息，快速绘制出混合气云团在电子地图上的覆盖区域、浓度预测值，以便采取相应的措施，防止火灾、毒物的进一步扩大。

（3）事故初始阶段。如果上述预防措施全部失效，或因其他原因致使危险源及周边空间已经起火，为及时控制火势以及与消防措施紧密结合，可从两个方面采取补救措施：①应用“早期火灾智能探测与空间定位系统”及时报告火灾发生的准确位置，以便迅速扑救；②自动启动应急控制系统，将事故抑制在萌芽状态。

第二节 重大危险源的安全管理与监督

建立与我国发展水平相匹配的重大危险源监管体系，是我国预防重特大公共安全事故的必要手段。如果依据国内外已有的重大危险源辨识技术和标准，对我国企业的危险源进行辨识，会发现我国企业中的重大危险源数量很多，事故频发，大部分事故都是由于重大危险源监督管理不到位引起的，因此，必须建立以企业为主体、政府监督与社会协作相结合的重大危险源分级监管体系。在对重大危险源进行申报和评价后，企业应对每一个重大危险源制订出一套严格的安全管理制度，通过技术措施和组织措施对重大危险源进行严格控制和管理。

新的危险化学品重大危险源标准（GB 18218—2009）出台后，国家安全生产监督管理部门将颁布实施《重大危险源监督管理规定》，对政府和企业如何对重大危险源监督和管理提出了法定要求，为有效预防和控制重大危险源工业事故奠定了良好的基础。

一、基本任务和要求

重大危险源控制管理是一项系统工程，主要任务是对重大危险源的普查辨识登记，进行检测评估，实施监控防范，对有缺陷和存在事故隐患的危险源实施治理。通过对重大危险源的控制管理，使企业强化内部管理，落实措施，自主安保，实现重大危险源监督管理工作的科学化、制度化和规范化。

重大危险源监督管理的基本要求就是要做到“四有”：心中有数（建立申报登记信息系统），监管有方（建立实时监控系统），规范有序（法规和制度保障），措施有力（安全检查与隐患整改，建立应急救援系统）。

二、监督管理的职责

1. 监管原则

采取属地管理，分级负责的监管原则。

（1）国家安全生产监督管理部门负责一级重大危险源的预警管理；

（2）省级地方人民政府负有安全生产监督管理职能的部门负责一级和二级重大危险源的预警管理；

（3）设区的市级地方人民政府负有安全生产监督管理职能的部门负责二级和三级重大危险源的预警管理；

（4）县级地方人民政府负有安全生产监督管理职能的部门负责三级和四级重大危险源的预警管理。

（5）重大危险源的日常监督管理依法由所在地的县级地方人民政府负有安全生产监督管理职能的部门负责监督管理。

（6）企业做好日常的管理工作，并纪录在案。

2. 企业的职责

（1）辨识和确认重大危险源，定期向政府有关部门上报、登记、备案重大危险源信息。建立重大危险源运行管理档案，对运行情况进行全程监控。生产经营单位应当至少每半年向安全生产监督管理部门和其他有关部门报告重大危险源监控措施的实施情况。

（2）定期对重大危险源进行安全评价和安全检测、检验，确定事故发生概率和后果，实施事故预防措施和减轻事故后果的对策措施。

（3）完善组织管理措施，建立健全本单位重大危险源安全管理规章制度，落实重大危险源安全管理和监控责任，制定重大危险源安全管理与监控的实施方案。针对每一个重大危险源制订一套安全管理制度，进行严格的管理控制，包括：安全操作规程、安全维护和监控制度、安全检查和检测制度、员工安全培训制度等。

（4）对从业人员进行安全教育和技术培训，使其掌握本岗位的安全操作技能和紧急情况下应当采取的应急措施。

（5）对重大危险安全状况进行定期检查，对存在事故隐患和缺陷的重大危险源认真进行整改，不能立即整改的，必须采取切实可行的安全措施，防止事故发生。

（6）制订和完善现场应急计划（预案），落实应急救援预案的各项措施。进行应急教育培训和每年进行一次演练，同时辅助当地政府部门制订厂外应急计划。

（7）保障安全投入，完善安全技术措施，保障安全设施设备器材有效。

（8）生产经营单位应将重大危险源可能发生事故的应急措施信息告知相关单位和人员。向公众发布企业重大危险源信息，促进公众的了解和参与。

（9）当重大危险源的生产过程、材料、工艺、设备、防护措施和环境等因素发生重大变化，或者国家有关法规、标准发生变化时，企业应当对重大危险源重新进行安全评估。

（10）贯彻执行国家、地区、行业的技术标准，推动技术进步，不断改进管理手段，提高监控管理水平，提高重大危险源的安全稳定性。

3. 政府部门的职责

（1）实施重大危险源登记备案制度，了解和掌握重大危险源的数量、分布及其状况，建立重大危险源信息管理系统，提高事故预防和预警水平。

（2）制订重大危险源管理政策（包括规划和审批、监察和执法）和应急、减灾措施。

（3）加强重大危险源的监控，建立应急救援和安全生产预警机制。

（4）对重大危险源进行监督检查。检查中发现的问题和隐患，要责令生产经营单位限期整改，隐患整改要做到“责任、措施、资金、时间、应急措施”五落实。

三、重大危险源的监督检查

1. 检查要求

（1）在监督检查中发现重大危险源存在事故隐患，应当责令生产经营单位立即排除；在隐患排除前或排除中无法保证安全的，应当责令生产经营单位从危险区域内撤离作业人员，暂时停产、停业或者停止使用；隐患排除后，经审查同意，方可恢复生产经营和使用。

（2）检查中发现有其他问题的，应当依据有关法律法规，责令限期整改；逾期未改正的，责令停产停业整顿，并处罚款。

2. 重点检查内容

（1）从业人员进行安全教育和技术培训的情况；

（2）重大危险源申报的情况；

（3）重大危险源的设备设施装置和安全设备设施装置进行经常性维护，保养和定期检测检验的情况；

（4）重大危险源登记建档的情况；

（5）重大危险源安全评估的情况；

（6）重大危险源监控的情况；

（7）重大危险源现场安全警示标志的设置情况；

（8）构成重大事故隐患整改的情况；

（9）应急救援预案和演练情况；

（10）应急救援组织建设和人员配备情况；

（11）应急救援设备设施器材配备情况和维护保养情况；
（12）重大危险源管理制度建设情况和日常管理情况。

四、企业应建立的重大危险源管理制度

生产经营单位在重大危险源管理工作中主要有12个方面的工作制度：
（1）重大危险源安全管理与监控的实施方案（计划）；
（2）重大危险源安全管理领导和岗位安全生产的责任制；
（3）重大危险源的检测检验制度；
（4）人员培训上岗制度；
（5）应急救援预案和演练工作制度；
（6）登记建档工作制度；
（7）隐患排查治理工作制度；
（8）配备应急救援器材、设备及维护和保养制度；
（9）重大危险源信息告知制度；
（10）信息管理制度；
（11）劳动防护用品使用管理制度；
（12）安全标志设置、使用和管理制度。

第六章

重大危险源安全评估报告的编写

一、重大危险源安全评估工作程序

（1）前期准备；
（2）危险、危害因素辨识；
（3）事故后果分析，确定危险等级；
（4）现有安全措施的确认和有效性分析；
（5）重大危险源管理安全状态的确认；
（6）存在隐患分析；
（7）提出安全对策措施及建议；
（8）监控意见；
（9）完成安全评估报告；
（10）安全评估报告审核；
（11）修改与呈送。

二、重大危险源安全评估工作程序说明

1. 前期准备

前期准备工作包括：

（1）签订安全评估技术协议，明确被评估对象和评估范围。
（2）确定工作程序和评估人员，收集相关的法律法规和技术标准。
（3）进行现场调查，并收集评估对象相关资料。

重大危险源安全评估所需主要资料见附录四。

2. 危险、危害因素辨识

危险、危害因素辨识是针对生产、经营、储存、运输、使用过程中构成重大危险源的企业、场所、设备设施的周边环境和场所特点，采用科学、合理的评估方法，识别和分析潜在的固有的危险、危害因素的过程。

包括定性评估和定量评估两部分。

3. 事故后果分析，确定危险等级

事故后果分析，确定危险等级是假定不存在安全措施或已经采取的所有安全措施失效后，模拟预测固有危险、危害因素能量泄放可能发生事故的后果分析。它是通过定性或定量

的分析，确定其危险等级，确认事故的影响区域、人员和财产损失。

事故后果分析，确定危险等级是制定重大危险源安全管理和采取必要的防护措施的重要依据。

4. 现有安全措施的确认和有效性分析

现有安全措施的确认和有效性分析是基于事故后果分析、确认危险等级的前提下，分析已经采取的所有安全措施的功能和有效性的过程，要求分析确认这些措施能否达到将风险控制在可以接受的水平。

5. 重大危险源管理安全状态的确认

重大危险源管理安全状态的确认是在事故后果分析、确认危险等级以及对现有安全措施的确认和有效性分析后所作出的结论性意见，它是下一步进行存在隐患分析和提出安全对策措施及监控意见的依据。

6. 存在隐患分析

存在隐患分析是基于对现有安全措施的有效性分析，对缺少或无效安全措施可能产生事故隐患的后果分析，并由此指出影响重大危险源安全管理的重大隐患的过程，包括确定将风险控制在可以接受的水平必须消除的事故隐患名录。

7. 提出安全对策措施及建议

安全对策措施是基于存在隐患分析，归纳整理出将风险控制在可以接受的水平必须消除的事故隐患的名录，有针对性地提出相应的安全对策措施的过程。所提出的对策措施应有针对性和可操作性。

8. 监控意见

监控意见是基于对评估对象的危险危害因素辨识、事故后果分析、重大危险源管理安全状态的确认、存在隐患分析、现有安全措施的有效性分析以及提出的安全对策措施提出的一套科学可行的监控方案。

监控意见应明确指出重大危险源评估对象在评估时效内当前的安全状态，提出安全可接受程度的意见，不承担评估后因设施、规模、环境变化所产生的变化而造成的后果。

9. 完成安全评估报告

安全评估机构完成安全评估报告前，应与重大危险源所在单位作认真的交流，并及时通报需要立即整改的重大隐患和监控意见。

重大危险源所在单位应当及时对确认的事故隐患，编制事故隐患整改方案和实施计划，并按监控意见对重大危险源实施监控。

安全评估机构在完成安全评估报告后，应按合同要求提供所需报告文本数量。重大危险源所在单位接到报告后，应将安全评估报告和事故隐患整改方案及实施计划一同按管理权限逐级上报政府安全生产监管部门备案。

对于评估确认构成重大隐患的重大危险源，政府安全生产监管部门可根据管理权限，下达整改通知书等指令性文件，并逐级上报、备案。

10. 分歧

重大危险源所在单位与安全评估机构在安全评估报告中提出的意见、对策措施、监控意见等存在分歧时，应经过协商、论证程序协调解决。

分歧确实不能解决时，重大危险源所在单位可将自己的意见连同安全评估报告一并报政府安全生产监管部门仲裁。安全生产监管部门认为必要时可组织专家论证。

11. 责任

重大危险源所在单位对所提供的技术文件和内容负责。

安全评估机构应对所提供的安全评估报告在有效时间内负责，但不承担评估后因设施、规模、环境变化所产生的责任。

双方都对对方出具的资料或报告负有保密责任。

因出具虚假数据资料或出具虚假报告酿成事故及发生泄密事件的，将根据情节依法追究法律责任。

政府安全生产监管部门和其他有关部门在各自职责范围内负有监督管理责任。

附录一

危险化学品重大危险源辨识（GB 18218—2009）

代替 GB 18218—2000

2009-03-31 发布，2009-12-21 实施。

中华人民共和国国家质量监督检验检疫总局、中国国家标准化管理委员会　发布

前　言

本标准的全部技术内容为强制性的。

本标准代替 GB 18218—2000《重大危险源辨识》。

本标准与 GB 18218—2000 相比主要变化如下：

——将标准名称改为《危险化学品重大危险源辨识》；

——将采矿业中涉及危险化学品的加工工艺和储存活动纳入了适用范围；

——不适用范围增加了海上石油天然气开采活动；

——对部分术语和定义进行了修订；

——对危险化学品的范围进行了修订；

——对危险化学品的临界量进行了修订；

——取消了生产场所与储存区之间临界量的区别。

本标准由国家安全生产监督管理总局提出。

本标准由全国安全生产标准化技术委员会化学品安全标准化分技术委员会(TC 288/SC 3) 归口。

本标准负责起草单位：中国安全生产科学研究院。

本单位参加起草单位：中石化青岛安全工程研究院。

本标准主要起草人：吴宗之、魏利军、刘骥、多英全、师立晨、高进东、孙猛、于立见、张海峰、杨春笋、彭湘潍。

本标准于 2000 年首次发布，本次修订为第一次修订。

危险化学品重大危险源辨识

1　范围

本标准规定了辨识危险化学品重大危险源的依据和方法。

本标准适用于危险化学品的生产、使用、储存和经营等各企业或组织。

本标准不适用于：

a）核设施和加工放射性物质的工厂，但这些设施和工厂中处理非放射性物质的部门除外；

b）军事设施；

c）采矿业，但涉及危险化学品的加工工艺及储存活动除外；

d）危险化学品的运输；

e）海上石油天然气开采活动。

2 规范性引用文件

下列文件中的条款通过本标准的引用而成为本标准的条款。凡是注日期的引用文件，其随后所有的修改单（不包括勘误的内容）或修订版均不适用于本标准，然而，鼓励根据本标准达成协议的各方研究是否可使用这些文件的最新版本。凡是不注日期的引用文件，其最新版本适用于本标准。

GB 12268 危险货物品名表

GB 20592 化学品分类、警示标签和警示性说明安全规范 急性毒性

3 术语和定义

下列术语和定义适用于本标准。

3.1 危险化学品（dangerous chemicals）

具有易燃、易爆、有毒、有害等特性，会对人员、设施、环境造成伤害或损害的化学品。

3.2 单元（unit）

一个（套）生产装置、设施或场所，或同属一个生产经营单位的且边缘距离小于500 m的几个（套）生产装置、设施或场所。

3.3 临界量（threshold quantity）

对于某种或某类危险化学品规定的数量，若单元中的危险化学品数量等于或超过该数量，则该单元定为重大危险源。

3.4 危险化学品重大危险源（major hazard installations for dangerous chemicals）

长期地或临时地生产、加工、使用或储存危险化学品，且危险化学品的数量等于或超过临界量的单元。

4 危险化学品重大危险源辨识

4.1 辨识依据

4.1.1 危险化学品重大危险源的辨识依据是危险化学品的危险特性及其数量，具体见表1和表2。

4.1.2 危险化学品临界量的确定方法如下：

a）在表1范围内的危险化学品，其临界量按表1确定；

b）未在表1范围内的危险化学品，依据其危险性，按表2确定临界量；若一种危险化学品具有多种危险性，按其中最低的临界量确定。

表 1 危险化学品名称及其临界量

序号	类别	危险化学品名称和说明	临界量（t）
1	爆炸品	叠氮化钡	0.5
2		叠氮化铅	0.5
3		雷酸汞	0.5
4		三硝基苯甲醚	5
5		三硝基甲苯	5
6		硝化甘油	1
7		硝化纤维素	10
8		硝酸铵（含可燃物＞0.2%）	5
9	易燃气体	丁二烯	5
10		二甲醚	50
11		甲烷，天然气	50
12		氯乙烯	50
13		氢	5
14		液化石油气（含丙烷、丁烷及其混合物）	50
15		一甲胺	5
16		乙炔	1
17		乙烯	50
18	毒性气体	氨	10
19		二氟化氧	1
20		二氧化氮	1
21		二氧化硫	20
22		氟	1
23		光气	0.3
24		环氧乙烷	10
25		甲醛（含量＞90%）	5
26		磷化氢	1
27		硫化氢	5
28		氯化氢	20
29		氯	5
30		煤气（CO，CO 和 H_2、CH_4 的混合物等）	20
31		砷化三氢（胂）	1
32		锑化氢	1
33		硒化氢	1
34		溴甲烷	10
35	易燃液体	苯	50
36		苯乙烯	500
37		丙酮	500
38		丙烯腈	50
39		二硫化碳	50
40		环己烷	500
41		环氧丙烷	10
42		甲苯	500
43		甲醇	500
44		汽油	200
45		乙醇	500
46		乙醚	10
47		乙酸乙酯	500
48		正己烷	500
49	易于自燃的物质	黄磷	50
50		烷基铝	1
51		戊硼烷	1

续表

序号	类别	危险化学品名称和说明	临界量（t）
52	遇水放出易燃气体的物质	电石	100
53		钾	1
54		钠	10
55	氧化性物质	发烟硫酸	100
56		过氧化钾	20
57		过氧化钠	20
58		氯酸钾	100
59		氯酸钠	100
60		硝酸（发红烟的）	20
61		硝酸（发红烟的除外，含硝酸＞70%）	100
62		硝酸铵（含可燃物≤0.2%）	300
63		硝酸铵基化肥	1000
64	有机过氧化物	过氧乙酸（含量≥60%）	10
65		过氧化甲乙酮（含量≥60%）	10
66	毒性物质	丙酮合氰化氢	20
67		丙烯醛	20
68		氟化氢	1
69		环氧氯丙烷（3-氯-1，2-环氧丙烷）	20
70		环氧溴丙烷（表溴醇）	20
71		甲苯二异氰酸酯	100
72		氯化硫	1
73		氰化氢	1
74		三氧化硫	75
75		烯丙胺	20
76		溴	20
77		乙撑亚胺	20
78		异氰酸甲酯	0.75

表 2　未在表 1 中列举的危险化学品类别及其临界量

类别	危险性分类及说明	临界量（t）
爆炸品	1.1A 项爆炸品	1
	除 1.1A 项外的其他 1.1 项爆炸品	10
	除 1.1 项外的其他爆炸品	50
气体	易燃气体：危险性属于 2.1 项的气体	10
	氧化性气体：危险性属于 2.2 项非易燃无毒气体且次要危险性为 5 类的气体	200
	剧毒气体：危险性属于 2.3 项且急性毒性为类别 1 的毒性气体	5
	有毒气体：危险性属于 2.3 项的其他毒性气体	50

续表

类别	危险性分类及说明	临界量（t）
易燃液体	极易燃液体：沸点≤35 ℃且闪点<0 ℃的液体；或保存温度一直在其沸点以上的易燃液体	10
	高度易燃液体：闪点<23 ℃的液体（不包括极易燃液体）；液态退敏爆炸品	1000
	易燃液体：23 ℃≤闪点<61 ℃的液体	5000
易燃固体	危险性属于4.1项且包装为Ⅰ类的物质	200
易于自燃的物质	危险性属于4.2项且包装为Ⅰ或Ⅱ类的物质	200
遇水放出易燃气体的物质	危险性属于4.3项且包装为Ⅰ或Ⅱ的物质	200
氧化性物质	危险性属于5.1项且包装为Ⅰ类的物质	50
	危险性属于5.1项且包装为Ⅱ或Ⅲ类的物质	200
有机过氧化物	危险性属于5.2项的物质	50
毒性物质	危险性属于6.1项且急性毒性为类别1的物质	50
	危险性属于6.1项且急性毒性为类别2的物质	500
注：以上危险化学品危险性类别及包装类别依据GB 12268确定，急性毒性类别依据GB 20592确定		

4.2　重大危险源的辨识指标

单元内存在危险化学品的数量等于或超过表1、表2规定的临界量，即被定为重大危险源。单元内存在的危险化学品的数量根据处理危险化学品种类的多少区分为以下两种情况：

4.2.1　单元内存在的危险化学品为单一品种，则该危险化学品的数量即为单元内危险化学品的总量，若等于或超过相应的临界量，则定为重大危险源。

4.2.2　单元内存在的危险化学品为多品种时，则按式（1）计算，若满足式（1），则定为重大危险源：

$$\frac{q_1}{Q_1}+\frac{q_2}{Q_2}\cdots\cdots+\frac{q_n}{Q_n}\geqslant 1 \qquad (1)$$

式中：q_1，$q_2\cdots q_n$——每种危险化学品实际存在量，单位为吨（t）；

Q_1，$Q_2\cdots Q_n$——与各危险化学品相对应的临界量，单位为吨（t）。

附录二

关于开展重大危险源监督管理工作的指导意见（安监管协调字［2004］56号）

根据《安全生产法》的有关规定，为全面掌握重大危险源的数量、状况及其分布，加强对重大危险源的监督管理，有效防范重、特大事故的发生。2003年11月以来，国家安全生产监督管理局（国家煤矿安全监察局）（以下简称国家局）在河北、辽宁、江苏、浙江、福建、重庆、广西、甘肃开展了重大危险源申报登记试点工作。《国务院关于进一步加强安全生产工作的决定》下发后，各地认真贯彻落实，陆续开展了重大危险源普查登记和监控工作。为加强管理，统一标准，规范运行，现对开展重大危险源监督管理工作提出如下指导意见。

一、意义和依据

以“三个代表”重要思想为指导，全面贯彻《安全生产法》，坚持“安全第一，预防为主”的方针，坚持以人为本，树立全面、协调、可持续的科学发展观，促进经济社会和人的全面发展，坚持“关口前移”、“重心下移”，坚持“科技兴安”，努力实现安全生产工作从被动防范向源头管理转变，遏制和减少重、特大事故的发生。

《安全生产法》第三十三条规定：“生产经营单位对重大危险源应当登记建档，进行定期检测、评估、监控，并制定应急预案，告知从业人员和相关人员在紧急情况下应当采取的应急措施。生产经营单位应当按照国家有关规定将本单位重大危险源及有关安全措施、应急措施报有关地方人民政府负责安全生产监督管理的部门和有关部门备案”。《国务院关于进一步加强安全生产工作的决定》（国发［2004］2号）要求“搞好重大危险源的普查登记，加强国家、省（自治区、直辖市）、市（地）、县（市）四级重大危险源监控工作”。

二、目标和任务

重大危险源的监督管理是一项系统工程，需要合理设计，统筹规划。首先是要开展重大危险源的普查登记；其次是开展重大危险源的检测评估；第三是对重大危险源实施监控防范；第四是对有缺陷和存在事故隐患的危险源实施治理；第五是通过对重大危险源的监控管理，既要促使企业强化内部管理，落实措施，自主保安，又要针对各地实际，有的放矢，便于政府统一领导，科学决策，依法实施监控和安全生产行政执法，以实现重大危险源监督管理工作的科学化、制度化和规范化。

主要任务：

1. 开展重大危险源普查登记，摸清底数，掌握重大危险源的数量、状况和分布情况，建立重大危险源数据库和定期报告制度；

2. 开展重大危险源安全评估，对重要的设备、设施以及生产过程中的工艺参数、危险物质进行定期检测，建立重大危险源评估监控的日常管理体系；

3. 建立国家、省（自治区、直辖市）、市（地）、县（市）四级重大危险源监控信息管理网络系统，实现对重大危险源的动态监控、有效监控；

4. 对存在缺陷和事故隐患的重大危险源进行治理整顿，督促生产经营单位加大投入，采取有效措施，消除事故隐患，确保安全生产。

5. 建立和完善有关重大危险源监控和存在事故隐患的危险源治理的法规和政策，探索建立长效机制。

三、重大危险源申报登记的范围

重大危险源是指长期地或者临时地生产、搬运、使用或储存危险物品，且危险物品的数量等于或超过临界量的单元（包括场所和设施）。根据国家标准《重大危险源辨识》（GB 18218—2000）和《安全生产法》的规定，以及实际工作的需要，重大危险源申报登记的范围如下：

1. 贮罐区（贮罐）；
2. 库区（库）；
3. 生产场所；
4. 压力管道；
5. 锅炉；
6. 压力容器；
7. 煤矿（井工开采）；
8. 金属非金属地下矿山；
9. 尾矿库。

具体申报登记范围详见附件 1。

四、重大危险源的登记与评估

1. 生产经营单位应当按照《安全生产法》、《重大危险源辨识》（GB 18218—2000）和申报登记范围的要求对本单位的重大危险源进行登记建档，并填写《重大危险源申报表》（见附件 2）报当地安全监管部门（或煤矿安全监察机构）。

2. 生产经营单位应当每两年至少对本单位的重大危险源进行一次安全评估，并出具安全评估报告。安全评估工作应由注册安全评价人员或注册安全工程师主持进行，或者委托具备安全评价资格的评价机构进行。安全评估报告应包括重大危险源的基本情况，危险、有害因素辨识与分析，可能发生的事故类型、严重程度，重大危险源等级，安全对策措施，应急救援措施和评估结论等。安全评估报告应报当地安全监管部门（或煤矿安全监察机构）备案。

3. 重大危险源的生产过程以及材料、工艺、设备、防护措施和环境等因素发生重大变化，或者国家有关法规、标准发生变化时，生产经营单位应当对重大危险源重新进行安全评估，并将有关情况报当地安全监管部门（或煤矿安全监察机构）。

五、重大危险源监督管理的要求

1. 各级安全监管部门、煤矿安全监察机构要进一步提高对重大危险源监督管理工作重要性的认识，自觉从践行“三个代表”和执政为民的高度，加强对重大危险源普查、评估、监控、治理工作的组织领导和监督检查，切实防范重、特大事故，保障人民群众生命财产安全和社会经济的全面、协调、可持续发展；要把强化重大危险源监督管理工作作为安全生产监督检查和考核的一项重要内容，布置好，落实好。

2. 各级安全监管部门、煤矿安全监察机构应当成立重大危险源监督管理工作领导小组和技术指导小组，统一领导、协调和指导辖区内重大危险源的监督管理工作。

3. 各级安全监管部门、煤矿安全监察机构应当进一步加大监督检查和行政执法的力度，督促辖区内存在重大危险源的生产经营单位认真落实国家有关重大危险源监督管理的规定和要求，全面开展重大危险源普查登记和监控管理工作。检查中发现生产经营单位对重大危险源未登记建档，或者未进行评估、监控及未制订应急预案的，要依据《安全生产法》第85条的规定严肃查处。对因重大危险源管理监控不到位、整改不及时而导致重、特大事故的，要依法严肃追究生产经营单位主要负责人和相关人员的责任。

4. 各级安全监管部门、煤矿安全监察机构监督检查中发现重大危险源存在事故隐患的，应当责令生产经营单位立即整改；在整改前或者整改中无法保证安全的，应当责令生产经营单位从危险区域内撤出作业人员，暂时停产、停业或者停止使用；难以立即整改的，要限期完成，并采取切实有效的防范、监控措施。

5. 各级安全监管部门、煤矿安全监察机构要加强重大危险源申报登记的宣传和培训工作，按照国家局组织编写的《重大危险源申报登记与管理》（试行）教材做好培训工作，指导生产经营单位做好重大危险源的申报登记和管理工作。

6. 为规范重大危险源的监督管理，各地区应统一按照国家局组织开发的重大危险源信息管理系统软件，建立本地区重大危险源数据库，并根据重大危险源的分布和危险等级，有针对性地做好日常监督工作，采取措施，切实防范重、特大事故的发生，确保安全生产形势的稳定好转。

附件：

1. 重大危险源申报范围

2. 重大危险源申报表

附件 1　重大危险源申报范围

本次申报的重大危险源，是指长期地或者临时地生产、搬运、使用或储存危险物品，且危险物品的数量等于或超过临界量的场所和设施，以及其他存在危险能量等于或超过临界量的场所和设施。

重大危险源申报的类别如下：

1）贮罐区（贮罐）；

2）库区（库）；

3）生产场所；

4）压力管道；

5）锅炉；

6）压力容器；

7）煤矿（井工开采）；

8）金属非金属地下矿山；

9）尾矿库。

具体申报范围如下所述。

1. 贮罐区（贮罐）

贮罐区（贮罐）重大危险源是指储存表 1 中所列类别的危险物品，且储存量达到或超过其临界量的贮罐区或单个贮罐。

储存量超过其临界量包括以下两种情况：

①贮罐区（贮罐）内有一种危险物品的储存量达到或超过其对应的临界量；

②贮罐区内储存多种危险物品且每一种物品的储存量均未达到或超过其对应临界量，但满足下面的公式：

$$\frac{q_1}{Q_1}+\frac{q_2}{Q_2}+\cdots+\frac{q_n}{Q_n}\geqslant 1$$

式中，q_1，q_2，…，q_n——每一种危险物品的实际储存量。

Q_1，Q_2，…，Q_n——对应危险物品的临界量。

表 1　贮罐区（贮罐）临界量表

类别	物质特性	临界量	典型物质举例
易燃液体	闪点＜28 ℃	20 t	汽油、丙烯、石脑油等
	28 ℃≤闪点＜60 ℃	100 t	煤油、松节油、丁醚等
可燃气体	爆炸下限＜10％	10 t	乙炔、氢、液化石油气等
	爆炸下限≥10％	20 t	氨气等
毒性物质*	剧毒品	1 kg	氰化钠（溶液）、碳酰氯等
	有毒品	100 kg	三氟化砷、丙烯醛等
	有害品	20 t	苯酚、苯肼等

*注：毒性物质分级见表 2。

表 2　毒性物质分级（GB 15258—1999《化学品安全标签编写规定》）

分　级	经口半数致死量 LD50（mg/kg）	经皮肤接触 24 h 半数致死量 LD50（mg/kg）	吸入 1 h 半数致死浓度 LC50（mg/L）
剧毒品	LD50≤5	LD50≤40	LC50≤0.5
有毒品	5＜LD50≤50	40＜LD50≤200	0.5＜LC50≤2
有害品	（固体）50＜LD50≤500 （液体）50＜LD50≤2000	200＜LD50≤1000	2＜LC50≤10

2. 库区（库）

库区（库）重大危险源是指储存表 3 中所列类别的危险物品，且储存量达到或超过其临界量的库区或单个库房。

储存量超过其临界量包括以下两种情况：

①库区（库）内有一种危险物品的储存量达到或超过其对应的临界量；

②库区（库）内储存多种危险物品且每一种物品的储存量均未达到或超过其对应临界量，但满足下面的公式：

$$\frac{q_1}{Q_1}+\frac{q_2}{Q_2}+\cdots+\frac{q_n}{Q_n}\geqslant 1$$

式中，q_1，q_2，…，q_n——每一种危险物品的实际储存量。

Q_1，Q_2，…，Q_n——对应危险物品的临界量。

表 3　库区（库）临界量表

类别	物质特性	临界量	典型物质举例
民用爆破器材	起爆器材*	1 t	雷管、导爆管等
	工业炸药	50 t	铵梯炸药、乳化炸药等
	爆炸危险原材料	250 t	硝酸铵等
烟火剂、烟花爆竹		5 t	黑火药、烟火药、爆竹、烟花等
易燃液体	闪点<28 ℃	20 t	汽油、丙烯、石脑油等
	28 ℃≤闪点<60 ℃	100 t	煤油、松节油、丁醚等
可燃气体	爆炸下限<10%	10 t	乙炔、氢、液化石油气等
	爆炸下限≥10%	20 t	氨气等
毒性物质	剧毒品	1 kg	氰化钾、乙撑亚胺、碳酰氯等
	有毒品	100 kg	三氟化砷、丙烯醛等
	有害品	20 t	苯酚、苯肼等

* 注：起爆器材的药量，应按其产品中各类装填药的总量计算。

3. 生产场所

生产场所重大危险源是指生产、使用表 4 中所列类别的危险物质量达到或超过临界量的设施或场所。

包括以下两种情况：

①单元内现有的任一种危险物品的量达到或超过其对应的临界量；

②单元内有多种危险物品且每一种物品的储存量均未达到或超过其对应临界量，但满足下面的公式：

$$\frac{q_1}{Q_1}+\frac{q_2}{Q_2}+\cdots+\frac{q_n}{Q_n}\geqslant 1$$

式中，q_1，q_2，…，q_n——每一种危险物品的实际储存量。

Q_1，Q_2，…，Q_n——对应危险物品的临界量。

表 4　生产场所临界量表

类别	物质特性	临界量	典型物质举例
民用爆破器材	起爆器材*	0.1 t	雷管、导爆管等
	工业炸药	5 t	铵梯炸药、乳化炸药等
	爆炸危险原材料	25 t	硝酸铵等
烟火剂、烟花爆竹		0.5 t	黑火药、烟火药、爆竹、烟花等
易燃液体	闪点<28 ℃	2 t	汽油、丙烯、石脑油等
	28 ℃≤闪点<60 ℃	10 t	煤油、松节油、丁醚等
可燃气体	爆炸下限<10%	1 t	乙炔、氢、液化石油气等
	爆炸下限≥10%	2 t	氨气等
毒性物质	剧毒品	100 g	氰化钾、乙撑亚胺、碳酰氯等
	有毒品	10 kg	三氟化砷、丙烯醛等
	有害品	2 t	苯酚、苯肼等

* 注：起爆器材的药量，应按其产品中各类装填药的总量计算。

4. 压力管道

符合下列条件之一的压力管道：

（1）长输管道

①输送有毒、可燃、易爆气体，且设计压力大于1.6 MPa的管道；

②输送有毒、可燃、易爆液体介质，输送距离大于等于200 km且管道公称直径≥300 mm的管道。

（2）公用管道

中压和高压燃气管道，且公称直径≥200 mm。

（3）工业管道

①输送GB 5044中，毒性程度为极度、高度危害气体、液化气体介质，且公称直径≥100 mm的管道；

②输送GB 5044中，极度、高度危害液体介质、GB 50160及GBJ 16中规定的火灾危险性为甲、乙类可燃气体，或甲类可燃液体介质，且公称直径≥100 mm，设计压力≥4 MPa的管道；

③输送其他可燃、有毒流体介质，且公称直径≥100 mm，设计压力≥4 MPa，设计温度≥400 ℃的管道。

5. 锅炉

符合下列条件之一的锅炉：

（1）蒸汽锅炉

额定蒸汽压力大于2.5 MPa，且额定蒸发量大于等于10 t/h。

（2）热水锅炉

额定出水温度大于等于120 ℃，且额定功率大于等于14 MW。

6. 压力容器

属下列条件之一的压力容器：

（1）介质毒性程度为极度、高度或中度危害的三类压力容器；

（2）易燃介质，最高工作压力≥0.1 MPa，且PV≥100 MPa×m^3的压力容器（群）。

7. 煤矿（井工开采）

符合下列条件之一的矿井：

（1）高瓦斯矿井；

（2）煤与瓦斯突出矿井；

（3）有煤尘爆炸危险的矿井；

（4）水文地质条件复杂的矿井；

（5）煤层自燃发火期≤6个月的矿井；

（6）煤层冲击倾向为中等及其以上的矿井。

8. 金属非金属地下矿山

符合下列条件之一的矿井：

（1）瓦斯矿井；

（2）水文地质条件复杂的矿井；

（3）有自燃发火危险的矿井；

（4）有冲击地压危险的矿井。

9. *尾矿库*

全库容≥100 万 m^3 或者坝高≥30 m 的尾矿库。

附件 2　重大危险源申报表

一、填表说明

1. 重大危险源申报的目的是掌握重大危险源的状况及其分布，为重大危险源评价、分级、监控和管理提供基础数据。

2. 重大危险源申报表分为三类，第一类为生产经营单位基本情况表（表 1），第二类为各类重大危险源基本特征表（表 2-1～表 2-9），第三类为重大危险源周边环境基本情况表（表 3）。

填表时，应根据生产经营单位的实际情况填写生产经营单位基本情况表以及所有符合申报范围的重大危险源基本特征表。生产经营单位存在哪一类别的重大危险源就填报相应的重大危险源基本特征表，每个重大危险源填表一份，如存在多个重大危险源，请自行复印表格填报。贮罐区（贮罐）、库区（库）、生产场所及其他可能给周围环境造成严重后果的重大危险源应填写重大危险源周边环境基本情况表。

3. 重大危险源申报表的填报、图文资料，必须坚持实事求是的原则，严格按照规范填写，如实地反映实际情况。

4. 填表应用钢笔，表格内容要认真逐项填写，无某项内容时则填写无，因故无法填写的内容应注明原因。

5. 当重大危险源申报涉及保密数据时，应遵守有关保密规定。

二、重大危险源申报表

表 1　生产经营单位基本情况表

法人单位名称		单位代码	
填报单位名称（盖章）			
通讯地址		邮政编码	
填报单位负责人姓名		电话	
经济类型	1. 国有经济　2. 集体经济　3. 私营经济　4. 有限责任公司 5. 联营经济　6. 股份合作　7. 外商投资　8. 港澳台投资 9. 其他经济		
所在行业	A 农、林、牧、渔业 B 采掘业 C 制造业 D 电力、煤气及水的生成和供应业 E 建筑业 F 地质勘查业、水利管理业 G 交通运输仓储业及邮电通信业 H 批发和零售贸易、餐饮业	I 金融保险业 J 房地产业 K 社会服务业 L 卫生、体育和社会福利业 M 教育文化艺术及广电业 N 科学研究和综合技术服务业 O 国家机关、政党机关和社会团体 P 其他行业	

续表

成立时间				占地面积	m²
行业管理部门				职工总数	人
固定资产总值	万元	年总收入	万元	年利润	万元
主要产品					

填表人：　　　　　　联系电话：　　　　　　填表日期：

表 2-1　贮罐区（贮罐）基本特征表

编　号			贮罐区名称		
具体位置					
所处环境功能区	1. 工业区　2. 农业区　3. 商业区　4. 居民区　5. 行政办公区 6. 交通枢纽区　7. 科技文化区　8. 水源保护区　9. 文物保护区				
贮罐区面积　m²	有无防护堤	1. 有　2. 无	防护堤所围面积		m²
贮罐个数		罐间最小距离			m
贮罐序号		贮罐名称			
贮罐	贮罐形状	1. 立式圆筒罐　2. 卧式圆筒罐　3. 球形罐			
	贮罐形式	1. 固定顶罐　2. 浮顶罐			
	安装形式	1. 地上　2. 地下　3. 半地下			
	贮罐材质		公称直径　m	容积	m³
	贮存物质名称		物质状态	1. 液态　2. 气态　3. 液、气共存	
	日常最大贮存量				m³
	设计压力	MPa	实际工作压力		MPa
	设计温度	℃	实际工作温度		℃
	设计使用年限	年	投产时间		
	进料方式	1. 管道　2. 铁路槽车　3. 槽车			
	出料方式	1. 管道　2. 铁路槽车　3. 槽车			
进料管道	直径　mm	设计压力　MPa	实际工作压力　MPa		
出料管道	直径　mm	设计压力　MPa	实际工作压力　MPa		

填表人：　　　　　　联系电话：　　　　　　填表日期：

表 2-2　库区（库）基本特征表

编　号		库区名称	
具体位置			
所处环境功能区	1. 工业区　2. 农业区　3. 商业区　4. 居民区　5. 行政办公区　6. 交通枢纽区　7. 科技文化区　8. 水源保护区　9. 文物保护区		
库区占地面积	m^2	库房个数	
库房序号		库房名称	
库房形式	1. 单层　2. 多层　层数：		
库房结构	1. 混凝土结构　2. 砖木结构　3. 木质简易库房　4. 其他：		
设计使用年限	年	竣工时间	
占地面积	m^2	有无防火墙	1. 有　2. 无
库房储存物品种类		数量	
民用爆破器材	起爆器材		t
	工业炸药		t
	爆炸危险原材料		t
烟火剂、烟花爆竹			t
易燃液体	闪点＜28 ℃		t
	28 ℃≤闪点＜60 ℃		t
可燃气体	爆炸下限＜10%		t
	爆炸下限≥10%		t
毒性物质	剧毒品		kg
	有毒品		kg
	有害品		t

填表人：　　　　　　　　联系电话：　　　　　　　　填表日期：

表 2-3 生产场所基本特征表

<table>
<tr><td colspan="2">单元名称</td><td colspan="2"></td><td>固定资产总值</td><td>万元</td></tr>
<tr><td colspan="2">具体位置</td><td colspan="4"></td></tr>
<tr><td colspan="2">所处环境功能区</td><td colspan="4">1. 工业区 2. 农业区 3. 商业区 4. 居民区 5. 行政办公区 6. 交通枢纽区
7. 科技文化区 8. 水源保护区 9. 文物保护区</td></tr>
<tr><td colspan="2">占地面积</td><td colspan="2">m²</td><td>正常当班人数</td><td>人</td></tr>
<tr><td colspan="2" rowspan="2">物质名称</td><td colspan="4">单元内危险物质量</td></tr>
<tr><td>现存物质总量（t）</td><td>工艺过程中的物质量（t）</td><td>存储的物质量（t）</td><td>废弃物质量（t）</td></tr>
<tr><td>1</td><td></td><td></td><td></td><td></td><td></td></tr>
<tr><td>2</td><td></td><td></td><td></td><td></td><td></td></tr>
<tr><td>3</td><td></td><td></td><td></td><td></td><td></td></tr>
<tr><td>4</td><td></td><td></td><td></td><td></td><td></td></tr>
<tr><td>5</td><td></td><td></td><td></td><td></td><td></td></tr>
<tr><td>6</td><td></td><td></td><td></td><td></td><td></td></tr>
<tr><td>7</td><td></td><td></td><td></td><td></td><td></td></tr>
<tr><td>8</td><td></td><td></td><td></td><td></td><td></td></tr>
</table>

填表人： 联系电话： 填表日期：

表 2-4 压力管道基本特征表

<table>
<tr><td>管道名称</td><td colspan="4"></td><td>管道编号</td><td colspan="2"></td></tr>
<tr><td>管道类别</td><td></td><td>公称直径</td><td colspan="2">mm</td><td colspan="2">材质</td><td></td></tr>
<tr><td>壁　厚</td><td>mm</td><td>管道长度</td><td colspan="2">m</td><td colspan="2">工作压力</td><td>MPa</td></tr>
<tr><td>强度试验压力</td><td colspan="3">MPa</td><td colspan="2">严密性试验压力</td><td colspan="2">MPa</td></tr>
<tr><td>输送介质</td><td colspan="3"></td><td colspan="2">工作温度</td><td colspan="2">℃</td></tr>
<tr><td>投用日期</td><td colspan="3"></td><td colspan="2">敷设方式</td><td colspan="2">1. 架空 2. 埋地</td></tr>
<tr><td>防腐方式</td><td colspan="3">1. 阴极保护 2. 无阴极保护</td><td colspan="2">绝热方式</td><td colspan="2">1. 绝热措施 2. 无绝热措施</td></tr>
<tr><td>设计规范</td><td colspan="3"></td><td colspan="2">设计单位</td><td colspan="2"></td></tr>
<tr><td>安装规范</td><td colspan="3"></td><td colspan="2">安装单位</td><td colspan="2"></td></tr>
<tr><td>管道图号</td><td colspan="7"></td></tr>
<tr><td>管道经过地区（厂区）</td><td colspan="7"></td></tr>
<tr><td>与管道相连的调压站（箱）数量</td><td colspan="7"></td></tr>
</table>

填表人： 联系电话： 填表日期：

表 2-5 锅炉基本特征表

<table>
<tr><td>锅炉型号</td><td></td><td>锅炉名称</td><td></td><td>编 号</td><td></td></tr>
<tr><td>具体位置</td><td colspan="5"></td></tr>
<tr><td>制造厂名</td><td colspan="3"></td><td>制造日期</td><td></td></tr>
<tr><td>安装完工日期</td><td colspan="2"></td><td>投入使用日期</td><td colspan="2"></td></tr>
<tr><td>设计工作压力</td><td colspan="2">MPa</td><td>许可使用压力</td><td colspan="2">MPa</td></tr>
<tr><td>额定供热量
或额定出力</td><td colspan="2">kCal/h
t/h</td><td>介质出口温度</td><td colspan="2">℃</td></tr>
<tr><td>水处理方法</td><td colspan="2"></td><td>锅炉用途</td><td colspan="2"></td></tr>
<tr><td>备注（移装、检修、改造、事故记录）</td><td colspan="5"></td></tr>
</table>

填表人： 联系电话： 填表日期：

表 2-6 压力容器基本特征表

<table>
<tr><td>名 称</td><td></td><td>编 号</td><td colspan="2"></td><td>注册编号</td><td></td><td>使用证编号</td><td></td></tr>
<tr><td>类 别</td><td></td><td>设计单位</td><td colspan="2"></td><td>投用年月</td><td></td><td>使用单位</td><td></td></tr>
<tr><td>制造单位</td><td></td><td>制造年月</td><td colspan="2"></td><td>出厂编号</td><td colspan="3"></td></tr>
<tr><td>材料</td><td>筒体</td><td></td><td colspan="2">封头</td><td></td><td colspan="3">内衬</td></tr>
<tr><td>内径</td><td>mm</td><td rowspan="4">操作条件</td><td>设计压力</td><td>MPa</td><td rowspan="5">安全条件</td><td>是否有安全阀</td><td colspan="2"></td></tr>
<tr><td>壁厚</td><td>mm</td><td>最高工作压力</td><td>MPa</td><td>是否有爆破片</td><td colspan="2"></td></tr>
<tr><td>高（长）</td><td>mm</td><td>设计温度</td><td>℃</td><td>是否有紧急切断阀</td><td colspan="2"></td></tr>
<tr><td>容积</td><td>m^3</td><td>介质</td><td></td><td>是否有压力表</td><td colspan="2"></td></tr>
<tr><td>有、无保温、绝热</td><td colspan="4"></td><td>是否有液面计</td><td colspan="2"></td></tr>
<tr><td>安全状况等级</td><td></td><td>定期检验情况</td><td colspan="2"></td><td>备注</td><td colspan="3"></td></tr>
</table>

注：1. 换热器的换热面积填写在压力容器规格的容积一栏内。2. 两个压力腔的压力容器的操作条件分别填写，用斜线前后分隔并加以说明。

填表人： 联系电话： 填表日期：

表 2-7　煤矿（井工开采）基本特征表

矿井名称			
详细地址			
邮政编码		主要负责人	
		联系电话	
上级法人单位			
建矿日期		设计能力	万 t/年
		实际产量	万 t/年
煤的牌号		矿井可采储量	万 t
从业人数		固定资产	万元
		年利润	万元
开拓方式	1. 立井　2. 斜井　3. 平硐		
通风方式	1. 中央并列　2. 中央分列　3. 两翼对角　4. 分区对角　5. 其他		
反风方式	1. 反风道反风　2. 主要通风机反转反风　3. 备用主要通风机的无反风道反风		
提升方式	1. 罐笼　2. 箕斗井　3. 串车　4. 带式输送机　5. 其他		
供电方式	1. 双回路　2. 双电源　3. 其他		
主采煤层倾角		主采煤层厚度	m
矿井开采深度	m	生产采区个数	
回采工作面个数		掘进工作面个数	
工作面回采方式	1. 前进式　2. 后退式	采高	m
主要落煤方式	1. 机采　2. 炮采　3. 水采　4. 风镐落煤　5. 其他		
主要支护型式	1. 液压支架　2. 单体液压支柱　3. 摩擦式金属支柱		
顶板处理方法	1. 全部垮落法　2. 充填法　3. 煤柱支撑法　4. 缓慢下沉法		
矿井瓦斯等级	1. 突出矿井　2. 高瓦斯矿井　3. 低瓦斯矿井		
煤层的自燃倾向性	1. 容易自燃　2. 自燃　3. 不易自燃		
煤层的煤尘爆炸性	1. 基本无爆炸性　2. 弱爆炸性　3. 爆炸性较强　4. 爆炸性很强		
煤层顶底板含水层情况	1. 无　2. 孔隙含水层　3. 裂隙含水层　4. 岩溶含水层		
水文地质条件复杂程度	1. 简单　2. 一般　3 复杂		
矿井开采是否受地表水体或洪水的威胁	1. 是　2. 否		
煤层冲击地压危害程度	1. 无冲击地压　2. 一般（弱）冲击地压　3. 严重（强）冲击地压		
煤层赋存状况（根据煤层厚度和倾角变化、裂隙发育情况、断层、冲刷带、陷落柱、岩浆岩侵入破坏等判断）	1. 煤层赋存状况好　2. 一般　3. 煤层赋存状况差		
开拓巷道的围岩稳定性	1. 围岩为比较稳定的坚硬砂岩或石灰岩等　2. 围岩为中等稳定的砂岩、砂页岩或较坚硬页岩等　3. 围岩为不稳定的煤、泥质页岩、炭质页岩等		
矿井相对瓦斯涌出量	m^3/t	矿井绝对瓦斯涌出量	m^3/min
煤层自燃发火期		全矿近三个月瓦斯超限次数	
近三年内瓦斯突出次数		近三年内煤层自燃地点	处
近三年内主扇故障检修次数		近三年内供电系统故障检修次数	
采面粉尘浓度	总粉尘：　　mg/m^3　呼吸性粉尘：　　mg/m^3		
矿井总进风量	m^3/min	矿井有效风量率	
矿井最大涌水量	m^3/h	矿井最大综合排水量	m^3/h
地面消防水池容量	m^3	井下消防水管长度	m

续表

地面爆破材料储存情况	库房数： 炸药（t）： t 雷管： 万发				
井下爆破材料储存情况	硐室数： 炸药（t）： t 雷管： 万发				
有无瓦斯异常涌出区域	1. 有 2. 无	有无未熄灭的火区		1. 有 2. 无	
全矿通风系统复杂程度	1. 简单可靠，易于管理控制，井下风流稳定 2. 复杂程度一般 3. 通风系统复杂，管理困难，或有些巷道风流不稳				
总进风道和总回风道之间的联络巷道数量					
总进风道和总回风道之间的联络巷道的挡风墙坚固程度			1. 非常坚固 2. 一般 3. 差		
有无在水淹区积水面以下的采掘工作			1. 有 2. 无		
是否是在建筑物下、水体下或铁路下开采			1. 是 2. 否		
矿井安全是否受其他小矿乱采乱掘的影响			1. 是 2. 否		
近5年内伤亡事故			起数： 轻伤人数： 重伤人数： 死亡人数：		
建矿以来曾发生重大事故（指造成3人以上死亡或全矿或部分区域停产）		瓦斯（煤尘）爆炸		火灾	
		水灾		瓦斯突出	
		其他（注明事故类型）：			
主风机型号，台数					
局扇型号，台数					
主排水泵型号，台数					
探放水设备型号，台数					
绞车提升设备型号，台数					
带式输送机型号，部数					
瓦斯抽放系统型号，数量					
安全监测系统型号，数量			传感器使用数量		
闭锁断电装置型号，数量					
瓦检仪型号，数量					
自救器型号，数量					
井下固定敷设高压电缆型号，数量					
瓦检员人数		放炮员人数		绞车司机人数	
电工人数		安技管理人员数		安全员人数	
全矿技术人员数	高级：	中级： 初级：			
下井同时作业人数		下井人员中农民工、协议工、外包工所占比例			
影响矿井安全生产的主要问题说明：（不少于三条内容）					
备注：					

填表人： 联系电话： 填表日期：

表 2-8 金属非金属地下矿山基本特征表

矿井名称					
详细地址					
邮政编码		主要负责人		联系电话	
上级法人单位					
建矿日期		设计能力	万 t/年	实际能力	万 t/年
开采矿种			可采储量		万 t
固定资产		万元	年利润		万元
经济类型	1. 国有 2. 集体 3. 私营 4. 其他			从业人数	
开拓方式	1. 立井 2. 斜井 3. 平硐 4. 混合 5. 斜坡道				
通风方式	1. 中央并列 2. 分区式 3. 对角式 4. 其他				
提升方式	1. 罐笼 2. 箕斗井 3. 串车 4. 皮带 5 其他				
供电方式	1. 两回路 2. 双电源 3. 其他				
同时生产的中段数			准备生产的中段数		
同时生产的采场数			井下同时作业人数		
矿井总进风量		m^3/min	矿井有效风量率		
矿井最大涌水量		m^3/h	矿井最大综合排水量		m^3/h
是否是以下类型的矿井（可多选）	1. 瓦斯矿井 2. 煤系硫铁矿井 3. 其他与煤共生的矿藏开采 4. 放射性的矿山 5. 有自燃发火危险的矿井 6. 高硫矿 7. 矿尘有爆炸性				
井下固定敷设的高压电缆型号	竖井或倾角在 45 度及其以上的井巷				
	水平巷道或倾角在 45 度以下的井巷内				
地面爆炸材料储存情况	库房数： 炸药： t 雷管： 万发				
井下爆炸材料储存情况	硐室数： 炸药： t 雷管： 万发				
矿井有无下列水文地质资料	1. 矿区及其附近地表水流系统和汇水面积、疏水能力、水利工程等情况				1. 有 2. 无
	2. 历年最高洪水位，洪水量地面水体、各含水层及井下水的动态				1. 有 2. 无
	3. 矿区内小矿井、老井、老采空区				1. 有 2. 无
	4. 矿区内的钻孔和封孔质量				1. 有 2. 无
	5. 现有生产井中的积水区、含水层、岩溶带、地质构造等详细情况				1. 有 2. 无
	6. 矿井水与地下水、地表水和大气降雨的水力联系				1. 有 2. 无
是否是水文地质条件复杂的矿井	1. 是 2. 否				
矿体顶底板含水层情况	1. 无 2. 孔隙含水层 3. 裂隙含水层 4. 岩溶含水层				
矿体顶底板有无承压含水层	1. 有承压含水层 2. 无承压含水层				
矿井开采是否受地表水体或洪水的威胁	1. 是 2. 否				
冲击地压（岩爆）危害	1. 无冲击地压 2. 弱冲击地压 3. 强冲击地压				
矿区内影响生产与安全的断层数目					

续表

巷道围岩的稳定性	1. 围岩为比较稳定的坚硬砂岩或石灰岩等 2. 围岩为中等稳定的砂岩、砂页岩或较坚硬页岩等 3. 围岩为不稳定的煤、泥质页岩、炭质页岩等					
井下柴油设备数量			井下油压设备数量			
井下各种油类的存放地点及最大存放量	油类名称和存放地点				数量（kg）	
带式输送机数量（部）：　有哪些防火措施（选择打√）：1. 滚筒驱动带式输送机使用阻燃输送带　2. 液力耦合器使用不燃性传动介质　3. 输送机的机头前后两端 20 m 范围内使用不燃性材料支护　4. 配备灭火器材　5. 设驱动滚筒防滑保护、堆煤保护、防跑偏装置　6. 设温度保护、烟雾保护　7. 其他措施（写出措施名称）						
地面消防水池容量	m^3		井下消防水管长度		m	
井下有何种有害气体大量涌出						
矿井有无未熄灭的火区					1. 有　2. 无	
矿区内有无威胁矿井安全生产的塌陷区或有塌陷危险的区域					1. 有　2. 无	
是否是在建筑物下、水体下或铁路下开采					1. 是　2. 否	
矿井安全是否受其他小矿乱采乱掘的影响					1. 是　2. 否	
近 5 年内伤亡事故	起数：	轻伤人数：		重伤人数：	死亡人数：	
建矿以来曾发生重大事故（指造成 3 人以上死亡或全矿或部分区域停产）	水灾			火灾		
	大面积冒顶			坠罐或跑车		
	其他（注明事故类型）：					
主扇型号				数量		
局扇型号				数量		
主排水泵型号				数量		
探放水设备型号				数量		
绞车提升设备型号				数量		
技术人员数	高级：	中级：	初级：			
电工人数		绞车司机人数		放炮员人数		
采矿方法						
影响矿井安全生产的主要问题说明：（不少于三条内容）						
备注：						

填表人：　　　　联系电话：　　　　填表日期：

表 2-9　尾矿库基本特征表

企业名称				主要负责人	
详细地址				联系电话	
上级主管				邮政编码	
建厂日期		从业人数		经济类型	
矿　种		固定资产	万元	年利润	万元
尾矿库名称					
地理位置					
尾矿库型式	1. 山谷型　2. 傍山型　3. 河谷型　4. 平底型　5. 其他（写出名称）				
尾矿库等别	1. 一等　2. 二等　3. 三等　4. 四等　5. 五等			全库容	万 m^3
坝高	m	设计总库容	万 m^3	设计总坝高	m
坝长	m	最小干滩长度	m	沉积干滩平均坡度	
尾矿库危害程度分类	1. 一类尾矿设施：一旦发生最大程度的溃坝事故，殃及居民区或重要建（构）筑物等，可能造成死亡50人以上或经济损失1000万元以上的； 2. 二类尾矿设施：一旦发生最大程度的溃坝事故，殃及居民区或重要建（构）筑物等，可能造成死亡10人以上至50人以下或经济损失100万元以上至1000万元以下的； 3. 三类尾矿设施：一旦发生最大程度的溃坝事故，殃及居民区或重要建（构）筑物等，可能造成死亡10人以下或经济损失100万元以下的				
尾矿库安全度分类	1. 危库　2. 险库　3. 病库　4. 正常库				
如果尾矿库失事是否会使下游重要城镇、工矿企业、重要铁路干线遭受严重灾害				坝址区地震基本烈度	
库区有无滑坡体				库区有无产生泥石流的条件	
库区是否处于岩溶或裂隙发育地区					
库区有无滥伐、滥垦、滥牧现象					
初期坝	坝型	1. 透水坝　2. 不透水坝			
		1. 土坝　2. 堆石坝　3. 卵石坝　4. 混合料坝　5. 砌石坝　6. 混凝土坝			
	坝高	m	坝长	m	
堆坝方法	1. 上游式　2. 下游式　3. 中线式　4. 其他			堆高	m
尾矿分级设备型号				数量	
汇水面积	km^2	尾矿库防洪标准（洪水重现期）		初期	年
				中、后期	年
尾矿坝安全超高				尾矿库调洪库容	万 m^3
排洪系统的型式	1. 井—管式　2. 井—洞式　3. 槽—管式　4. 槽—洞式　5. 溢洪道				
尾矿粒度 dcp		mm	尾矿比重	t/m^3	
尾矿坝的观测项目	1. 坝体水平位移　2. 坝体沉降　3. 坝体固结　4. 坝体孔隙水压力　5. 坝体浸润线　6. 坝基扬压力　7. 绕坝渗流　8. 渗流量　9. 渗流水水质　10. 其他（写出具体项目名称）				
尾矿库的尾矿浓缩分级、放矿筑坝、回水排水、防汛度汛、抗震等工作概述					

续表

如果是危库、险库或病库，对危险情况作出概述	
尾矿库曾出现的问题及采取的解决办法	
备注	

填表人： 联系电话： 填表日期：

表3 重大危险源周边环境基本情况表

危险源周边环境情况	周边地区情况	单位类型	数量（个）	单位名称	人数	与危险源最近距离
		住宅区				
		生产单位				
		机关团体				
		公共场所				
		交通要道				
		其他				
周边环境对危险源的影响	类型		数量（个）	简要说明		
	火源					
	输配电装置					
	其他					

填表人： 联系电话： 填表日期：

附录三

重大危险源监督管理规定（送审稿）

第一章　总　则

第一条　为加强生产经营单位重大危险源的监督管理，预防和减少重特大生产安全事故，保障人民群众生命和财产安全，根据《安全生产法》和《突发事件应对法》等有关法律法规，制定本规定。

第二条　本规定所指重大危险源是指依据国家相关标准确定的危险设备、设施或场所。

第三条　中华人民共和国境内生产经营单位的重大危险源的监督管理，适用本规定；有关法律、法规另有规定的，适用其规定。

第四条　生产经营单位是本单位重大危险源安全管理的责任主体，生产经营单位主要负责人对本单位重大危险源的安全管理工作全面负责。

第五条　重大危险源的监督管理应坚持预防为主、预防与应急相结合的原则。地方各级人民政府对本行政区域内的重大危险源的监督管理工作实施统一领导、分类管理、分级负责；地方各级人民政府安全生产监督管理部门依据有关法律、法规和本规定对本行政区域内的重大危险源实施综合监督管理，其他负有安全生产监督管理职责的部门对其职责范围内的重大危险源实施日常监督管理。

第二章　辨识与评估

第六条　生产经营单位应依据国家相关标准对本单位重大危险源进行辨识。

第七条　生产经营单位应组织有关专家或委托具有相应安全评价资质的中介机构对辨识出的重大危险源进行安全评估，并形成安全评估报告。

第八条　依据国家相关标准，重大危险源的等级按照其危险程度由高到低依次划分为一级、二级、三级和四级。

第九条　一级重大危险源每一年至少进行一次安全评估，二级重大危险源每两年至少进行一次安全评估，三级、四级重大危险源每三年至少进行一次安全评估。

重大危险源具有下列情况之一的，应当重新进行安全评估：

（一）实施新建、改建、扩建工程的；

（二）生产工艺、材料以及生产过程、设备、设施等发生变更的；

（三）外部环境因素发生重大变化的；

（四）发生生产安全事故的；

（五）国家有关标准发生变化的。

第十条 生产经营单位和承担安全评估的中介机构对其出具的安全评估报告的真实性及所做结论负责。安全评估报告应当数据准确，内容完整，结论明确并客观公正，建议措施具体可行。

安全评估报告应包括以下内容：

（一）安全评估的主要依据；

（二）重大危险源的基本情况；

（三）危险、有害因素的辨识与分析；

（四）可能发生的事故情景、可能性及严重程度；

（五）可能受影响的周边单位和人员；

（六）重大危险源的风险水平；

（七）重大危险源等级；

（八）安全管理和技术措施；

（九）评估结论与建议。

第十一条 重大危险源的辨识、评估与分级标准由国家安全生产监督管理总局会同有关部门组织制定。

第三章　登记建档、备案与核销

第十二条 生产经营单位应当对确认的重大危险源及时登记建档。

登记建档的主要内容包括：

（一）单位名称、法人代表、单位地址、联系人、联系方式；

（二）重大危险源种类及基本特征；

（三）重大危险源相关图纸和图片；

（四）检测及监控措施；

（五）事故应急预案；

（六）重大危险源安全评估报告；

（七）其他重大危险源相关情况等。

第十三条 生产经营单位应在对重大危险源进行安全评估后15个工作日内，将重大危险源登记建档情况报所在地县级人民政府安全生产监督管理部门和有关部门备案。

当重大危险源相关信息发生改变时，生产经营单位应及时更新档案并上报备案。

第十四条 对已不再构成重大危险源的，生产经营单位应及时向所在地县级人民政府安全生产监督管理部门提出核销申请；地方各级人民政府安全生产监督管理部门按照分级管理的原则，组织现场核查，符合条件的予以注销。

第十五条 按照属地管理的原则，地方各级人民政府对本行政区域内的重大危险源实施监督管理。

县级人民政府安全生产监督管理部门负责本行政区域内的四级重大危险源备案和核销工作，并将一级、二级、三级重大危险源上报至设区的市级人民政府安全生产监督管理部门。

设区的市级人民政府安全生产监督管理部门负责本行政区域内的三级重大危险源备案和核销工作，并将一级、二级重大危险源上报至省级人民政府安全生产监督管理部门。

省级人民政府安全生产监督管理部门负责本行政区域内的一级、二级重大危险源备案和核销工作，并将一级重大危险源上报至国家安全生产监督管理总局。

第四章 安全管理

第十六条 生产经营单位应建立健全重大危险源安全管理制度，制定重大危险源安全管理技术措施。

第十七条 危险物品的生产、经营、储存以及矿山、建筑施工等生产经营单位应当建立应急救援组织，配备必要的应急救援器材、设备，并进行经常性维护、保养，保证正常运转；生产经营规模较小的，可以不建立应急救援组织，但应当指定兼职的应急救援人员。

第十八条 生产经营单位应按照国家相关法律、法规和标准规定制定并及时完善重大危险源事故应急预案。

第十九条 生产经营单位应针对重大危险源每年至少开展一次综合应急演练或专项应急演练，每半年至少开展一次现场处置应急演练。

第二十条 生产经营单位应对涉及重大危险源的从业人员进行应急管理培训，使其全面掌握本岗位的安全操作技能和在紧急情况下应当采取的应急措施。

第二十一条 生产经营单位应将重大危险源可能发生事故的后果及应急措施等信息告知可能受影响的单位和人员。

第二十二条 生产经营单位应在重大危险源现场设置明显的安全警示标志。

第二十三条 生产经营单位应根据重大危险源的等级，建立健全相应的安全监控系统或安全监控设施，保证安全监控系统或监控设施有效运行，并落实监控责任。

第二十四条 生产经营单位应依据国家相关规定对重大危险源进行定期的检测，并做好检测、检验记录。

第二十五条 生产经营单位应对重大危险源、有重大危险源的建筑物、构筑物及其周边环境开展隐患排查，及时采取措施消除隐患。

第二十六条 生产经营单位主要负责人应保证重大危险源安全管理所需资金的投入。

第五章 监督管理

第二十七条 地方各级人民政府应当针对本行政区域内的重大危险源或受重大危险源威胁的周边生产经营单位和社区、乡镇等，按照分级管理的原则，组织有关部门和单位制定针对性的应急预案，建立应急救援体系，并责令有关单位采取安全防范措施。

第二十八条 地方各级人民政府安全生产监督管理部门对本行政区域内生产经营单位重大危险源的辨识、评估、登记建档、备案、核销、安全管理等工作实行综合监管。

其他负有安全生产监督管理职责的部门对本行业（领域）内的重大危险源的辨识、评估、登记建档、备案、核销、安全管理等工作实施日常监督管理。

第二十九条 地方各级人民政府安全生产监督管理部门应建立重大危险源信息管理系统，对重大危险源备案等实施动态监管，并制定重大危险源监督检查计划，对生产经营单位重大危险源的安全管理情况进行专项监督检查。

第三十条 地方各级人民政府安全生产监督管理部门和其他负有安全生产监督管理职责的部门在检查中发现重大危险源存在事故隐患，应当责令生产经营单位立即整改，不能立即整改的，必须坚持整改措施、资金、期限、责任单位、应急预案“五落实”；在整改前或者整改中无法保证安全的，应当责令生产经营单位从危险区域内撤出作业人员，暂时停产、停业或者停止使用。事故隐患排除后，方可恢复生产经营。

第六章　法律责任

第三十一条 生产经营单位有下列行为之一的，给予警告，可以并处三万元以下的罚款：

（一）未对重大危险源进行辨识的；

（二）未对从业人员进行应急管理培训的；

（三）未在重大危险源现场设置明显的安全警示标志的；

（四）未将重大危险源可能发生事故的后果和应急措施告知周边可能受影响的单位和个人的；

（五）未建立重大危险源安全管理规章制度与监控方案的；

（六）生产经营单位主要负责人未依法保证重大危险源安全管理所需资金投入的。

第三十二条 生产经营单位有下列行为之一的，责令限期改正；逾期未改正的，责令停产停业整顿，可以并处五万元以下的罚款：

（一）未制定重大危险源事故应急预案的；

（二）未建立应急救援组织的；

（三）未配备必要的应急救援器材、设备，并进行经常维护、保养的；

（四）未按照规定定期进行应急演练的；

（五）未对重大危险源进行定期检测的。

第三十三条 生产经营单位有下列行为之一的，责令限期改正；逾期未改正的，责令停产停业整顿，可以并处三万元以上十万元以下的罚款：

（一）未对重大危险源进行安全评估的；

（二）未按照规定对重大危险源及时进行备案和核销的；

（三）未建立健全相应的安全监控系统或安全监控设施的；

（四）未对重大危险源及其周边环境开展隐患排查，并及时采取措施消除隐患的。

有前款违法行为，导致发生安全生产事故，构成犯罪的，依照刑法有关规定追究刑事责任；尚不够刑事处罚的，依照《生产安全事故报告和调查处理条例》的规定进行处罚。

第三十四条 从事检测检验、安全评估的中介机构，出具虚假证明，构成犯罪的，依照刑法有关规定追究刑事责任；尚不够刑事处罚的，没收违法所得，违法所得在五千元以上的，并处违法所得二倍以上五倍以下的罚款，没有违法所得或者违法所得不足五千元的，单处或者并处五千元以上二万元以下的罚款，对其直接负责的主管人员和其他直接责任人员处五千元以上五万元以下的罚款；给他人造成损害的，与生产经营单位承担连带赔偿责任。

有前款违法行为的中介机构，撤销其相应资格。

第三十五条 本规定的行政处罚，由县级以上人民政府安全生产监督管理部门决定。

第七章 附 则

第三十六条 本规定由国家安全生产监督管理总局负责解释。

第三十七条 本规定自2009年 月 日起施行。

附录四

××省重大危险源安全评估导则（试行）

1. 主题内容和适用范围

本导则是依据国家《安全生产法》、《××省安全生产条例》、《重大危险源辨识》（GB 18218—2000）以及国家安全生产监督管理局《关于开展重大危险源监督管理工作的指导意见》（安监管协调字［2004］56号文）、国家安全生产监督管理总局《关于规范重大危险源监督与管理工作的通知》（安监总协调字［2005］125号文）以及《安全评估通则》等法律、法规、规范性文件和标准规范，为适应××省对重大危险源安全管理和安全评估的需要制定的。

本导则规定的重大危险源安全评估的目的、基本原则、内容、程序和方法，只适用于在××省境内进行重大危险源安全评估。

2. 重大危险源安全评估的目的和基本原则

重大危险源安全评估的目的是贯彻“安全第一，预防为主，综合治理”的安全生产方针，通过对生产、经营、储存、运输、使用过程中构成重大危险源的企业、场所、设备设施的安全评估，为××省境内重大危险源安全管理提供依据。

重大危险源安全评估的基本原则是具有规定资质的安全评估机构合法、自主、科学、公正地进行重大危险源安全评估。

3. 重大危险源安全评估的定义

重大危险源安全评估，是指在重大危险源登记后确认构成生产、经营、储存、运输、使用重大危险源的企业、场所、设备设施，自主选择具有国家规定资质的安全评估机构对重大危险源进行危险危害因素的辨识和分析，确定可能发生的事故类型和严重程度，提出合理可行的安全对策措施和监控意见的过程。

重大危险源安全评估是以辨识的重大危险源为标的的安全评估过程，它是利用系统安全工程的方法对重大危险源存在的危险性进行定性和定量分析，得出该重大危险源发生危险的可能性及其后果严重程度的过程，是寻找用最少的安全投资，最有成效的控制重大危险源的途径，使过程存在的风险程度控制在可承受范围的全过程。

4. 主要依据

1）《中华人民共和国安全生产法》；

2）中华人民共和国国务院第313号令《石油天然气管道保护条例》；

3）中华人民共和国国务院第344号令《危险化学品安全管理条例》；

4）中华人民共和国国务院第373号令《特种设备安全监察条例》；

5)《国务院关于进一步加强安全生产工作的决定》(国发［2004］2号);

6)《安全评估管理机构规定》(国家安全生产监督管理总局2004年第13号令);

7)《压力容器安全技术监察规程》(质技监局锅发［1999］154号文);

8)《关于加强安全评估机构管理的意见》(安监管技装字［2002］45号文);

9)《关于开展重大危险源监督管理工作的指导意见》(安监管协调字［2004］56号文);

10)《关于规范重大危险源监督与管理工作的通知》(安监总协调字［2005］125号文);

11)《重大事故隐患管理规定》(原劳动部发［1995］322号文);

12)《重大危险源辨识》(GB 18218—2000);

13)《关于印发加强安全生产中介活动监督管理的若干规定的通知》(安监总办字［2005］98号文);

14)《国家安全生产监督管理局关于印发〈安全评估通则〉的通知》;

15)《××省安全生产条例》;

16)××省有关安全生产和重大危险源监督管理规范性文件。

5. 重大危险源安全评估的主要内容

1)辨识重大危险源的类型;

2)辨识各类危险、危害因素的原因和危害特性;

3)评估可能发生的事故类型、严重程度;

4)根据事故后果,确定重大危险源等级;

5)现有安全措施的确认和有效性分析;

6)目前存在的隐患分析;

7)确认重大危险源管理的安全状态;

8)需要增加安全措施和建议;

9)监控意见。

6. 工作程序

6.1 重大危险源安全评估工作程序

重大危险源安全评估工作程序包括:

1)前期准备;

2)危险、危害因素辨识;

3)事故后果分析,确定危险等级;

4)现有安全措施的确认和有效性分析;

5)重大危险源管理安全状态的确认;

6)存在隐患分析;

7)提出安全对策措施及建议;

8)监控意见;

9)完成安全评估报告;

10)安全评估报告审核;

11)修改与呈送。

6.2 重大危险源安全评估工作程序说明

6.2.1 前期准备

前期准备工作包括：

1）签定安全评估技术协议，明确被评估对象和评估范围。

2）确定工作程序和评估人员，收集相关的法律法规和技术标准。

3）进行现场调查，收集评估对象相关资料。

重大危险源安全评估所需主要资料见附录A。

6.2.2 危险、危害因素辨识

危险、危害因素辨识是针对生产、经营、储存、运输、使用过程中构成重大危险源的企业、场所、设备设施的周边环境和场所特点，采用科学、合理的评估方法，识别和分析潜在的固有的危险、危害因素的过程。

其中包括定性评估和定量评估两部分。

6.2.3 事故后果分析，确定危险等级

事故后果分析，确定危险等级是假定不存在安全措施或已经采取的所有安全措施失效后，模拟预测固有危险、危害因素能量泄放可能发生事故的后果分析。它通过定性或定量的分析，确定其危险等级，确认事故的影响区域、人员和财产损失。

事故后果分析，确定危险等级是制定重大危险源安全管理和采取必要的防护措施的重要依据。

6.2.4 现有安全措施的确认和有效性分析

现有安全措施的确认和有效性分析是基于事故后果分析、确认危险等级的前提下，分析已经采取的所有安全措施的功能和有效性的过程，要求分析确认这些措施能否达到将风险控制在可以接受的水平。

6.2.5 重大危险源管理安全状态的确认

重大危险源管理安全状态的确认是在事故后果分析、确认危险等级以及对现有安全措施的确认和有效性分析后所作出的结论性意见，它是下一步进行存在隐患分析和提出安全对策措施及监控意见的依据。

6.2.6 存在隐患分析

存在隐患分析是基于对现有安全措施的有效性分析，对缺少或无效安全措施可能产生事故隐患的后果分析，并由此指出影响重大危险源安全管理的重大隐患的过程，它包括确定将风险控制在可以接受的水平必须消除的事故隐患名录。

6.2.7 提出安全对策措施及建议

安全对策措施是基于存在隐患分析，归纳整理出将风险控制在可以接受的水平必须消除的事故隐患的名录，有针对性地提出相应的安全对策措施的过程。所提出的对策措施应有针对性和可操作性。

6.2.8 监控意见

监控意见是基于对评估对象的危险危害因素辨识、事故后果分析、重大危险源管理安全状态的确认、存在隐患分析、现有安全措施的有效性分析以及提出的安全对策措施提出的一套科学可行的监控方案。

监控意见应明确指出重大危险源评估对象在评估时效内当前的安全状态，提出安全可接

受程度的意见，不承担评估后因设施、规模、环境变化所产生的变化而造成的后果。

6.2.9 完成安全评估报告

安全评估机构完成安全评估报告前，应与重大危险源所在单位作认真的交流，并及时通报需要立即整改的重大隐患和监控意见。

重大危险源所在单位应当及时对确认的事故隐患，编制事故隐患整改方案和实施计划，并按监控意见对重大危险源实施监控。

安全评估机构在完成安全评估报告后，应按合同要求提供所需报告文本数量。重大危险源所在单位接到报告后，应将安全评估报告和事故隐患整改方案及实施计划一同按管理权限逐级上报政府安全生产监管部门备案。

对于评估确认构成重大隐患的重大危险源，政府安全生产监管部门可根据管理权限，下达整改通知书等指令性文件，并逐级上报、备案。

6.2.10 分歧

重大危险源所在单位与安全评估机构在安全评估报告中提出的意见、对策措施、监控意见等存在分歧时，应经过协商、论证程序协调解决。

分歧确实不能解决时，重大危险源所在单位可将自己的意见连同安全评估报告一并报政府安全生产监管部门仲裁。安全生产监管部门认为必要时可组织专家论证。

6.2.11 责任

重大危险源所在单位对所提供的技术文件和内容负责。

安全评估机构应对所提供的安全评估报告在有效时间内负责，但不承担评估后因设施、规模、环境变化所产生的责任。

双方都对对方出具的资料或报告负有保密责任。

因出具虚假数据资料或出具虚假报告酿成事故及发生泄密事件的，将根据情节依法追究法律责任。

政府安全生产监管部门和其他有关部门在各自职责范围内负有监督管理责任。

7. 安全评估报告主要内容

安全评估报告应包括以下主要内容：

7.1 前言

7.2 报告目录

7.3 概述

7.3.1 评估对象基本情况

7.3.2 评估范围

7.3.3 评估基准日

7.3.4 评估依据

7.3.5 评估程序

7.3.6 评估单元划分

7.4 危险、危害因素辨识和分析

7.4.1 危险物质及特性

7.4.2 危险类别辨识与分析

7.4.3 环境条件及分析

7.4.4　辅助设施及公用工程情况与分析

7.5　事故后果分析，确定危险等级

7.5.1　事故案例介绍与分析

7.5.2　事故条件

7.5.3　事故的定性或定量分析

7.5.4　事故后果和影响

7.6　现有安全措施的确认和有效性分析

7.6.1　地理位置与周围环境

7.6.2　内部平面布置

7.6.3　工艺过程可靠性分析

7.6.4　设备可靠性分析

7.6.5　自动控制可靠性分析

7.6.6　公用工程可靠性分析

7.6.7　消防设施可靠性分析

7.6.8　职业危害和个体防护措施可靠性分析

7.6.9　管理措施的可靠性分析

7.7　重大危险源安全状态

7.7.1　重大危险源辨识

7.7.2　重大危险源等级确认

7.7.3　安全状态确认

7.8　存在隐患及分析

7.8.1　存在重大事故隐患及原因分析

7.8.2　消除隐患的方向与措施分析

7.9　评估提出的安全对策措施

7.10　监控意见

7.11　评估报告有效期

评估报告有效期是根据评估对象依据法律、法规规定的时限确定报告的有效期。在评估报告有效期内，针对评估对象，评估报告中提出的问题以及监控意见超过有效期应重新评估。

7.12　重要事项说明

有关需要报告使用者明知的事项应重点说明。

安全评估报告应做到内容全面、重点突出、条理清楚、评估结论客观公正。提出的事故隐患整改措施和监控意见应符合实际、科学、有效、合理、可行。

8. 安全评估报告附件

安全评估报告的附件应包括：

1）被评估单位提供的企业概况；

2）被评估单位主要负责人、管理人员以及其他资质证书复印件；

3）重大危险源的申报登记表及简单分级情况；

4）重大危险源单位提供的原始数据资料目录及其他证明材料；

5）有关重大危险源的平面布置图、工艺流程图等有关图表文件；

6）报告需要的法定检验报告检验结果；
7）评估机构和重大危险源单位交换意见汇总表及反馈结果；
8）整改计划和整改情况；
9）重大危险源安全评估报告格式
安全评估报告格式一般包括：
①封面（参见附录C）；
②安全评估机构资质证书复印件；
③著录项（参见附录D）；
④目录；
⑤前言；
⑥正文；
⑦附件及附录。

9．安全评估报告载体

安全评估报告采用纸质载体，版权属于安全评估机构所有。为适应信息处理需要，安全评估报告可辅助采用电子载体形式。电子载体只用作根据政府监管机构适应信息处理需要。

附录A　重大危险源安全评估所需主要资料清单

一、单位情况
（一）基本情况
（二）生产工艺
（三）装置、储存设施等基本情况
（四）重大危险源的区域位置图
（五）重大危险源事故档案
二、外部环境条件
（一）所在地的自然条件资料
（二）周边道路交通和交通管制示意图
（三）周边的重要场所、区域，基础设施，单位分布情况
（四）周边二十四小时人口居住和活动分布情况
三、从业人员情况
（一）主要负责人资质证书及培训考核情况
（二）安全管理人员资质证书及培训考核情况
（三）特种作业人员资质证书及培训考核情况
（四）其他从业人员培训考核情况
四、安全生产管理
（一）企业管理机构设置及职责文件
（二）岗位设置及责任制文件

（三）安全生产管理制度
（四）企业操作规程
（五）安全生产管理机构和专职安全生产管理人员的设置和配备文件
（六）安全生产管理档案、记录
（七）事故应急救援
（1）应急救援组织或应急救援人员的设置或配备的文件
（2）应急救援物资和设施
（3）周围医疗、消防等可支援力量
（4）事故应急预案
（5）事故应急预案演练记录
（八）事故管理情况
（1）三年内发生的事故调查处理情况报告
（2）对发生事故接受教训和整改情况

五、设备、设施资料

（一）生产系统
（1）主要设备、设施清单
（2）设备、设施设计和制造单位资质
（3）设备、设施变更、维护、保养、检修情况
（4）设备、设施安全状态
（5）关键工艺、设备的运行参数、检测记录
（二）辅助系统
（1）储存设施
①储存设施清单
②设施设计和制造单位资质
③储存设施运行、变更、维护、保养、检修情况
④储存记录
（2）公用工程条件（水、电、气、风等）
（3）通讯、报警装置、设施
（三）消防系统
（1）主管消防部门的消防建议书
（2）消防设施清单
（3）消防设施配置图
（4）消防设施运行、维护、保养、检修记录

六、工艺过程

（一）工艺技术
（二）工艺流程图
（三）操作规程
（四）平面布置图

（五）工艺变更情况
（六）一年内生产运行记录
七、危险物料
（一）生产、经营、储存、运输、使用危险物料明细
（二）生产、经营、储存、运输、使用危险物料数量
（三）生产、经营、储存、运输、使用危险物料的分布情况
（四）生产、经营、储存、运输、使用危险物料的安全标签和安全技术说明书
八、建筑、构筑物
（一）建筑、构筑物明细及设计耐火等级
（二）建筑、构筑物面积
（三）存在主要危险和危害物质
（四）安全防护设施
九、作业场所
（一）作业场所明细
（二）作业场所的环境及说明
（三）存在主要危险和危害物质
（四）从业人员劳动防护用品配备
（五）危害因素检验检测
（六）安全防护设施
十、安全防护设施管理
（一）安全防护设施清单
（二）安全防护设施的检验检测报告
（三）安全设施维护、保养记录
十一、重大危险源管理资料
（一）已进行的重大危险源申报登记资料和注册文件
（二）已进行的重大危险源检测、评估报告
（三）重大危险源的监控措施
十二、事故应急救援和管理
（一）事故应急救援预案
（二）事故应急救援器材、设备配备明细
（三）应急救援器材、设备维护、保养、检修记录
（四）医疗救护措施

附录B　名词解释

（一）危险源

危险源是指导致事故危险发生的根源。存在危险物质潜在能量或危害是构成危险源的必要条件，也是发生事故的必要条件之一。

（二）重大危险源

重大危险源是指长期或者临时地加工、生产、处理、搬运、使用或储存过程中数量超过临界量的一种或多种危险物质或多类危险物质的区域或设施。

（三）重大危险源辨识

重大危险源辨识是指依据《重大危险源辨识》（GB 18218—2000）和国家安全生产监督管理局发布《关于开展重大危险源监督管理工作的指导意见》对危险源进行普查和辨识的全过程。

（四）重大危险源登记

重大危险源登记是指依据《安全生产法》、《重大危险源辨识》（GB 18218－2000）和国家安全生产监督管理局发布的《关于开展重大危险源监督管理工作的指导意见》以及某省有关文件，对重大危险源进行登记、注册和管理的过程。

凡是不按有关法律、法规、规范、标准进行登记、注册的单位和个人，必须承担有关法律责任。

（五）危险性识别

危险性识别是对重大危险源固有危险、危害因素进行危险性分析、确认的过程。

（六）危险程度评估

危险程度评估是指运用科学的手段和方法对重大危险源可能发生事故的预测。危险程度评估预测重大危险源可能事故频率或严重程度。并在确认的危险程度上，提出降低事故频率和严重程度的有效措施，使评估对象的危险程度降低到可以接受的水平的过程。

（七）隐患

隐患是指控制重大危险源的安全防护措施的缺少或失效，导致事故发生的物的危险状态，包括设备、设施缺陷、人的不安全行为及管理上的失控等。隐患部位是指可导致事故频率和严重程度增加，超过了可接受水平的设备、部位或区域。

（八）事故

事故是职业活动过程中发生的意外的突发性事件总称，通常会使正常活动中断，造成人员伤亡或财产损失。其中：

重大事故是指会对职工、公众或环境以及生产设备造成即刻或延迟性严重危害的事故；

伤亡事故是指职业活动过程中发生的职工人身伤亡或急性中毒事件；

急性中毒事故是职工在短时间内摄入大量有毒物质，发病急，病情变化快，致使暂时或永久丧失工作能力或死亡的事件；

未遂事故，指由设备和人为差错等诱发因素产生的有可能发生的事故，但由于人或其他保护装置等原因，未造成职工伤亡或财产损失的事件。

（九）风险

风险是指人们对于可能发生事故的频率和严重度的接受程度。固有风险很大的设备、部位或区域，可以通过提高和增加安全防护措施来降低风险，达到可接受水平。

（十）安全防护措施

安全防护措施是指为了降低风险而采取的各种对策措施。其中包括：直接消除性安全措施、直接有效的预防性安全措施、间接减弱性安全措施、隔离性安全措施、自动连锁性安全措施、警示或警告性安全措施等。

（十一）定性、定量评估

重大危险源安全评估可采用的方法包括定性和定量评估方法。

（1）定性评估方法

定性评估方法包括：

①预先危险性分析；

②安全检查表；

③故障类型和影响分析；

④故障假设分析；

⑤故障树分析；

⑥危险与可操作性研究；

⑦风险矩阵法，等等。

（2）定量评估方法

定量评估方法包括：

①道化学火灾、爆炸危险指数法；

②蒙德火灾、爆炸危险指数法；

③故障树分析；

④事件树分析；

⑤风险矩阵法；

⑥事故灾害后果预测等。

（十二）评估基准日

评估对象的状况在某一时点是一定的，这一特定的时点为评估基准时点，以某一天为评估基准时点，即评估基准日。

（十三）危险等级

危险等级划分为固有危险等级和事故隐患危险等级两种。

（1）固有危险等级

固有危险等级划分是根据重大危险源的能量、毒性等确定的固有危险程度，在这种危险等级划分时，只强调了物质品种和数量，强调超过临界量的数值，强调假设在没有任何安全措施或安全设施完全失效时所造成的损失，是各级政府安全生产监督管理部门进行重大危险源登记、注册依据。

其中：

固有危险等级为一级重大危险源，应报告省安全监督管理局；

二级、三级重大危险源，应报告市级安全监督管理局；

四级重大危险源由县级安全监督管理部门监管。

注1：构成重大危险源并不一定构成事故隐患，构成一级、二级固有危险等级的重大危险源，并不一定构成重大事故隐患。所以，省安全生产监督管理局只登记一级固有危险等级的重大危险源，对于固有危险等级为二级的重大危险源，市、地安全生产监督管理部门认为有必要的可报告省安全生产监督管理局。

注2：固有危险等级的重大危险源的分级方法，一般按构成重大危险源的临界量的几何级数上升，

即四级固有危险等级的重大危险源以超过临界量而低于临界量 10 倍为限；三级固有危险等级的重大危险源以超过临界量 10 倍而低于临界量 10^2 倍为限；二级固有危险等级的重大危险源以超过临界量 10^2 倍而低于临界量 10^3 倍为限；固有危险等级超过临界量 10^3 倍以上的重大危险源为一级固有危险等级的重大危险源。

(2) 事故隐患危险等级

事故隐患危险等级划分是在按重大危险源的能量、毒性等确定的固有危险程度分级的基础上，进行现状安全评估的结果。在这种危险等级划分时，不仅要强调物质品种和数量，而且还应强调对安全措施或安全设施的完整性和可靠性的分析，并根据发生事故后可能造成的损失，确定重大危险源的事故隐患危险等级，是各级政府加大监管力度、制定隐患治理规划的依据和控制重大、特大事故发生的主要方向。

根据国家安全生产监督管理总局安监总协调字［2005］125 号《关于规范重大危险源监督与管理工作的通知》，参考原劳动部劳部发［1995］322 号文《重大事故隐患管理规定》① 要求，以及重大危险源评估所得到的严重程度，结合国家及××省有关伤亡事故报告和调查处理的规定，拟将××省重大危险源评估结果分为一、二、三、四级。

其中：

一级重大危险源（可能造成特别重大事故的），属国家安全监督管理总局直接监管；

二级重大危险源（可能造成特大事故的），属省安全监督管理局直接监管；

三级重大危险源（可能造成重大事故的），属市级安全监督管理局监管；

四级重大危险源（可能造成一般事故的），属县级安全监督管理部门监管。

但是，应逐级上报。

注①：原劳动部劳部发［1995］322 号文《重大事故隐患管理规定》重大事故隐患根据作业场所、设备及设施的不安全状态，人的不安全行为和管理上的缺陷，可导致事故损失的程度分为两级：其中特别重大事故隐患是指可能造成死亡 50 人以上，或直接经济损失在 1000 万元以上的事故隐患；重大事故隐患是指可能造成死亡 10 人以上，或直接经济损失在 500 万元以上的事故隐患。

附录 C 安全评估报告封面格式

（一）封面布局

封面第一、二行文字内容是重大危险源单位名称；

封面第三行文字内容是重大危险源名称；

封面第四行文字内容是报告名称，为“重大危险源安全评估报告”；

封面最后两行分别是安全评估机构名称和安全评估机构资质证书编号。

（二）封面样张

封面样张如图 C. 1 所示。

重大危险源单位名称

重大危险源安全评估报告

安全评估机构名称

安全评估资质证书编号

图 C.1 重大危险源安全评估报告封面（样张）

附录 D 著录项格式

（一）布局

“评估机构法定代表人，课题组主要人员和审核人”等著录项一般分两张布置，第一张署明评估机构的法定代表人（以评估机构营业执照为准）、审核定稿人、课题组长等主要责任者姓名，下方为报告编制完成的日期及安全评估机构（以安全评估机构资质证书为准）公章用章区；第二张则为安全评估人员（以安全评估人员资格证为准并署名注册号）、各类技术专家（应为评估机构专家库内人员）以及其他有关人员名单，安全评估人员和技术专家均要求手写签名。

（二）样张

著录项样张见图 D.1 和表 D.1。

重大危险源单位名称

重大危险源安全评估报告

法定代表人：以评估机构营业执照为准

审核定稿人：

课题组长：

年 月 日（评估报告完成日期）

（评估机构公章）

图 D.1 著录项样张（第一张）

表 D.1　安全评估人员、各类技术专家及其他有关人员名单表

评估人员

责任分工	姓名	资格证书号	签字	备注
组长				
组成员				
编制				
审核				

技术专家

姓名	技术职称	专业特长	签字

附录五

××公司重大危险源评估报告

××公司

重大危险源安全评估报告

××评估公司

资质证书编号：APJ—(国)—＊＊＊＊—200＊

××公司

重大危险源安全评估报告

法定代表人：

审核定稿：

课题组长：

××××年××月××日

安全评估人员、各类技术专家及其他有关人员名单表

评估人员

责任分工	姓名	资格证书号	签字	备注
组长				
组成员				
编制				
审核				

技术专家

姓名	技术职称	专业特长	签字

前　言

加强安全生产，防止职业危害是国家的一项基本政策，是发展我国社会主义市场经济的重要条件，是企业管理的一项基本原则。党和政府对安全生产工作十分重视，“安全第一、预防为主、综合治理”是党和国家始终不渝的安全生产方针。

《中华人民共和国安全生产法》第三十三条规定“生产经营单位对重大危险源应当登记建档，进行定期检测、评估、监控，并制定应急预案，告知从业人员和相关人员在紧急情况下应当采取的应急措施。生产经营单位应当按照国家有关规定将本单位重大危险源及有关安全措施、应急措施报有关地方人民政府负责安全生产监督管理的部门和有关部门备案”。《国务院关于进一步加强安全生产工作的决定》（国发［2004］2号）第八条“搞好重大危险源的普查登记，加强国家、省（区、市）、市（地）、县（市）四级重大危险源监控工作，建立应急救援预案和生产安全预警机制”。重大危险源安全评估是以辨识的重大危险源为标的的安全评估过程，它是利用系统安全工程的方法对重大危险源存在的危险性进行定性和定量分析，得出该重大危险源发生危险的可能性及其后果严重程度的过程，是寻找用最少的安全投资，最有成效的控制重大危险源的途径，使过程存在的风险程度控制在可承受范围的全过程。

根据《中华人民共和国安全生产法》、《国务院关于进一步加强安全生产工作的决定》、《××省重大危险源安全监督管理办法》等法律、法规、文件精神和安全生产监督管理局的要求，某有限公司委托我单位对其普查登记的重大危险源单元进行安全评估工作，以备下步进行重大危险源申报备案。

接到委托后，本公司组织有关技术人员组成安全评估组，评估组成员认真地对××公司安全办编制的《重大危险源申报登记表》（2006年12月）（以下简称《申报登记表》）进行了全面的研究，查阅了相关图纸、资料。对现场进行了实地勘察、咨询调研。按照国家有关法律、法规、标准、规范、规程和评估导则等有关规定、要求，针对该公司煤气柜区、液氨储罐区、甲醇储罐区、二甲醚储罐区、工业管道群、压力容器群、蒸汽锅炉以及相应的生产场所等单元生产运行中可能存在的危险、有害因素及其危害程度进行了全面识别与分析。并根据评估需要，选择科学、合理的评估模型对可能发生的事故种类及严重程度进行定性、定量评估。在此基础上，进行重大危险源等级划分；对照相关规范和标准要求，提出防范事故的安全对策措施和建议；最后得出评估结论。

委托方提供的证件、文件和资料是本评估报告的重要依据，应对其真实性负责。若委托方提供虚假的证件、文件、资料等，本公司将不承担法律责任。我公司在委托方提供的证件、文件和资料的基础上，遵循政策性、科学性、公正性、针对性的原则开展评估工作，并对所做出的评估结果负责。

在本次安全评估工作中，得到了×××安全生产监督管理局的大力支持和委托单位的密切配合，使评估工作得以顺利完成，在此表示衷心的感谢！

本报告中难免存在疏漏和不足之处，敬请有关领导和专家给予批评指正。

评估组

××××年××月

目 录

第1章 概 述

1.1 评估对象基本情况

1.1.1 企业简介（略）

1.1.2 生产工艺（略）

1.1.3 重大危险源基本情况

根据现场勘察及该公司提供的《重大危险源普查登记表》，构成重大危险源的主要有半水煤气（一氧化碳和氢气混合物）柜区、液氨储罐区、甲醇储罐区、二甲醚储罐区、工业管道群、压力容器群、蒸汽锅炉以及相应的生产场所等七个单元。

1.2 评估范围及内容

1.2.1 评估范围

根据《中华人民共和国安全生产法》、《国务院关于进一步加强安全生产工作的决定》、《重大危险源安全监督管理办法》、《××省重大危险源安全评估导则（试行）》等法律、法规、文件精神和××县安全生产监督管理局的要求，受××公司委托，对其普查登记的重大危险源单元进行安全评估工作。

本次评估的范围即《重大危险源申报登记表》所涉及的煤气柜区、液氨储罐区、甲醇储罐区、二甲醚储罐区、工业管道群、压力容器群、蒸汽锅炉以及相应的生产场所等单元。

1.2.2 评估内容

根据《××省重大危险源安全评估导则（试行）》，确定××公司重大危险源安全评估的主要内容为：

(1) 辨识重大危险源的类型；
(2) 辨识各类危险、危害因素的原因和危害特性；
(3) 评估可能发生的事故类型、严重程度；
(4) 根据事故后果，确定重大危险源等级；
(5) 现有安全措施的确认和有效性分析；
(6) 目前存在的隐患分析；
(7) 确认重大危险源管理的安全状态；
(8) 需要增加安全措施和建议；
(9) 监控意见。

1.3 评估基准日

本次重大危险源安全评估基准日确定为××××年××月××日。

1.4 评估目的和基本原则

重大危险源安全评估的目的是贯彻“安全第一，预防为主，综合治理”的安全生产方针，通过对生产、经营、储存、运输、使用过程中构成重大危险源的企业、场所、设备设施的安全评估，为××省境内重大危险源安全管理提供依据。

重大危险源安全评估的基本原则是具有规定资质的安全评估机构合法、自主、科学、公正地进行重大危险源安全评估。

1.5 评估依据

1.5.1 评估依据的法律、法规、规章及文件

(1)《中华人民共和国安全生产法》(中华人民共和国主席令第 70 号，2002.11.1)；

(2)《中华人民共和国消防法》(中华人民共和国主席令第 4 号，1998.9.1)；

(3)《中华人民共和国职业病防治法》(中华人民共和国主席令第 60 号，2002.5.1)；

(4)《中华人民共和国劳动法》(中华人民共和国主席令第 28 号，1995.1.1)；

(5)《中华人民共和国劳动合同法》(中华人民共和国主席令第 65 号，2008.1.1)；

(6)《工伤保险条例》(国务院令第 375 号，2004.1.1)；

(7)《安全生产许可证条例》(国务院令第 397 号，2004.1.13)；

(8)《危险化学品安全管理条例》(国务院令第 344 号，2002.3.15)；

(9)《特种设备安全监察条例》(国务院令第 373 号，2003.6.1)；

(10)《生产安全事故报告和调查处理条例》(国务院令第 493 号，2007.6.1)；

(11)《使用有毒物品作业场所劳动保护条例》(国务院令第 352 号，2002.5.12)；

(12)《锅炉压力容器安全监察暂行条例》(1982 年 2 月 6 日国务院发布，1982.7.1)；

(13)《国务院关于进一步加强安全生产工作的决定》(国发［2004］2 号)；

(14)《国务院关于全面加强应急管理工作的意见》(国发［2006］24 号)；

(15)《国务院安委会办公室关于进一步加强危险化学品安全生产工作的指导意见》(安委办［2008］26 号)；

(16)《关于开展重大危险源监督管理工作的指导意见》(安监管协调字［2004］56 号)；

(17)《关于进一步加强和规范重大危险源监督管理工作的通知》(安监管司办字〔2004〕127 号)；

(18)《关于认真做好重大危险源监督管理工作的通知》(安监总协调字［2005］62 号)；

(19)《关于规范重大危险源监督与管理工作的通知》(安监总协调字［2005］125 号)；

(20)《特种作业人员安全技术培训考核管理办法》(原国家经济贸易委员会主任令第 13 号，1999.10.1)；

(21)《危险化学品名录》(2002 年版)(国家安全生产监督管理局公告 2003 年第 1 号)；

(22)《劳动防护用品监督管理规定》 (国家安全生产监督管理总局令第 1 号，2005.9.1)；

(23)《生产经营单位安全培训规定》 (国家安全生产监督管理总局令第 3 号，2006.3.1)；

(24)《危险化学品生产企业安全生产许可证实施办法》(原国家安全生产监督管理局令第10号，2004.5.17)；

(25)《安全生产事故隐患排查治理暂行规定》(国家安全生产监督管理总局令第16号，2008.2.1)；

(26)《危险化学品建设项目安全设施目录（试行)》(安监总危化［2007］225号)；

(27)《爆炸危险场所安全规定》(原劳部发［1995］56号)；

(28)《重大事故隐患管理规定》(原劳部发［1995］322号)；

(29)《小氮肥安全技术规程》(原化督发［1995］904号)；

(30)《仓库防火安全管理规则》(公安部令第6号，1990.4.10)；

(31)《建筑工程消防监督审核管理规定》(公安部令第30号，1997.3.1)；

(32)《防雷装置设计审核和竣工验收规定》(气象局令第11号，2005.4.1)；

(33)《锅炉压力容器使用登记管理办法》(国质检锅［2003］207号)；

(34)《锅炉定期检验规则》(质技监局锅发［1999］202号)；

(35)《蒸汽锅炉安全技术监察规程》(劳部发［1996］276号)；

(36)《有机热载体炉安全技术监察规程》(劳部发［1993］356号)；

(37)《压力容器安全技术监察规程》(质技监局锅发［1999］154号)；

(38)《压力管道安全管理与监察规定》(原劳部发［1996］140号)；

(39)《压力管道使用登记管理规则》(国质检锅［2003］213号)；

(40)《气瓶安全监察规程》(质技监局锅发［2000］250号)；

(41)《起重机械监督检验规程》(国质检锅［2002］296号)；

(42)《财政部　国家安全生产监督管理总局关于印发〈高危行业企业安全生产费用财务管理暂行办法〉的通知》(财企［2006］478号)；

(43)《劳动防护用品配备标准（试行)》(原国经贸安全［2000］189号)。

1.5.2 评估依据的标准、规程

(1)《建筑设计防火规范》(GB 50016—2006)；

(2)《石油化工企业设计防火规范》(GB 50160—1992)(1999年修订版)；

(3)《建筑内部装修设计防火规范》(GB 50222—1995)(2001年修订版)；

(4)《建筑灭火器配置设计规范》(GB 50140—2005)；

(5)《火灾自动报警系统设计规范》(GB 50116—1998)；

(6)《消防安全标志设置要求》(GB 15630—1995)；

(7)《建筑地基基础设计规范》(GB 50007—2002)；

(8)《建筑结构荷载规范》(GB 50009—2001)(2006年版)；

(9)《建筑地面工程及施工验收规范》(GB 50209—2002)；

(10)《建筑抗震设计规范》(GB 50011—2001)；

(11)《钢质压力容器安全设计规范》(GB 150—2000)；

(12)《高压锅炉用无缝钢管》(GB 5310—1995)；

(13)《流体输送用不锈钢无缝钢管》(GB/T 14976—2002)；

(14)《流体输送用无缝钢管》(GB/T 8163—1999)；

(15)《钢制管道及储罐腐蚀控制工程设计规范》(SY 0007—1999);
(16)《工业建筑防腐蚀设计规范》(GB 50046—2008);
(17)《石油化工企业燃料气系统和可燃性气体排放系统设计规范》(SH 3009—2001);
(18)《石油化工设备管道钢结构表面色和标志规定》(SH 3043—2003);
(19)《石油化工企业可燃气体和有毒气体检测报警设计规范》(SH 3063—1999);
(20)《石油化工有毒、可燃介质管道工程施工及验收规范》(SH 3501—2002);
(21)《工业管道的基本识别色、识别符号和安全标识》(GB 7231—2003);
(22)《可燃气体探测器技术要求和试验方法》(GB 15322—1994);
(23)《易燃易爆罐区安全监控预警系统》(GB 17681—1999);
(24)《储罐区防火堤设计规范》(GB 50315—2005);
(25)《固定式钢直梯安全技术条件》(GB 4053.1—1993);
(26)《固定式钢斜梯安全技术条件》(GB 4053.2—1993);
(27)《固定式工业防护栏杆安全技术条件》(GB 4053.3—1993);
(28)《固定式工业钢平台安全技术条件》(GB 4053.4—1993);
(29)《工业企业总平面设计规范》(GB 50187—1993);
(30)《工业企业安全卫生设计总则》(GB 5083—1999);
(31)《化工企业安全卫生设计规定》(HG 20571—1995);
(32)《工业企业厂界噪声标准》(GB 12348—1990);
(33)《工业企业噪声控制设计规范》(GBJ 87—1985);
(34)《化工企业总图运输设计规范》(HG/T 20649—1998);
(35)《工业自动化系统》(GB 16655—1996);
(36)《生产设备安全卫生设计总则》(GB 5083—1999);
(37)《生产过程安全卫生要求总则》(GB 12801—1991);
(38)《生产过程危险和有害因素分类与代码》(GB/T 13861—1992);
(39)《工业企业厂内铁路、道路运输安全规程》(GB 4387—1994);
(40)《机动工业车辆安全规范》(GB 10827—1999);
(41)《厂内机动车辆安全检验技术要求》(GB/T 16178—1996);
(42)《工业企业通信设计规范》(GBJ 42—1981);
(43)《工业企业设计卫生标准》(GBZ 1—2002);
(44)《工作场所有害因素职业接触限值》(GBZ 2—2007);
(45)《职业性接触毒物危害程度分级》(GB 5044—1985);
(46)《有毒作业分级》(GB/T 12331—1990);
(47)《高处作业分级》(GB/T 3608—1993);
(48)《高温作业分级》(GB/T 4200—1997);
(49)《噪声作业分级》(LD 80—1995);
(50)《采暖通风与空气调节设计规范》(GB 50019—2003);
(51)《建筑采光设计标准》(GB/T 50033—2001);
(52)《建筑照明设计标准》(GB 50034—2004);
(53)《建筑物防雷设计规范》(GB 50057—1994)(2000 年版);

(54)《防止静电事故通用导则》(GB 12158—2006);

(55)《爆炸和火灾危险环境电力装置设计规范》(GB 50058—1992)(1997 年版);

(56)《供配电系统设计规范》(GB 50052—1995);

(57)《10 kV 及以下变电所设计规范》(GB 50053—1994);

(58)《低压配电设计规范》(GB 50054—1995);

(59)《通用用电设备设计规范》(GB 50055—1993);

(60)《电气装置安装工程施工及验收规范》(GB 50254—96、GB 50255—96、GB 50256—96、GB 50257—96、GB 50258—96、GB 50259—96);

(61)《电力装置的继电保护和自动装置设计规范》(GB 50062—1992);

(62)《继电保护和安全自动装置技术规程》(GB/T 14285—2006);

(63)《漏电保护器安装和运行》(GB 13955—2005);

(64)《工业与民用电力装置的接地设计规范》(GBJ 65—1983);

(65)《旋转电机外壳防护分级(IP 代码)》(GB/T 4942.1—2001);

(66)《危险化学品重大危险源辨识》(GB 18218—2009);

(67)《常用危险化学品的分类及标志》(GB 13690—1992);

(68)《常用化学危险品贮存通则》(GB 15603—1995);

(69)《易燃易爆性商品储藏养护技术条件》(GB 17914—1999);

(70)《化学品安全技术说明书编写规定》(GB 16483—2000);

(71)《化学品安全标签编写规定》(GB 15258—1999);

(72)《企业职工伤亡事故分类标准》(GB 6441—1986);

(73)《安全色》(GB 2893—2001);

(74)《安全标志》(GB 2894—1996);

(75)《安全标志使用导则》(GB 16179—1996);

(76)《安全评估通则》(AQ 8001—2007);

(77)《生产经营单位安全生产事故应急救援预案编制导则》(AQ/T 9002—2006)。

1.5.3 评估依据的基本文件和资料

见附件。

1.6 评估程序

评估工作分为三个阶段，分别为：准备阶段、实施评估阶段和报告编制阶段（见图 1.1 安全评估工作程序图）。

第一阶段为准备阶段。该阶段由专人收集有关资料，进行初步的重大危险源分析和危险、有害因素识别，选择评估方法。

第二阶段为实施评估阶段。该阶段通过对公司基本情况和重大危险源进行调查，运用合适的评估方法进行定性、定量分析，提出对策措施与建议，经企业积极进行整改后，评估人员对该公司进行多次复核，确认存在的问题已经消除。

第三阶段为评估报告书的编制阶段。该阶段主要是汇总第二阶段所得到的各种资料数据，综合分析，提出结论与建议，完成重大危险源安全评估报告书的编制。

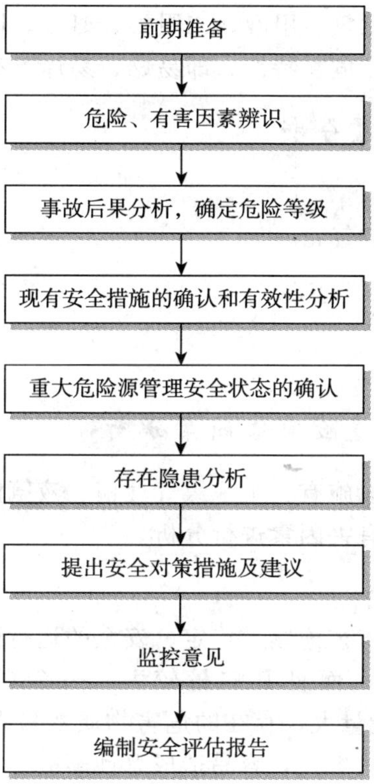

图 1.1 安全评估工作程序图

1.7 评估单元划分

根据《中华人民共和国安全生产法》、《国务院关于进一步加强安全生产工作的决定》、《关于开展重大危险源监督管理工作的指导意见》（安监管协调字［2004］56 号）、《危险化学品重大危险源辨识》（GB 18218—2009）等法律、法规、文件及标准的规定，结合《重大危险源申报登记表》及现场勘查情况，现将评估单元划分如下：

（1）煤气柜区；

（2）液氨储罐区；

（3）甲醇储罐区；

（4）二甲醚储罐区；

（5）工业管道群；

（6）压力容器群；

（7）蒸汽锅炉；

第 2 章 危险、有害因素辨识与分析

××公司合成氨、尿素装置在生产过程中所使用的原料、反应生成的中间产物、产品、副产品分别具有易燃、易爆、有毒窒息、腐蚀等危害特性。其中主要危险、有害物质为：半

水煤气、净化气、合成气、硫化氢、甲醇、二甲醚、氨等。以上物料在不同的状态下具有相对应的物理、化学性质及危险、危害特性，即易燃、易爆、有毒等危害特性。

2.1 主要危险有害物质分析

（1）半水煤气；
（2）变换气、脱碳气、合成气；
（3）硫化氢；
（4）甲醇；
（5）氨。

2.2 主要贮存设施的危险有害因素分析

该工程所使用的主要贮存设施有：半水煤气气柜、液氨储罐、甲醇储罐。下面对其在贮存过程中可能发生的主要危险有害因素进行分析。

2.2.1 半水煤气气柜

半水煤气气柜是为了生产工艺连续、稳定、安全的运行而设置的原料贮存设备。由于设备内介质为易燃易爆的煤气，而且其贮量较大，一个煤气柜半水煤气最大存贮量为 5000 m^3，设备内具有的危险能量大，存在的危害物质数量多，因此，该设备潜在的危险危害性大，生产过程中该设备一旦失控，容易造成恶性事故。主要危险有害因素包括：

（1）火灾；
（2）爆炸。

2.2.2 液氨储罐

本工程液氨合成塔在其使用过程中主要危险有害因素为火灾、爆炸、中毒窒息。

2.2.3 甲醇储罐

本工程设置有固定顶甲醇储罐，在其使用过程中主要危险有害因素为火灾、爆炸、中毒等。

2.3 生产过程中的危险有害因素分析

（1）火灾爆炸危险性；
（2）中毒。

2.4 主要危险、有害因素的分类和识别

危险因素是指能对人造成伤亡或对物造成突发性损坏的因素。有害因素是指影响人的身体健康，导致疾病，或对物造成慢性损害的因素。根据《生产过程危险和有害因素分类与代码》（GB/T 13861—92）的规定，将生产过程的危险和有害因素分为 6 类，即：

（1）物理性危险和有害因素；
（2）化学性危险和有害因素；
（3）生物性危险和有害因素；
（4）心理、生理性危险和有害因素；

(5) 行为性危险和有害因素；

(6) 其他危险和有害因素。

通过对该公司的现场检查，其主要危险和有害因素辨识如下。

2.4.1 物理性危险和有害因素

压力容器和压力管道危害；电危害；作业环境不良；标志缺陷等危险有害因素。

2.4.2 化学性危险和有害因素

煤气柜和储罐的主要危险物质属于危险化学品，具有易燃、易爆、毒性和一定的腐蚀性等危害，其中火灾、爆炸是本单位中最大的危害特性。

2.4.3 心理、生理性危险和有害因素

体力、听力、视力及其他负荷超限；健康状况异常；心理异常（情绪异常、过度紧张等）。

2.4.4 行为性危险和有害因素

指挥、操作、监护等错误危害。

2.4.5 其他危险和有害因素

运输事故、工具不合适、标识不清等。

2.5 化学危险因素和有害因素的分析

2.5.1 焦炉煤气危害分析

××煤气气柜的煤气主要来自××××的焦炉煤气，其焦炉煤气的主要成分见表 2.1。

表 2.1 焦炉煤气成分表

成分	CO_2	C_nH_m	O_2	N_2	CO	CH_4	H_2	合计
%	1.85	1.85	0.77	8.34	6.94	21.81	58.44	100
热值：4000 kcal/m^3（16.9 MJ/m^3）；密度：0.45 kg/m^3；爆炸极限：3.7%～48.8%								

根据焦炉煤气成分我们可以知道，焦炉煤气的毒性主要来自一氧化碳（CO），一氧化碳的危害分析如下：

(1) 理化性质。一氧化碳为无色、无臭、无刺激性气体，相对密度 0.91。不溶于水，易溶于氨水。焦炉煤气中一氧化碳体积百分数为 5%～8%，发生炉煤气中一氧化碳体积百分数高达 23%～28%，甚至更高。

(2) 危害。一氧化碳是一种窒息性毒气，属Ⅱ级毒物，空气中一氧化碳控制标准为小于 30 mg/m^3。一氧化碳被吸入后，经肺泡进入血液循环。由于它与血液中的血红蛋白的亲和力比 O_2 大 200～300 倍，故人体吸入一氧化碳后，即与血红蛋白结合，生成碳氧血红蛋白（COHb）。碳氧血红蛋白无携氧能力，又不易解离，造成全身各组织缺氧，甚至窒息死亡。空气中一氧化碳浓度达到 1.2 g/m^3 时，短时间可致人死亡。中毒表现如下：

①轻度中毒。吸入一氧化碳后出现头痛、头沉重感、恶心、呕吐、全身疲乏无力、耳鸣、心悸、神情恍惚。稍后，症状便加剧，但不昏迷，离开中毒环境，吸入新鲜空气能很快

自行恢复。病人体内的碳氧血红蛋白一般在20%以下。

②中度中毒。除上述症状加重外，面颊部出现樱桃红，呼吸困难，心率加快，大小便失禁，昏迷。大多数病人经抢救后能好转，不留后遗病症。病人体内的碳氧血红蛋白在20%～50%之间。

③重度中毒。多发生于一氧化碳浓度极高时，患者很快进入昏迷，并出现各种并发症，如脑水肿、心肌损害、心力衰竭、休克。如能得救也留有后遗症，如偏瘫、植物神经功能紊乱、神经衰弱等。病人体内碳氧血红蛋白在50%以上。

2.5.2 火灾爆炸性危险

该公司输送的煤气和天然气都属于易燃易爆物质，在输送的过程中一旦发生泄漏，在空气中的浓度达到爆炸极限浓度时，遇火源将会发生火灾爆炸事故，其事故后果十分严重，因此其气柜和各级调压站应作为防燃爆的重点对象来加强安全管理。

本项目中物质的燃爆特性及火灾爆炸危险性分析见表2.2。

表2.2 危险物质燃爆特性

物质名称	物质火灾危险类别	沸点（℃）	闪点（℃）	爆炸极限（V%）	相对密度
焦炉煤气	甲	—	—	3.7～48.89	0.97（空气）
甲烷	甲	－161.5	—	5.3～16	0.55

火灾与爆炸都会带来生产设施的重大破坏和人员伤亡。

2.5.3 毒性危害分析

该公司生产场所存在毒性危害的物质主要是焦炉煤气中的一氧化碳，因此该公司的煤气调压站存在煤气中毒的危险。

根据《职业性接触毒物危害程度分级》（GB 5044—85），煤气中一氧化碳的接触毒性程度为高度危害。

2.6 物理性危险有害因素辨识

2.6.1 压力容器危险分析

压力容器破裂时的危害，通常有下列几种：

（1）碎片的破坏作用——高速喷出的气体的反作用力把壳体向破裂的相反方向推出。有些壳体则可能裂成碎块或碎片向四周飞散而造成危害。

（2）冲击波危害——容器破裂时的能量除了小部分消耗于将容器进一步撕裂和将容器或碎片抛出外，大部分产生冲击波。冲击波可将建筑物摧毁，使设备、管道遭到严重破坏，远处的门窗玻璃破碎。冲击波与碎片的危害一样可导致周围人员伤亡。

（3）有毒介质的毒害——盛装有毒介质的容器破裂时，会酿成大面积的毒害区。有毒液化气体则蒸发成气体，危害很大。一般在常温下破裂的容器，大多数液化气体生成的蒸气体积约为液体的两三百倍。

（4）可燃介质的燃烧及二次空间爆炸危害——盛装可燃气体、液化气体的容器破裂后，可燃气体与空气混合，遇到触发能量（火种、静电等）在器外发生燃烧、爆炸，酿成火灾事故。其中可燃气体在器外的空间爆炸，其危害更为严重。

造成压力容器爆炸的原因主要有：

(1) 压力容器制造质量不高，出厂检验把关不严，压力容器本身存在缺陷。

(2) 压力容器受压超过设计承压，压力表显示失真，安全阀没有起跳。

(3) 压力容器腐蚀严重，承压能力下降。

(4) 操作失误。

2.6.2 电危害

电气安全包括设备安全和人身安全两个方面。

如果电气设备和线路绝缘老化、受潮、化学腐蚀或机械磨损，会造成绝缘强度降低或损坏，并可能导致短路。电器设备、线路因过载、短路等故障，可能达到引燃温度，引起火灾。

工作人员有意、无意触及或过分接近带电体（包括正常不带电，而发生事故时可能带电的配电装置与电气设备外露可导电部分）、工作人员误操作、误入带电间隔和跨步电压等，均有可能造成触电事故。通常，对地电压在220 V（包括220 V）以上者为高压，220 V以下者为低压，低于40 V者为安全电压。我国通常采用的安全电压为36 V、24 V、12 V。如果在潮湿环境中，由于人存在个体差异，安全电压仍有可能伤人性命。

电流对人体的伤害有两种类型：电击和电伤。电击通常是指电流通过人体内部所造成的伤害，主要影响呼吸、心脏和神经系统，对人体内部组织造成破坏甚至死亡。电伤是指电流通过人体外部组织所造成的伤害，包括电弧烧伤、熔化的金属微粒渗入皮肤等，它通常分为灼伤、烙印和皮肤金属化三种。通常，绝大部分的触电事故都属于电击，而电击伤害的严重程度与通过人体电流的大小、持续时间、部位、电流频率有关。

气体压缩机、泵、照明等用电设备，在异常情况下均有可能对人体造成电击和电伤，甚至引起火灾或爆炸。

2.6.3 静电危害

由于该公司管道输送的是易燃易爆物质，甲烷气体的最小着火能量为0.028 mJ。如果管道和设备的接地不良，有可能产生静电火花，静电火花的能量足以点燃甲烷气体，可能发生火灾爆炸事故。

2.6.4 机械伤害及坠落

机械伤害主要是指机械设备运动（静止）部件、工具、加工件直接与人体接触，引起的夹击、碰撞、剪切、卷入、绞、割、刺等形式的伤害。

各类危险物质储罐处的各类电机、风机、泵等机械的外露部分如轴等和往复运动件都可能对人体造成伤害。特别是在防护装置缺乏、防护不当或违规操作情况下发生机械伤害的可能性更大。

坠落伤害是指在高处作业（2 m以上）中发生坠落造成的伤亡事故。本项目发生坠落危害的地点主要有：

(1) 气柜各高层平台四周檐口处；

(2) 直斜爬梯，有关的口、池等有人活动的地方；

(3) 高层设备检修。

这些地点和场所均可能引发坠落事故，导致人员伤亡，设备损坏，影响生产。坠落物离地面的高度越高，受到冲击的力也就越大，伤害的程度也就越大。

2.6.5　雷击危害

雷电的危害在于当它击中建筑物时，强大的冲击电压和雷电流会毁坏各种电气设备；强烈的机械振动造成建筑物和设备损坏；热效应会引起火灾或爆炸。三者都可导致人员伤亡。它的主要危害可分为以下四个方面：

（1）爆炸与火灾

如直击雷放电、二次放电、球形雷侵入，雷电流转化的高温等，可能引起爆炸与火灾。

（2）电击

如直击雷、二次放电、球形打击、跨步电压以及绝缘体被击穿，均可使人遭到电击。

（3）毁坏设备和设施

如冲击电压，可击穿电器设备的绝缘，力效应可造成设备线圈散架，设施毁坏。

（4）事故停电

电力设备、电力线路以及电气仪表，遭雷击损坏，均可导致停电。

2.6.6　标志缺陷危害

储存易燃易爆物质的场所、设备处无标志、标志不清楚、标志不规范、标志选用不当、标志位置缺陷等都有可能造成人员判断失误，进行误操作，引发事故。

2.7　重大危险源的辨识

我们依据国家标准《危险化学品重大危险源辨识》（GB 18218—2009）和国家安全生产监督管理局《关于开展重大危险源监督管理工作的指导意见》（安监管协调字［2004］56号）来辨识重大危险源设施，主要从以下6个方面分析：储罐区（储罐）；库区（库）；生产场所；压力管道；锅炉；压力容器。

综上分析得出重大危险源设施如下：

（1）××××煤气柜

（2）××××储罐

……

第3章　重大危险源事故风险分析

3.1　典型事故案例介绍与分析

（1）按事故类别分析

（2）按事故原因分析

3.2　事故的定性或定量分析

该公司在生产过程中可能发生的重大事故主要有煤气泄漏、甲醇泄漏、液氨泄漏，达到燃烧爆炸极限时，遇到火源引起火灾、爆炸，同时伴有中毒等事故。针对可能发生的重大事故分别对储罐区采用池火灾事故后果模型和液体泄漏速度模型、生产场所采用火灾、爆炸事故模型和喷射火事故后果模型进行重点评估。

3.2.1 储罐区重大事故后果分析

3.2.1.1 易燃、易爆、有毒重大危险源评估方法

重大危险源是指长期地或临时地生产、加工、搬运、使用或贮存危险物质，且危险物质的数量等于或超过临界量的单元。单元指一个（套）生产装置、设施或场所，或同属一个工厂的且边缘距离小于 500 m 的几个（套）生产装置、设施或场所。在安全评估过程中，评估人员可以根据评估实际工作的需要用易燃、易爆、有毒重大危险源评估法对企业辨识出的重大危险源进行量化的评估。

易燃、易爆、有毒重大危险源评估法是“八五”国家科技攻关专题“易燃、易爆、有毒重大危险源辨识评估技术研究”提出的分析评估方法，是在大量重大火灾、爆炸、毒物泄漏中毒事故等资料的统计分析基础上，从物质危险性、工艺危险性入手，分析重大事故发生的原因、条件，评估事故的影响范围、伤亡人数和经济损失，提出应采取的预防、控制措施。

3.2.1.2 易燃、易爆、有毒重大危险源评估法特点

易燃、易爆、有毒重大危险源评估法是一种定量的评估方法，能较准确地评估出系统内危险物质、工艺过程的危险程度、危险性等级，较精确地计算出事故后果的严重程度（危险区域范围、人员伤亡和经济损失），提出工艺设备、人员素质以及安全管理三方面的 107 个指标组成的评估指标集。但该方法需要人员具有较高的综合能力，方法程序操作复杂，需要确定的参数指标较多。

3.2.1.3 易燃、易爆、有毒重大危险源评估法应用范围

该方法适用于各类安全评估及安全评估过程中对重大危险源的评估。

3.2.1.4 易燃、易爆、有毒重大危险源评估步骤

20 世纪 90 年代初，我国开始重视对重大危险源的评估和控制，“重大危险源评估和宏观控制技术研究”列入国家“八五”科技攻关项目，该课题提出了重大危险源的控制思想和评估方法，为我国开展重大危险源的普查、评估、分级监控和管理提供了良好的技术依托。为将科研成果应用于实际生产，提高我国重大工业事故的预防和控制技术水平，1997 年原劳动部选择北京、上海、天津、青岛、深圳和成都等 6 城市开展了重大危险源普查试点工作，取得了良好的成效。在重大危险源控制领域，我国虽然取得了一些进展，发展了一些实用新技术，对促进企业安全管理、减少和防止伤亡事故起到了良好作用，为重大工业事故的预防和控制奠定了一定的基础。

（1）评估单元的划分

重大危险源评估以单元作为评估对象。一般把装置的一个独立部分称为单元，并以此来划分单元。每个单元都有一定的功能特点，例如原料供应区、反应区、产品蒸馏区、吸收或洗涤区、成品或半成品贮存区、运输装卸区、催化剂处理区、副产品处理区、废液处理区、配管桥区等。在一个共同厂房内的装置可以划分为一个单元；在一个共同堤坝内的全部储罐也可划分为一个单元；散设在地上的管道不作为独立的单元处理，但配管桥区例外。

(2) 评估模型的层次结构

根据安全工程学的一般原理，危险性定义为事故频率和事故后果严重程度的乘积，即危险性评估一方面取决于事故的易发性，另一方面取决于事故一旦发生后后果的严重性。现实的危险性不仅取决于由生产物质的特定物质危险性和生产工艺的特定工艺过程危险性所决定的生产单元的固有危险性，而且还同各种人为管理因素及防灾措施的综合效果有密切关系。

重大危险源的评估模型具有如图 3.1 所示的层次结构。

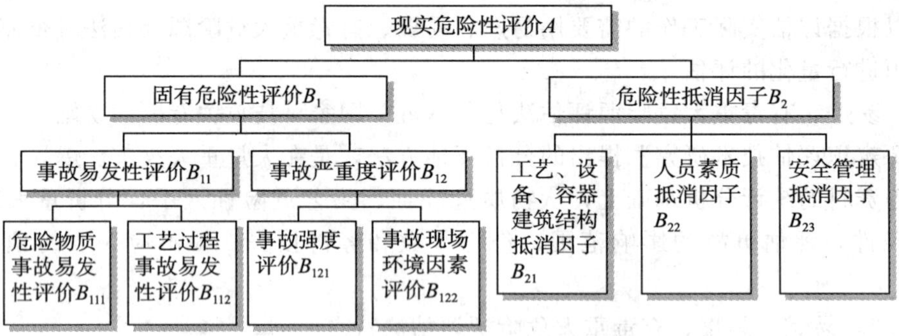

图 3.1 重大危险源评估指标体系框图

(3) 评估的数学模型

重大危险源的评估分为固有危险性评估与现实危险性评估，后者是在前者的基础上考虑各种危险性的抵消因子，它们反映了人在控制事故发生和控制事故后果扩大方面的主观能动作用。固有危险性评估主要反映了物质的固有特性、危险物质生产过程的特点和危险单元内部、外部环境状况。

固有危险性评估分为事故易发性评估和事故严重度评估。事故易发性取决于危险物质事故易发性与工艺过程危险性的耦合。

评估的数学模型如下

$$A = \{\sum_{i=1}^{n}\sum_{j=1}^{m}(B_{111})_i W_{ij}(B_{112})_j\} \times B_{12} \times \prod_{k=1}^{3}(1 - B_{2k})$$

式中：$(B_{111})_i$——第 i 种物质危险性的评估值；

$(B_{112})_j$——第 j 种工艺危险性的评估值；

W_{ij}——第 j 项工艺与第 i 种物质危险性的相关系数；

B_{12}——事故严重度评估值；

B_{21}——工艺、设备、容器、建筑结构抵消因子；

B_{22}——人员素质抵消因子；

B_{23}——安全管理抵消因子。

1) 物质事故易发性的评估

具有燃烧、爆炸、有毒危险物质的事故易发性分为 8 类，见图 3.2。

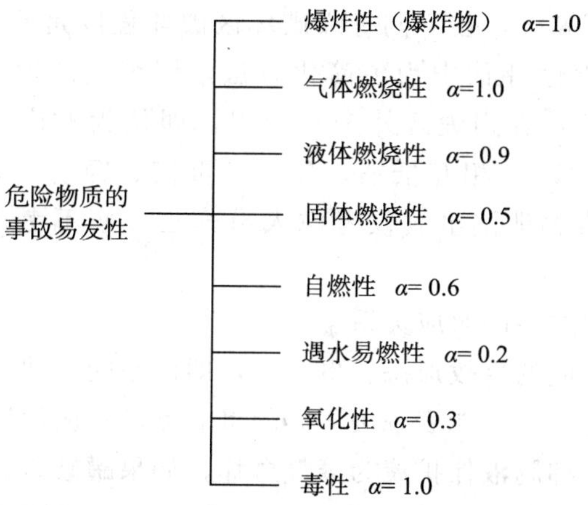

图 3.2 危险物质事故易发性分类分级框图

每类物质根据其总体危险感度给出权重分；每 $(B_{111})_i$ 种物质根据其与反应感度有关的理化参数值给出状态 G 分；每一大类物质下面分若干小类，共计 19 个子类。对每一大类或子类，分别给出状态分的评估标准。权重分与状态分的乘积即为该类物质危险感度的评估值，亦即危险物质事故易发性的评分值 B_{111}，即

$$(B_{111})_i = \alpha_i \times G_i$$

为了考虑毒物扩散危险性，在危险物质分类中定义毒性物质为第 8 种危险物质，一种危险物质可以同时属于易燃、易爆 7 大类中的一类，又属于第 8 类。对于毒性物质，其危险物质事故易发性主要取决于下列 4 个参数：

①毒性等级；

②物质的状态；

③气味；

④重度。

毒性大小不仅影响事故后果，而且影响事故易发性。毒性大的物质，即使微量扩散也能酿成事故，而毒性小的物质不具有这种特点。对不同的物质状态，毒物泄漏和扩散的难易程度有很大不同。物质危险性的最大分值定为 100 分。

2）工艺过程事故易发性的评估

工艺过程事故易发性与过程中的反应形式、物料处理过程、操作方式、工作环境和工艺过程等有关。确定 21 项因素为工艺过程事故易发性的评估因素。这 21 项因素是：放热反应、吸热反应、物料处理、物料贮存、操作方式、粉尘生成、低温条件、高温条件、负压条件、特殊的操作条件、腐蚀、泄漏、设备因素、密闭单元、工艺布置、明火、摩擦与冲击、高温体、电器火花、静电、毒物出料及输送。最后一种工艺因素仅与含毒性物质有相关关系。对于一个工艺过程，可以从两方面进行评估，即火灾爆炸事故危险和工艺过程毒性。

3）事故严重度的评估

事故严重度用事故后果的经济损失表示。事故后果指事故中人员伤亡以及房屋、设备、物资等的财产损失，不考虑停工损失。人员伤亡分为人员死亡数、重伤数、轻伤数。财产损

失严格讲应分若干个破坏等级，在不同等级破坏区破坏程度是不相同的，总损失为全部破坏区损失的总和。在危险性评估中为了简化方法，用统一的财产损失区来描述，假定财产损失区内财产全部破坏，在损失区外全不受损，即认为财产损失区内未受损失部分的财产同损失区外受损失的财产相互抵消。死亡、重伤、轻伤、财产损失各自都用一当量圆半径描述。对于单纯毒物泄漏事故仅考虑人员伤亡，暂不考虑动植物死亡和生态破坏所受到的损失。

①危险物与伤害模型之间的对应关系

不同的危险物具有不同的事故形态。事实上，即使是同一种类型的物质，甚至同一种物质，在不同的环境、条件下也可能表现出不同的事故形态。例如液化石油气罐，如果由于火焰烘烤而破裂，往往形成沸腾液体扩展为蒸气爆炸；如果罐破裂后遇上延迟点火，则可能发生蒸气云爆炸。在事故过程中，一种事故形态还可能向另一种形态转化，例如燃烧可引起爆炸，爆炸也可引起燃烧。

为了对可能出现的事故严重度进行预先判别，建立了如下原则：

a. 最大危险原则

如果一种危险物具有多种事故形态，且它们的事故后果相差悬殊，则按后果最严重的事故形态考虑。

b. 概率求和原则

如果一种危险物具有多种事故形态，且它们的事故后果相差不太悬殊，则按统计平均原理估计总的事故后果 S，即

$$S=\sum_{i=1}^{N}P_i\times S_i$$

式中：P_i——事故形态 i 发生的概率；

S_i——事故形态 i 的严重度；

N——事故形态的个数。

危险物分类中，1.1～1.5、7.1、7.2 类物质（危险物类型与伤害模型之间的对应关系见表 3.1）的主要危险是爆炸。2.1 类为爆炸性气体，如果液态储存，且瞬态泄漏后立即遇到火源，则发生沸腾液体扩展为蒸气爆炸；如果瞬态泄漏后遇到延迟点火，或气态储存时泄漏到空气中，遇到火源，则可能发生蒸气云爆炸；如果遇不到火源，则将无害地消失掉。该类物质发生事故时，事故严重度 S 按下式计算

$$S=AS_1+(1-A)S_2$$

式中：S_1、S_2——蒸气云、沸腾液体扩展蒸气的爆炸伤害模型计算的事故后果；

A——蒸气云爆炸和沸腾液体扩展蒸气爆炸发生的概率，取 $A=0.9$。

等效伤害——破坏半径 R 用下式计算

$$R=\left(\frac{S}{3.14\rho}\right)^{1/2}$$

式中：ρ——人员或财产密度。

表 3.1 危险物类型与伤害模型之间的对应关系

危险物分级号别	对应模型
1.1～1.5、7.1、7.2	凝聚相含能材料爆炸伤害模型
2.1	(a) 气态储存用蒸气云爆炸伤害模型计算事故后果； (b) 液态储存按 $S=AS_1+(1-A)S_2$ 计算事故后果
3.1、3.2、3.3	池火灾伤害模型
4.1、4.2、5.1、5.2、6.1、6.2	固体和粉尘火灾伤害模型

3.1、3.2、3.3 类为可燃液体，主要危险是池火灾。其他类型的危险物质均为固态，采用固体火灾模型预测事故严重度。若池火灾或固体火灾发生在室内，燃烧产生的有毒有害气体是人员伤亡的主要原因，因此按室内火灾伤害模型计算事故严重度。

如上所述，火灾的种类不同、发生火灾的环境不同，应采用不同模型进行评估，评估模型如表 3.1 所示。对于 3.1、3.2、3.3 的池火灾和 4.1、4.2、5.1、5.2、6.1、6.2 的固体和粉尘火灾，当发生在室内时，应采用室内火灾的伤害模型进行评估。

②一个危险单元内多种危险物并存时的处理办法

如果一个危险单元内有多种危险但非爆炸性物质，则分别计算每种物质发生事故时的总损失，然后取最大者作为该单元的总损失 S，即

$$S=\underset{1\leqslant i\leqslant N}{MAX}(S_i)$$

式中：S_i——第 i 种物质发生事故的严重度；

N——危险物质的种数。

如果一个危险单元内有多种爆炸性物质，则按下式计算总的爆炸能量 E，然后按照总的爆炸能量计算总损失。

$$E=\sum_{I=1}^{K}Q_{B,i}W_i$$

式中：$Q_{B,i}$——第 i 种爆炸物的爆炸热量，J/kg；

W_i——第 i 种爆炸物的质量，kg；

K——单元内爆炸物的种数。

若为地面爆炸，则以上式计算出的爆炸能量的 1.8 倍作为总的爆炸能量。

一个危险单元发生事故可能波及其他单元，例如殉爆，这会导致事故规模扩大。本方法对危险单元间的相互作用不予考虑。简单而有效的处理是将可能互相影响的若干单元视作一个单元。

4）危险性分级与危险控制程度分级

单元危险性分级应以单元固有危险性大小作为分级的依据（这也是国际惯用的做法）。分级目的主要是为了便于政府对危险源进行监控。决定固有危险性大小的因素基本上是由单元的生产属性决定的，是不易改变的，因此用固有危险性作为分级依据能使受控目标集保持稳定。分级标准划定不仅是一项技术方法，而且是一项政策性行为，分级标准严和宽将直接影响各级政府行政部门直接监控危险源的数量配比。按照我国的实际情况，建议把全国易燃、易爆、有毒重大危险源划分为四级，一级重大危险源应由国家级安全管理部门直接监控；二级重大危险源由省和直辖市政府安全管理机构监控；三级由县、市政府安全管理机构监控；四级由企业重点管理控制和管理。分级标准划定原则应使各级政府直接监控的危险源

总量自下而上呈递减趋势。推荐用 $A^* = \log(B^*)$ 作为危险源分级标准，式中 A^* 是以十万元为基准单位的单元固有危险性的评分值，其定义见表 3.2。

表 3.2　危险源分级标准

重大危险源级别	一级	二级	三级	四级
A^*（十万元）	≥3.5	2.5～3.5	1.5～2.5	<1.5

单元综合抵消因子的值 B_2 愈小，说明单元现实危险性与单元固有危险性比值愈小，即单元内危险性的受控程度愈高。因此可以用单元综合抵消因子值的大小说明该单元安全管理与控制的绩效。一般说来，单元的危险性级别愈高，要求的受控级别也应愈高。建议用表 3.3 给出的标准作为单元危险性控制程度的分级依据。

表 3.3　危险控制程度分级

单元危险控制程度级别	A 级	B 级	C 级	D 级
B	≤0.001	0.001～0.01	0.01～0.1	>0.1

各级重大危险源应该达到的受控标准是：一级危险源在 A 级以上，二级危险源在 B 级以上，三级和四级危险源在 C 级以上。

3.2.2　甲醇储罐区重大危险源（见表 3.4）安全评估

表 3.4　甲醇罐区的重大危险源

物质名称	甲醇
GB 编号	22058
相对分子质量	32.04
液体密度	0.79
沸点（℃）	64.8
燃点（℃）	385
闪点（℃）	11
蒸气压（kPa）	13.33（21.2 ℃）
爆炸上限（V%）	44
爆炸下限（V%）	5.5
临界温度（℃）	240
临界压力（MPa）	7.95
燃烧热（kJ/mol）	727

3.2.2.1　危险物质事故易发性评估

具有燃烧、爆炸、有毒危险特性物质的事故易发性分为 8 类，每类物质根据其总体危险感度给出权重分 a_i；每种物质根据其与反应感度有关的理化参数给出状态分 G_i；每大类物质下面分若干小类，共计 19 个子类。对每一大类或子类，分别给出状态分的评估标准，权重分与状态分的乘积即为该类物质危险感度的评估值，亦即危险物质事故易发性的评估值 B_{111}。物质危险性的最大分值定为 100 分。

$$(B_{111})_i = \alpha_i G_i$$

根据《常用危险化学品的分类及标志》GB 13690—92 和《石油化工企业设计防火规范》GB 50160—92（1999 版），甲醇属于中闪点易燃液体，为甲 B 类火灾危险性物质，$\alpha=0.9$，$G=60$，则甲醇物质事故易发性：

$$B_{111} = 0.9 \times 60 = 54$$

3.2.2.2　工艺过程事故易发性评估

工艺过程事故易发性 $(B_{112})_j$ 与过程中的反应形式、物料处理过程、操作方式、工作环境和工艺过程等有关。确定 21 项因素为工艺过程事故易发性的评估因素。这 21 项因素是：①放热反应、②吸热反应、③物料处理、④物料贮存、⑤操作方式、⑥粉尘生成、⑦低温条件、⑧高温条件、⑨负压条件、⑩特殊的操作条件、⑪腐蚀、⑫泄漏、⑬设备因素、⑭密闭单元、⑮工艺布置、⑯明火、⑰摩擦与冲击、⑱高温体、⑲电器火花、⑳静电、㉑毒物出料及输送。最后一种工艺因素仅与含毒性物质相关。

甲醇反应区间：放热反应系数 $(B_{112})_{-1}$ 取 50；吸热反应系数 $(B_{112})_{-2}$ 取 40；物料处理系数 $(B_{112})_{-3}$ 取 10；高温系数 $(B_{112})_{-8}$ 取 25；高压系数 $(B_{112})_{-10}$，取 $(B_{112})_{-10}=90\times1.3=117$；腐蚀系数 $(B_{112})_{-11}$ 取 10；泄漏系数 $(B_{112})_{-12}$ 取 20；工艺布置系数 $(B_{112})_{-15}$ 取 30；静电系数 $(B_{112})_{-20}$ 取 30。

3.2.2.3　评估单元的事故易发性

由于同一种工艺条件对于不同类危险物质所体现的危险程度是各不相同的，因此必须确定相关系数。W_{ij} 分为 5 级，见表 3.5。

表 3.5　工艺—物质危险性相关系数的分级

级别	相关性	工艺—物质危险性相关系数 W_{ij}
A 级	关系密切	0.9
B 级	关系大	0.7
C 级	关系一般	0.5
D 级	关系小	0.2
E 级	没有关系	0

甲醇反应区间：放热反应系数 $(B_{112})_{-1}$、吸热反应系数 $(B_{112})_{-2}$、物料处理系数 $(B_{112})_{-3}$、高温系数 $(B_{112})_{-8}$、高压系数 $(B_{112})_{-10}$、腐蚀系数 $(B_{112})_{-11}$、泄漏系数 $(B_{112})_{-12}$、工艺布置系数 $(B_{112})_{-15}$、静电系数 $(B_{112})_{-20}$ 与甲醇的相关系数分别为 0.7、0.5、0.7、0.7、0.7、0.7、0.7、0.7、0.7。

事故易发性 B_{11} 为：

$$\begin{aligned} B_{11} &= \sum_{i=1}^{n}\sum_{j=1}^{m} B_{111} W_{ij} (B_{112})_j \\ &= 54\times(50\times0.7+40\times0.5+10\times0.7+25\times0.7+117\times0.7+10\times0.7+20\times0.7+30\times0.7+30\times0.7) \\ &= 12117.6 \end{aligned}$$

3.2.2.4　甲醇生产厂区的伤害模型及伤害/破坏半径

甲醇生产厂区最大火灾爆炸风险是生产过程和甲醇罐发生泄漏等原因引起的燃烧爆炸，

其伤害模型有两种：①蒸气云爆炸（VEC）模型；②沸腾液体扩展为蒸气爆炸（BLEVE）模型。前者属于爆炸型，后者属于火灾型。

1）甲醇蒸气云爆炸（VEC）

甲醇有两个储罐，型式是立式拱顶，贮存容量 1177 m^3，贮存天数为 18.5 天，充装系数为 0.8，材质为 16 MnR。

最大贮存量为 $W_f=$（1177＋1177）×790＝1859660（kg）

TNT 当量计算。TNT 当量计算公式为：

$$W_{TNT}=\frac{1.8\alpha W_f Q_f}{Q_{\mathrm{TNT}}}$$

式中：1.8——地面爆炸系数；

α——蒸气云当量系数，取 $\alpha=0.04$；

Q_f——甲醇的爆热，取 $Q_{\mathrm{f}}=22690.39$ kJ/kg；

Q_{TNT}——TNT 的爆热，取 $Q_{\mathrm{TNT}}=4520$ kJ/kg；

甲醇的 TNT 当量为：

$$W_{\mathrm{TNT}}=1.8\times0.04\times1859660\times22690.39\div4520=672155\ (\mathrm{kg,\ TNT})$$

死亡半径 R_1 为：

$$R_1=13.6\ (W_{\mathrm{TNT}}/1000)^{0.37}=151.3\ (\mathrm{m})$$

重伤半径 R_2 为：

$$\Delta P_s=0.137Z^{-3}+0.119Z^{-2}+0.269Z^{-1}-0.019$$

$$Z=\frac{R_2}{\left(\frac{E}{P_o}\right)^{\frac{1}{3}}}=0.032189R_2$$

$$\Delta P_s=\frac{44000}{P_o}=0.4344$$

解得 $R_2=338.3$（m）

轻伤半径 R_3 为

$$\Delta P_s=0.137Z^{-3}+0.119Z^{-2}+0.269Z^{-1}-0.019$$

$$Z=\frac{R_2}{\left(\frac{E}{P_o}\right)^{\frac{1}{3}}}=0.032189R_3$$

$$\Delta P_s=\frac{17000}{P_o}=0.1678$$

解得 $R_3=608.0$（m）

对于爆炸型破坏，财产损失半径 $R_{财}$ 的计算公式为：

$$R_{财}=\frac{K_{\mathrm{II}}W_{\mathrm{TNT}}^{\frac{1}{3}}}{\left[1+\left(\frac{3175}{W_{\mathrm{TNT}}}\right)^2\right]^{\frac{1}{6}}}$$

式中：K_{II}—— 二级破坏系数，$K_{\mathrm{II}}=5.6$。

计算得：$R_{财}=490.5$（m）

蒸气云爆炸伤害计算结果见表 3.6。

表 3.6 蒸气云爆炸伤害

蒸气云爆炸伤害	死亡半径	重伤半径	轻伤半径	破坏半径
破坏半径（m）	151.3	338.3	608.0	490.5

2）甲醇扩展蒸气爆炸（BLEVE）

甲醇用两个罐贮存，取 $W=0.7\times1859660=1301760$（kg）

按以下公式进行计算：火球半径：$R=2.9W^{\frac{1}{3}}=316.6$（m）

火球持续时间：$t=0.45W^{\frac{1}{3}}=49.1$（s）

当伤害几率 $P_r=5$ 时，伤害百分数 $D=\int_{-\infty}^{P_r-5} e^{-\frac{\mu^2}{2}}d\mu=50\%$，死亡、一度、二度烧伤及烧毁财物，都以 $D=50\%$定义。

下面求不同伤害、破坏时的热通量。

①死亡计算公式为：

$$P_r=-37.23+2.56\ln(tq_1^{\frac{4}{3}})$$

式中：P_r——伤害几率，取 5；

t——火球持续时间，$t=49.1$ s。

则 $q_1=12722.7\ \text{W/m}^2$。

②二度烧伤（重伤）计算公式为：

$$P_r=-43.14+3.0188\ln(tq_2^{\frac{4}{3}})$$

则 $q_2=8426.4\ \text{W/m}^2$。

③一度烧伤（轻伤）计算公式为：

$$P_r=-39.83+3.0186\ln(tq_3^{\frac{4}{3}})$$

则 $q_3=3705.3\ \text{W/m}^2$。

④财产损失计算公式为：

$$q_4=6730\,t^{\frac{4}{5}}+25400=25698.5$$

按上述 q_1、q_2、q_3、q_4、热辐射通量值，计算伤害/破坏半径，由热辐射通量计算公式：

$$q(r)=\frac{q_0R^2r(1-0.058\ln r)}{(R^2+r^2)^{\frac{3}{2}}}$$

式中：R——火球半径，取 $R=316.6$ m；

q_0——圆柱罐的基准热通量，取 $q_0=270000$ W。

已知火球半径 $R=316.6$ m，伤害/破坏半径应有 $R_i>R_0$ 求解为：

①按死亡热通量 $q_1=12722.7\ \text{W/m}^2$，计算扩散蒸气爆炸的死亡半径 $R_1=1055.9$ m。

②按重伤（二度烧伤）热通量 $q_2=8426.4\ \text{W/m}^2$，计算扩展蒸气爆炸时的重伤（二度烧伤）半径 $R_2=1312.4$ m。

③由轻伤（一度烧伤）热通量 $q_3=3705.3\ \text{W/m}^2$，计算轻伤（一度烧伤）半径 $R_3=1984.2$ m。

④由财产烧毁热通量 $q_4=25698.5\ \text{W/m}^2$，用上述同样办法计算得到扩展蒸气爆炸的财产破坏半径 $R_4=703.6$ m。

综合各项，得扩散蒸气爆炸伤害/破坏半径如表 3.7 所示。

表 3.7 沸腾液体扩散蒸气爆炸伤害/破坏半径 (m)

死亡半径	重伤半径（二度烧伤）	轻伤半径（一度烧伤）	财产破坏半径
1055.9	1312.4	1984.2	703.6

显然，如果甲醇罐发生扩展蒸气爆炸，火球半径 $R=316.6$ m，使整个原料罐区全部被吞没；死亡半径 $R_1=1055.9$ m，财产损失半径 $R_4=730.6$ m。

3.2.2.5 事故严重度 B_{12} 的估计

事故严重度 B_{12} 用符号 S 表示，它反映发生事故造成的经济损失大小。事故严重度包括人员伤害和财产损失两个方面，并把人的伤害也折算成财产损失（万元）。

可用下式表示总损失值：

$$S = C + 20 \times \left(\frac{N_1 + 0.5N_2 + 1.05N_3}{6000}\right)$$

式中：N_1、N_2、N_3——事故中死亡、重伤、轻伤人数；

C——财产破坏价值，万元。

事故严重度 B_{12} 取决于伤害/破坏半径构成圆面积中的财产价值和死伤人数。由于甲醇罐区爆炸伤害模型是两个，即蒸气云爆炸和扩展蒸气爆炸，并可能同时发生，则储罐爆炸事故严重度应是两种严重度加权求和：

$$S = \alpha S_1 + (1-\alpha)S_2$$

式中：S_1，S_2——分别为两种爆炸事故后果；

α，$1-\alpha$——分别为两种爆炸的发生概率，$\alpha=0.9$，$1-\alpha=0.1$。

蒸气云爆炸的可能性远大于扩展蒸气爆炸，蒸气云爆炸是主要的。

事故严重度计算结果如表 3.8 所示。

表 3.8 甲醇生产区（一）爆炸事故严重度

事故模型		死亡		重伤（二度烧伤）		轻伤（一度烧伤）		财产损失	
		半径(m)	波及范围暴露人员	半径(m)	波及范围暴露人员	半径(m)	波及范围暴露人员	半径(m)	波及范围暴露人员
储罐爆炸	蒸气云爆炸	151.3	50 人	338.3	80 人	608.0	260 人	490.5	280 人
	扩展蒸气爆炸	1055.9	260 人	1312.4	420 人	1984.2	全部	703.6	360 人

采用同一计算方法，对于容积为 2000 m^3 的甲醇罐区，有两个甲醇储罐，型式为立式圆筒罐，最大储量为 1500 m^3，材质为 $20^{\#}$ 钢，计算所得结果如表 3.9 所示。

表 3.9 甲醇生产区（二）爆炸事故严重度

事故模型		死亡		重伤（二度烧伤）		轻伤（一度烧伤）		财产损失	
		半径(m)	波及范围财产和暴露人员	半径(m)	波及范围财产和暴露人员	半径(m)	波及范围财产和暴露人员	半径(m)	波及范围财产和暴露人员
储罐爆炸	蒸气云爆炸	165.5	1 亿 60 人	366.8	2.5 亿 90～100 人	659.2	5 亿 300 人	531.8	5 亿 300 人
	扩展蒸气爆炸	1177.7	5 亿 300 人	1461.9	7 亿 500 人	2207.3	60 亿 —	759.6	6 亿 400 人

甲醇罐区的伤害模型及伤害/破坏半径如图 3.3 所示。

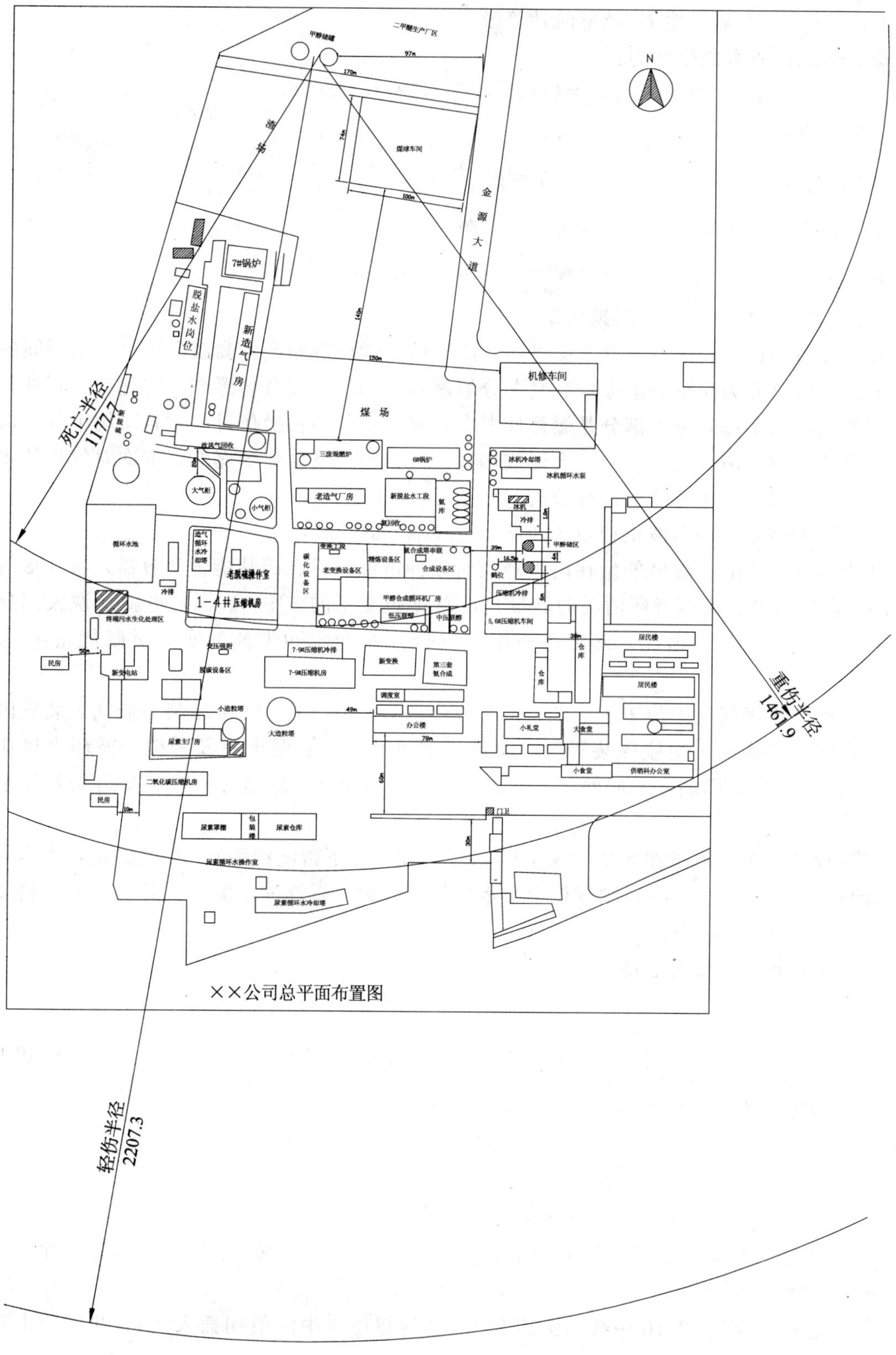

图 3.3　甲醇罐区的伤害模型及伤害/破坏半径

3.2.2.6 固有危险性 B_1 及危险性等级

原料罐区的固有危险性为：

$$B_1=B_{11}B_{12}=12117.6\times51113=619365677\text{ 万元}$$

危险性等级为：

$$A=\lg\left(\frac{B_1}{10^5}\right)=3.79$$

因此，甲醇罐区（二）为一级重大危险源。

3.2.3 各类生产厂区的伤害模型及伤害/破坏半径

3.2.3.1 气柜爆炸事故后果模型

化工设备和机器内的物质发生极迅速、剧烈的化学反应而产生高温高压可引发瞬间的爆炸现象。一般可分为简单分解爆炸、复杂分解爆炸和爆炸性混合物爆炸。在化工、石油化工生产中发生的化学爆炸绝大部分是爆炸性混合物爆炸。气柜在操作过程中若系统串气、水封不严或失效，空气串入到气柜中，会形成爆炸性混合物，发生化学爆炸。本次对气柜的化学爆炸后果分析采用直接计算法进行分析。

（1）气柜爆炸时冲击波正相最大超压 Δp_s（Pa）的计算

压力容器爆炸时，爆破能量在向外释放时以冲击波能量、碎片能量和容器残余变形能量3种形式表现出来。后两者所消耗的能量只占总爆破能量的3%～15%，也就是说大部分能量是产生空气冲击波。由此，确定气柜中煤气爆炸时产生冲击波的实际贡献能量按90%计算。

本工程半水煤气气柜位于东厂区东南角，容积为5000 m^3。气柜北侧为造气炉装置区及造气操作室；西侧为一次脱硫装置区、吹风气回收装置区、配电室及脱硫、循环水操作室等；南侧18 m处为围墙，围墙外为××发电厂（已破产）；东侧为厂内次要道路及尿素装卸站台。

本工程气柜最大贮量按85%计算，半水煤气在标况下密度约为0.925 kg/m^3，半水煤气的燃烧热为 1.13×10^7 J/kg，则气柜中半水煤气爆炸时对爆炸冲击波有实际贡献的燃料质量为 $W=5000\times0.85\times0.925\times0.9=3.54$ t。

①气柜爆炸时的爆源总能量：

$$E_g=2.5\ pV$$

$$E_g=\frac{pV}{k-1}\left[1-\left(\frac{0.1013}{p}\right)^{\frac{k-1}{k}}\right]\times10^3=1.8\times0.04\times3.54\times10^3\times1.13\times10^7=2.88\times10^9\text{ J}$$

②气柜爆炸能量TNT当量 q_{TNT}，其公式为：

$$q=E_g/q_{TNT}=E_g/4500=6.4\times10^5\text{ kg}$$

③求出爆炸的模拟比 α，即：

$$\alpha=(q/q_0)^{1/3}=(q/1000)^{1/3}=0.1q^{1/3}=0.862$$

④求出在1000 kg TNT爆炸实验中的相当距离 R_0，$R_0=R/\alpha$（R为目标与爆炸中心距离，m。

⑤根据 R_0 值在表3.10中找出距离为 R_0 处的超压（中间值用插入法），此即所求距离为 R 处的超压（MPa）。

表 3.10　1000 kg TNT 爆炸时的冲击波超压

R_0 (m)	5	6	7	8	9	10	12	14
Δp_0	2.94	2.06	1.67	1.27	0.95	0.76	0.5	0.33
R_0 (m)	16	18	20	25	30	35	40	45
Δp_0	0.235	0.17	0.126	0.079	0.057	0.043	0.033	0.027
R_0 (m)	50	55	60	65	70	75		
Δp_0	0.0235	0.0205	0.018	0.016	0.0143	0.013		

下面将气柜周边设施至爆源（气柜）的距离分别划分成 10 m、20 m、30 m、40 m 四个等间隔的网格区，则在各网格区域内气柜爆炸时的无量纲距离 Z 及产生的冲击波正相最大超压 Δp_s 见表 3.11。

表 3.11　气柜周边各网格区域内的无量纲距离及冲击波超压

目标至爆源的距离（m）	10	20	30	40	50	60
TNT 距离 Z	11.6	23.2	34.8	46.4	58.0	69.6
Δp_s（MPa）	0.652	0.096	0.0436	0.026	0.019	0.013

（2）气柜爆炸时对人体的伤害作用

根据以上计算的冲击波超压 Δp_0 值，对照超压波对人体的伤害表（表 3.12），可以确定气柜爆炸时的事故后果（表 3.13）。

表 3.12　超压波对人体的伤害

Δp_s（MPa）	伤害作用
0.02～0.03	轻微损伤
0.03～0.05	听觉器官损伤或骨折
0.05～0.10	内脏严重损伤或死亡
>0.10	大部分人员死亡

表 3.13　气柜爆炸时的事故后果（数据略）

目标至爆源的距离（m）	Δp_s（MPa）	网格区域内人员	死亡人数	备注
10	1.138			
20	0.209			
30	0.0782			
40	0.0319			
50	0.0306			
60	0.0212			
总计				

3.2.3.2　液氨泄漏中毒事故后果分析

液氨在《危险化学品名录》（2002 版）中属于第 2.3 类有毒物质，故液氨的危害主要为泄漏后挥发出来的气体对人造成的中毒事故。本次采用“中毒事故模拟后果”定量分析这种物质发生泄漏后，有毒气体在多大范围内对人体造成伤害，从而采取有效的防护措施。

氨库中贮存的氨为液态氨，属液化物料，在常温常压下极易气化扩散，且氨对人体具有毒害性。因此，可能发生的重大事故主要有氨气泄漏、液氨泄漏，引起中毒、化学灼伤事故。

液氨泄漏为液体泄漏，泄漏的液体在空气中蒸发而生成气体。本工程氨储罐中液氨的贮存压力为2.15 MPa，温度为常温，属加压常温下的液体泄漏。这种液体泄漏时将形成液池，吸收周围热量蒸发，蒸发量高于常温常压下液体的泄漏量。因氨挥发性较强，液氨或高浓度氨可致眼灼伤，液氨可致皮肤灼伤，氨水为第8.2类碱性腐蚀品。

（1）泄漏量的计算

对于加压下液体泄漏速度，取决于裂口之上液位的高低。储罐及附属设施的泄漏多发生在接触部位，还有管道、罐体腐蚀泄漏，多出现在罐体底部。该厂氨库区设有3个100 m^3、2个50 m^3的卧式液氨储罐，冰机岗位有8 m^3液氨储罐1个。以100 m^3液氨球罐为主进行泄漏量分析，球罐直径为5759 mm，液氨的密度为0.603 kg/L（25℃）。液体泄漏速度可用流体力学的伯努利方程计算，其泄漏速度为：

$$Q = C_d A \rho \sqrt{\frac{2(P - P_0)}{\rho} + 2gh}$$

式中，Q为液体泄漏速率（kg/s），C_d为无量纲泄漏系数，ρ是液体密度（kg/m^3），A是泄漏孔面积（m^2），P为罐压（Pa），P_0为大气压力（Pa），g为引力常数（9.8m/s^2），h为液压高度（m）。

最常见的泄漏发生在罐体底部，裂口为圆形（多边形）时泄漏速度比裂口为三角形或长方形的泄漏速度较大，腐蚀裂口多为多边形或圆形。假设裂口为圆形（多边形），且多发生在连接处，裂口尺寸取连接处（20%～100%），假设泄漏面积为0.001 m^2（初始为小量泄漏）。则泄漏速度为：

$$Q = 0.65 \times 0.001 \times 603 \times \sqrt{\frac{2 \times (2150000 - 101325)}{603} + 2 \times 9.8 \times 5.759} = 32.6\,(kg/s)$$

液氨球罐若罐底连接处发生泄漏，泄漏速度约为32.6 kg/s。液氨为压缩气体，一旦发生泄漏，会瞬时挥发成气体，形成气团，并扩散到周围环境中，对厂区内外人员都会有影响。

（2）瞬时泄漏（泄漏时间不超过30 s）时r值的计算

$$r = \left(\frac{8gm}{\pi\rho}\right)^{\frac{1}{4}} \cdot t^{\frac{1}{2}}$$

即瞬时泄漏后可能形成的泄漏半径为：$r \approx 13.61$ m。

（3）有毒液化气体容器破裂时的毒害区估算

液化介质在容器破裂时会发生蒸气爆炸。当液化介质为有毒物质，如液氨爆炸后若不燃烧，会造成大面积的毒害区域。

该公司氨库区设有3个100 m^3、2个50 m^3的卧式液氨储罐，假设液氨球罐破裂发生泄漏，其质量为$W = 100 \times 0.85 \times 603 = 51255$ kg（最大储存量的状态下），球罐破裂前容器内介质温度为$t = 25$ ℃，液氨比热为$C = 4.6$ kJ/（kg·℃），液氨的汽化热为$q = 1.37 \times 10^3$ kJ/kg。当液氨球罐破裂时，容器内压力降至大气压，此时处于过热状态的液氨温度迅速降至标准沸点$t_0 = -33$ ℃，则在沸点下液氨蒸气的体积V_g（m^3）为：

$$V_g = \frac{22.4W \cdot C(t - t_0)}{mq} \cdot \frac{273 + t_0}{273}$$

$$=\frac{22.4\times51255\times4.6\times(25+33)}{17\times1.37\times10^3}\times\frac{273-33}{273}=11562.4$$

假若液氨球罐破裂后，当液氨在空气中的浓度达到 $C=0.5\%$时，人吸入 5～10 min 即致死，则可以产生令人致死的有毒液氨气体的体积为：

$$V=V_g/C=23124.9$$

假设这些有毒气体以半球形向地面扩散，则可求出该有毒气体扩散半径为：

$$R=\sqrt[3]{\frac{V_g/C}{2.0944}}=\sqrt[3]{\frac{23124.9}{2.0944}}=22.3$$

式中：R——有毒气体的半径，m；

V——有毒介质的蒸气体积，m^3；

C——有毒介质在空气中的危险浓度值，%。

也就是说：

①瞬时泄漏（泄漏时间不超过 30 s）时，泄漏半径约 13.61 m。

②当一个液氨球罐破裂时，浓度达到 0.5%时，吸入 5～10 min 就会发生人员中毒死亡事故。液氨球罐破裂时泄漏半径约为 22.3 m。即大约在 22.3 m 范围内，如果 5 min 内未逃离现场，会有可能发生人员中毒死亡事故。

③如果氨库区液氨储罐全部泄漏（灾难性事故）时，在约为 34.6 m 的范围内，如果 5 min内未逃离现场，会有可能发生人员中毒死亡事故。

④氨是挥发性液体，发生泄漏后会从液池内蒸发，氨蒸气形成蒸气云，在空气中飘移、扩散。因此，一旦液氨罐严重泄漏爆炸，大量的液氨瞬间泄出，立即挥发为气氨，在空气中随风飘移，将会对其下风向的人员造成不堪设想的后果，可造成大面积的污染和大量人员的伤亡。

（4）毒物泄漏中毒死亡概率计算

首先通过气体的扩散模型得出计算位置处的毒性气体浓度数值，然后通过毒物中毒概率方程确定死亡概率。

概率值 Y 与接触毒物浓度及接触时间的关系如下：

$$Y=A+B\ln(C^n\cdot t)$$

式中，A、B、n 为取决于毒物性质的常数（见表 3.14）；C 为接触毒物的浓度，ppm；t 为接触毒物的时间，min。

表 3.14 一些毒性物质的常数

物质名称	A	B	n	参考资料
氯	−5.3	0.5	2.75	DCMR 1984
氨	−9.82	0.71	2.0	DCMR 1984
丙烯醛	−9.93	2.05	1.0	USCG 1977
四氯化碳	0.54	1.01	0.5	USCG 1977
氯化氢	−21.76	2.65	1.0	USCG 1977
甲基溴	−19.92	5.16	1.0	USCG 1977
光气（碳酸氯）	−19.27	3.69	1.0	USCG 1977
氰氢酸（单体）	−26.4	3.35	1.0	USCG 1977

一般说来，接触毒物的时间不会超过 30 min。因为在这段时间里人员可以逃离现场或采取保护措施。

根据前面的分析可知，当本工程的一个液氨球罐泄漏后，大约在 22.3 m 范围内，如果 5 min 内人员未逃离现场，会有可能发生人员中毒死亡事故。如果氨库区液氨储罐全部泄漏（灾难性事故）时，在约为 22.3 m 的范围内，如果 5 min 内未逃离现场，会有可能发生人员中毒死亡事故。

下面将氨库区重大危险源的周边区域划分成泄漏半径为 20 m、40 m、60 m、80 m 四个等间隔的网格区，则在各网格区域内氨在空气中的危险浓度值（%）见表 3.15。

表 3.15　各网格区域内氨的危险浓度值

泄漏半径（m）	20	40	60	80
在空气中的浓度值（%）	4.49	0.56	0.17	0.07

则液氨罐区周边各网格区域内相应浓度值下的概率值及死亡人数见表 3.16。

表 3.16　不同危险浓度值下的概率值及死亡人数

泄漏半径（m）	浓度值（%）	概率值	死亡百分率	网格区域内人员	死亡人数	备注
20	4.49	7.8	99.8	2	2	罐区巡检工 2 人
40	0.56	4.85	40.4	11	5	主道 5 人、次道 2 人、煤场 2 人、物流中心 2 人
60	0.17	3.16	3	22	1	门房、地衡 5 人，操作间、维修、配电间 15 人，物流中心 2 人
80	0.07	1.9	0	/	0	
总计					8	

3.2.3.3　氨合成塔爆炸事故后果模型

（1）氨合成塔爆炸时爆破能量的计算

物理爆炸是物质状态参数（温度、压力、体积）迅速发生变化，在瞬间放出大量能量并对外做功的现象。物理爆炸的特点是在爆炸现象发生过程中，导致爆炸发生的介质的化学性质不发生变化，发生变化的仅是介质的状态参数。

物理爆炸时，气体膨胀所释放的能量（即爆破能量）不仅与气体压力和容器的体积有关，而且与介质在容器内的物性相态有关。本工程氨合成塔中发生的化学反应为：

$$3H_2 + N_2 \xrightleftharpoons{\text{高温高压触媒}} 2NH_3 + Q$$

属高温高压下的放热反应。合成塔内的介质主要为 H_2、N_2，其中氢气含量（V）达 60%以上，属甲类火灾危险物。即氨合成塔中介质以气态形式存在，其发生物理爆炸时所释放的爆破能量为：

$$E_g = \frac{pV}{k-1}\left[1-\left(\frac{0.1013}{p}\right)^{\frac{k-1}{k}}\right]\times 10^3$$

式中，E_g 为气体的爆破能量（kJ），p 为容器内气体的绝对压力（MPa），V 为容器的容积

(m^3)，k 为气体的绝热指数，即气体的定压比热与定容比热之比。

因氢气的 k 值为 1.412，所以将 1.412 代入上式中：

$$E_g = \frac{31.4\times 25.6}{1.412-1}\left[1-\left(\frac{0.1013}{31.4}\right)^{0.2918}\right]\times 10^3 = 1.6\times 10^6\ \text{kJ}$$

(2) 氨合成塔爆炸时的超压冲击波的计算

计算压力容器的爆炸冲击波及其伤害、破坏作用，可按下列程序进行。

①首先根据容器内所装介质的特性，计算出爆破能量 E_g；$E_g=1.6\times10^6$ kJ

②氨合成塔 TNT 当量 q_{TNT}，其公式为：

$$q = E_g/q_{TNT} = E/4500 = 355.6\ \text{kg}$$

③求出爆炸的模拟比 α，即：

$$\alpha = (q/q_0)^{1/3} = (q/1000)^{1/3} = 0.1q^{1/3} = 0.708$$

④求出在 1000 kg TNT 爆炸实验中的相当距离 R_0，$R_0=R/\alpha$（R 为目标与爆炸中心距离，m）。如表 3.17 所示。

表 3.17 目标与基准爆炸中心的距离与相当距离

目标与爆炸中心距离 R（m）	10	20	30	40
目标与基准爆炸中心的相当距离 R_0（m）	14.1	28.2	42.4	56.5

⑤根据 R_0 值在表 3.18 中找出距离为 R_0 处的超压（中间值用插入法），此即所求距离为 R 处的超压（MPa），则距离爆炸中心（氨合成塔）不同距离点处的冲击波超压 Δp_0 如表 3.18 所示。

表 3.18 距爆炸中心不同距离处的冲击波超压

目标与爆炸中心距离 R（m）	10	20	30	40
目标与基准爆炸中心的相当距离 R_0（m）	14.1	28.2	42.4	56.5
冲击波超压 Δp_0（MPa）	0.325	0.065	0.030	0.020

(3) 氨合成塔爆炸对人体伤害的计算

本工程氨合成塔北侧 2 m 处为厂内主要货物运输道路，23 m 处为尿素配电室、尿素主厂房（包括车间维修室、车间办公室）；西侧 18 m 处为厂内次要道路；南侧 22 m 处为综合厂房（包括分析室、控制室等）；东侧 15 m 处为循环机厂房。

根据氨合成塔爆炸时产生的冲击波超压 Δp_s 值及氨合成塔周边人员活动情况，对照超压波对人体的伤害表可以确定氨合成塔爆炸时的事故后果。如表 3.19 和表 3.20 所示。

表 3.19 超压波对人体的伤害

Δp_s（MPa）	伤害作用
0.02～0.03	轻微损伤
0.03～0.05	听觉器官损伤或骨折
0.05～0.10	内脏严重损伤或死亡
>0.10	大部分人员死亡

表 3.20 氨合成塔爆炸时的事故后果

目标至爆源的距离（m）	Δp_s（MPa）	网格区域内人员	死亡人数	备注
10	0.325	5	5	合成巡检 1 人、变换巡检 1 人、东主道路 3 人
20	0.065	2	1	循环机 1 人、西次道路 1 人
30	0.030	44	0	尿素主厂房 23 人、尿素配电室 12 人、综合厂房 6 人、6 kV 高压配电室 3 人
40	0.020	/	0	
总计			6	

3.2.3.4 醇烃化装置区爆炸事故后果模型

(1) 醇化塔、烃化塔爆炸时爆破能量的计算

醇化塔、烃化塔内的介质主要为 H_2、N_2，其中氢气含量（V）达 70%左右，属甲类火灾危险物，其发生物理爆炸时所释放的爆破能量为：

$$E_g = \frac{pV}{k-1}\left[1-\left(\frac{0.1013}{p}\right)^{\frac{k-1}{k}}\right]\times 10^3$$

式中，E_g 为气体的爆破能量（kJ），p 为容器内气体的绝对压力（MPa），V 为容器的容积（m^3），k 为气体的绝热指数，即气体的定压比热与定容比热之比。

因氢气的 k 值为 1.412，所以将 1.412 代入上式中：

$$E_g = \frac{182.4}{0.412}\left[1-\left(\frac{0.1013}{3.82}\right)^{0.2918}\right]\times 10^3 = 2.9\times 10^5\ \text{kJ}$$

$$E_g = \frac{14.0\times(12.5+18)}{0.412}\left[1-\left(\frac{0.1013}{14}\right)^{0.2918}\right]\times 10^3 = 7.9\times 10^5\ \text{kJ}$$

(2) 醇化塔、烃化塔爆炸时的超压冲击波的计算

计算压力容器的爆炸冲击波及其伤害、破坏作用，可按下列程序进行。

①首先根据容器内所装介质的特性，计算出爆破能量 E_g；$E_g = 2.9\times 10^5$ kJ。

②TNT 当量 q_{TNT}，其公式为：

$$q = E_g/q_{TNT} = E/4500 = 175.6\ \text{kg}$$

③求出爆炸的模拟比 α，即：

$$\alpha = (q/q_0)^{1/3} = (q/1000)^{1/3} = 0.1q^{1/3} = 0.56$$

④求出在 1000 kg TNT 爆炸实验中的相当距离 R_0，$R_0 = R/\alpha$；（R 为目标与爆炸中心距离，m）。如表 3.21 所示。

表 3.21 距爆炸中心不同距离处的冲击波超压

目标与爆炸中心距离 R（m）	10	20	30	40
目标与基准爆炸中心的相当距离 R_0（m）	17.9	35.7	53.6	71.4

⑤根据 R_0 值在下表中找出距离为 R_0 处的超压（中间值用插入法），此即所求距离为 R 处的超压（MPa）；则距离爆炸中心（氨合成塔）不同距离点处的冲击波超压 Δp_0 如表 3.22 所示。

表 3.22 不同距离点处的冲击波超压 Δp_0

目标与爆炸中心距离 R（m）	10	20	30	40
目标与基准爆炸中心的相当距离 R_0（m）	17.9	35.7	53.6	71.4
冲击波超压 Δp_0（MPa）	0.173	0.042	0.0213	0.0139

（3）醇化塔、烃化塔爆炸对人体伤害的计算

本工程醇烃化装置区北侧 5 m 处为西厂区厂内主要货物（甲醇）运输道路，44 m 处为甲醇储罐区；西侧紧邻为次要道路，12 m 处为围墙，围墙外为××材料有限公司，正常情况下距围墙 25 m 范围内几乎无人员活动；南侧 12 m 处为原联醇装置（现已停用），距控制室、分析室 40 m 左右；东侧 5 m 处即为甲醇中间储罐区，距厂外公路约 60 m。

根据超压 Δp_0 值及醇烃化装置区周边人员活动情况，从超压波对人体的伤害表中可以确定醇化塔、烃化塔爆炸时的事故后果。

超压波对人体的伤害见表 3.23。

表 3.23 超压波对人体的伤害

Δp_s（MPa）	伤害作用
0.02～0.03	轻微损伤
0.03～0.05	听觉器官损伤或骨折
0.05～0.10	内脏严重损伤或死亡
>0.10	大部分人员死亡

根据醇化塔、烃化塔爆炸时产生的冲击波超压 Δp_s 的计算结果，对照以上超压波对人体的伤害表可知，醇化塔、烃化塔周边各网格区域内的死亡人数见表 3.24。

表 3.24 醇化塔、烃化塔爆炸时的事故后果

目标至爆源的距离（m）	Δp_s（MPa）	网格区域内人员	死亡人数	备注
10	0.173	4	4	现场巡检 1 人、主道 2 人、次道 1 人
20	0.042	2	0	主道 2 人
30	0.0213	0	0	
40	0.0139	1	0	材料公司 1 人
总计	/	/	4	

3.2.3.5 压力容器群

①压力容器群中发生物理爆炸时所释放的爆破能量为：

$$E_g = \frac{pV}{k-1}\left[1-\left(\frac{0.1013}{p}\right)^{\frac{k-1}{k}}\right]\times 10^3$$

式中，E_g 为气体的爆破能量（kJ），p 为容器内气体的绝对压力（MPa），V 为容器的容积（m^3）；k 为气体的绝热指数，取 1.4。

$$E_g = \frac{609.8}{0.4}\left[1-\left(\frac{0.1013}{1.2}\right)^{0.2857}\right]\times 10^3 = 7.72\times 10^5 \text{ kJ}$$

②TNT 当量 q_{TNT}，其公式为：

$$q = E_g / q_{\mathrm{TNT}} = E/4500 = 183.8\ \mathrm{kg}$$

③求出爆炸的模拟比 α，即：

$$\alpha = (q/q_0)^{1/3} = (q/1000)^{1/3} = 0.1q^{1/3} = 0.569$$

④求出在 1000 kgTNT 爆炸实验中的相当距离 R_0，$R_0 = R/\alpha$（R 为目标与爆炸中心距离，m）。如表 3.25 所示。

表 3.25 目标与基准爆炸中心的距离与相当距离

目标与爆炸中心距离 R（m）	10	20	30	40
目标与基准爆炸中心的相当距离 R_0（m）	17.57	35.15	52.72	70.30

⑤根据 R_0 值在下表中找出距离为 R_0 处的超压（中间值用插入法），此即所求距离为 R 处的超压（MPa）；则距离爆炸中心（蒸汽锅炉）不同距离点处的冲击波超压 Δp_0 如表 3.26 所示。

表 3.26 距爆炸中心不同距离处的冲击波超压

目标与爆炸中心距离 R（m）	10	20	30	40
目标与基准爆炸中心的相当距离 R_0（m）	17.57	35.15	52.72	70.30
冲击波超压 Δp_0（MPa）	0.16	0.043	0.021	0.0142

3.2.3.6 蒸汽锅炉锅筒爆炸后果分析

由于蒸汽锅炉锅筒的爆炸能量最大，本评估报告仅对重大危险源的蒸汽锅炉锅筒爆炸后果进行定量分析。锅炉的基本技术参数见表 3.27。

表 3.27 锅炉的基本技术参数

设备名称	介质特性	工作压力（MPa）	蒸发量	水容积
燃煤锅炉	WZ—20/3.82—M2	3.82	20 t/h	24 m^3/h
三废锅炉	55—3.82/450	3.82	55 t/h	60 m^3/h

（1）燃煤锅炉爆炸后果分析

1）锅筒爆炸能量

锅炉额定工作压力 $P = 3.82$ MPa（表压力）

锅炉汽容积 $V_1 = 24.0\ \mathrm{m^3}$

锅炉水容积 $V_2 = 20.0\ \mathrm{m^3}$

饱和汽的爆炸能量系数 $C_{p_1} = 6.7 \times 10^3\ \mathrm{kJ/m^3}$

饱和水的爆炸能量系数 $C_{p_2} = 7.77 \times 10^3\ \mathrm{kJ/m^3}$

锅炉总爆炸能量 $L = C_{p_1} V_1 + C_{p2} V_2 = 3.16 \times 10^5\ \mathrm{kJ}$

TNT 爆热值 $q_{\mathrm{TNT}} = 4.23 \times 10^3\ \mathrm{kJ/kg}$

锅炉爆炸能量的 TNT 当量 $Q = L/q_{\mathrm{TNT}} = 74.75$ kg（TNT）

2）物理爆炸冲击波超压可能的伤害范围

标准炸药量 $Q_0 = 1000$ kg

模拟比 $\alpha = (Q/Q_0)^{1/3} = (74.75/1000)^{1/3} = 0.42$

1000 kg 的标准炸药，距离爆炸中心 $R_0=42.5$ m 范围内可致人重伤，最小冲击波超压为 $\Delta P_0=0.03$ MPa。锅炉锅筒爆炸致人重伤的实际距离 $R=\alpha R_0=0.42\times42.5=17.85$ m。锅炉锅筒爆炸致人重伤的圆面积 $S=\pi R^2=\pi\times17.85^2=1000.5$ m^2。

1000 kg 标准炸药致人死亡的最小冲击波超压 $\Delta P_0=0.05$ MPa，离爆炸中心的标准距离 $R_0=32.5$ m。锅炉锅筒爆炸导致人死亡的实际距离 $R=\alpha R_0=0.42\times32.5=13.65$ m。锅炉锅筒爆炸致人死亡的圆面积 $S=\pi R^2=\pi\times13.65^2=585.1$ m^2。

1000 kg 标准炸药导致防震钢筋混凝土破坏的最小冲击波超压 $\Delta P_0=0.1$ MPa，离爆炸中心的标准距离 $R_0=22.3$ m。锅炉锅筒爆炸导致防震钢筋混凝土破坏的实际距离：$R=\alpha R_0=0.42\times22.3=9.366$ m。锅炉锅筒爆炸导致防震钢筋混凝土破坏的圆面积 $S=\pi R^2=\pi\times9.366^2=275.4$ m^2。

3）锅炉爆炸后湿热蒸汽伤害范围

表压力为 3.87 MPa 的饱和汽的膨胀系数为 $C_{L_1}=30.2$，饱和水的膨胀系数为 $C_{L_2}=338.4$。当锅炉爆炸时，锅炉内压力为 3.87 MPa 的饱和水和饱和汽瞬间在大气压力下蒸发或膨胀，锅筒中的汽体积为 $V_1=24.0$ m^3，水体积为 $V_2=20.0$ m^3，汽化和膨胀后的体积为 $V_L=V_1C_{L_1}+V_2C_{L_2}=7492.8$ m^3，被蒸汽笼罩的半径（以锅筒为中心）为：

$$R_L=\sqrt[3]{\frac{3}{4\pi}V_L}=12.1\ \text{m}$$

如果锅炉锅筒发生爆炸，以锅筒为中心，在半径 $R=17.85$ m 的圆形面积 $S=1000.5$ m^2 之内，均可能因锅炉爆炸的冲击波超压而致重伤；在半径 $R=13.65$ m 的圆形面积 $S=585.1$ m^2 之内，均可能因锅筒爆炸的冲击波超压而致死；在半径 $R=9.366$ m 的圆形面积 $S=275.4$ m^2 之内，致防震钢筋混凝土破坏；在半径为 $R_L=12.1$ m 半球形范围内造成人员烫伤。

注：以上计算为在额定压力下爆炸造成的危害后果计算，如果设备爆炸时的压力超过额定压力时，其爆炸能量及破坏力将超过以上计算值。

（2）其他锅炉锅筒爆炸后果分析

采用同样计算方法，分别对燃煤锅炉、55 t/h 三废混燃炉重大危险源进行分析，分析评估的汇总结果参考表 3.28。

表 3.28 锅炉锅筒爆炸后果分析汇总表

	锅筒爆炸能量	物理爆炸冲击波超压可能伤害范围			锅炉爆炸后湿热蒸汽伤害范围
		重伤半径	死亡半径	导致防震钢筋混凝土破坏范围	
燃煤锅炉	74.75 kg（TNT）	17.85 m	13.65 m	9.366 m	12.1 m
55 t/h 三废混燃炉	196.06 kg（TNT）	24.69 m	18.85 m	12.934 m	17.0 m

第 4 章 重大危险源安全评估

4.1 可能发生的事故类型

生产场所的事故类型非常复杂，因反应介质、工艺设备与机器、操作条件的不同而不同，常见的危害较大的主要包括以下几类。

（1）爆炸

①物理爆炸

化工容器及设备由于设计、制造、腐蚀或低温、材料缺陷、交变载荷的作用，使得器壁的平均应力超过材料的屈服点或强度极限，导致脆性疲劳、疲劳破裂和应力腐蚀破裂发生物理爆炸，也可因安全泄放装置失灵、液化气体充装过量、严重受热膨胀、违章超负荷运行等发生物理爆炸。常见的如水夹汽包、化工容器、液化气瓶等的爆炸。

②化学爆炸

化工设备和机器内的物质发生极迅速、剧烈的化学反应而产生高温高压可引发瞬间的爆炸现象。一般可分为简单分解爆炸、复杂分解爆炸和爆炸性混合物爆炸。在化工、石油化工生产中发生的化学爆炸绝大部分是爆炸性混合物爆炸。例如由于负压操作、系统串气、水封不严或失效，空气串入到装置中，形成爆炸性混合物，发生化学爆炸；再如硝化反应过程中，由于温度控制不良，很容易引起爆炸。

③蒸气云爆炸

化工设备和机器由于密封装置失效、设备管道腐蚀、磨损或疲劳破裂、断裂以及安装检修不良、操作失误等原因，可燃性气体从化工装置、设备、管道内泄漏或喷射，扩散到周围环境中，达到爆炸极限，若遇到明火或高温就会发生蒸气云爆炸。

（2）燃烧

当化工设备和机器由于密封装置失效、设备管道腐蚀、磨损或疲劳破裂、断裂以及安装检修不良、操作失误等原因导致物料泄漏时，对于易燃液体而言，泄漏后形成一定范围的液池，若遇到火源，液池可能被点燃，发生地面池火灾；对于易燃气体而言，泄漏后立即遇到明火或高温，或因高速摩擦产生静电而产生喷射火，也可延时点火产生闪火。

含有易燃易爆液化气体的容器在外部火焰的烘烤下可能沸腾液体扩展为蒸气爆炸，产生巨大的火球。

（3）中毒

在化工、石化生产中，由于设备密封不严、严重腐蚀穿孔、疲劳破裂、磨损、超压引起的设备与管道突然断裂、开错阀门、阀门密封不严、水封失效等原因，很容易造成毒性气体的泄漏，向周围环境扩散，造成人员的中毒事故。

主要化工设备和机器的事故类型及损坏尺寸见表4.1。

表4.1 主要化工设备和机器的事故类型及损坏尺寸

序号	设备类型	事故类型	损坏尺寸
1	塔（吸收塔、蒸馏塔、萃取塔、干燥塔）	物理爆炸、化学爆炸、严重泄漏	内部爆炸全部泄漏；孔盖泄漏20%管径；喷嘴断裂100%管径；管路破裂20%或100%管径
2	储槽、压缩空气储罐、缓冲罐	物理爆炸、化学爆炸、严重泄漏	物理爆炸全部泄漏；喷嘴断裂100%管径；管路破裂20%或100%管径
3	中间储罐	物理爆炸、严重泄漏	物理爆炸全部泄漏；接头泄漏20%或100%管径
4	换热器、冷凝器、冷却器、再沸器	严重泄漏并可导致爆炸	内部爆炸全部泄漏；管路破裂20%或100%管径

续表

序号	设备类型	事故类型	损坏尺寸
5	反应釜、合成塔、流化床	物理爆炸、化学爆炸、严重泄漏	内部爆炸全部泄漏；孔盖泄漏20%管径；喷嘴断裂100%管径；管路破裂20%或100%管径
6	管道、法兰、接头挠性连接器、过滤器	严重泄漏	法兰泄漏20%管径；管道泄漏20%或100%管径；接头损坏20%或100%管径
7	阀门、泄放阀	严重泄漏	壳体泄漏20%或100%管径；盖子、杆损坏20%泄漏
8	压缩机、泵	严重泄漏	壳体泄漏20%或100%管径；密封盖损坏20%泄漏
9	风机	负压空气进入化学爆炸，泄漏	内部爆炸全部泄漏；壳体泄漏20%或100%管径
10	余热锅炉、加热炉	炉管泄漏、炉体爆炸	内部爆炸全部泄漏；管路破裂20%或100%管径
11	火炬	严重泄漏	接头泄漏20%或100%管径

4.2 重大危险源分级

4.2.1 重大危险源分级判别依据

危险等级划分为固有危险等级和事故隐患危险等级两种。

（1）固有危险等级

固有危险等级划分是根据重大危险源的能量、毒性等确定的固有危险程度，在这种危险等级划分时，只强调了物质品种和数量，强调超过临界量的数值，强调假设在没有任何安全措施或安全设施完全失效时所造成的损失，是各级政府安全生产监督管理部门进行重大危险源登记、注册依据。

其中：

固有危险等级为一级重大危险源，应报告省安全监督管理局；

二级、三级重大危险源，应报告市级安全监督管理局；

四级重大危险源由县级安全监督管理部门监管。

注1：构成重大危险源并不一定构成事故隐患，构成一级、二级固有危险等级的重大危险源，并不一定构成重大事故隐患。所以，省安全生产监督管理局只登记一级固有危险等级的重大危险源，对于固有危险等级为二级的重大危险源，市、地安全生产监督管理部门认为有必要的可报告省安全生产监督管理局。

注2：固有危险等级的重大危险源的分级方法，一般按构成重大危险源的临界量的几何级数上升，即四级固有危险等级的重大危险源以超过临界量而低于临界量10倍为限；三级固有危险等级的重大危险源以超过临界量10倍而低于临界量10^2倍为限；二级固有危险等级的重大危险源以超过临界量10^2倍而低于临界量10^3倍为限；固有危险等级超过临界量10^3倍以上的重大危险源为一级固有危险等级的重大危险源。

（2）事故隐患危险等级

事故隐患危险等级划分是在按重大危险源的能量、毒性等确定的固有危险程度分级的基础上，进行现状安全评估的结果。在这种危险等级划分时，不仅要强调物质品种和数量，而且还应强调对安全措施或安全设施的完整性和可靠性的分析，并根据发生事故后可能造成的损失，确定重大危险源的事故隐患危险等级，是各级政府加大监管力度、制定隐患治理规划的依据和控制重大、特大事故发生的主要方向。

根据国家安全生产监督管理总局安监总协调字［2005］125号《关于规范重大危险源监督与管理工作的通知》，参考原劳动部劳部发［1995］322号文《重大事故隐患管理规定》①要求，以及重大危险源评估所得到的严重程度，结合国家及省有关伤亡事故报告和调查处理的规定，拟将重大危险源评估结果分为一、二、三、四级。

其中：

一级重大危险源（可能造成特别重大事故的），属国家安全监督管理总局直接监管；

二级重大危险源（可能造成特大事故的），属省安全监督管理局直接监管；

三级重大危险源（可能造成重大事故的），属市级安全监督管理局监管；

四级重大危险源（可能造成一般事故的），属县级安全监督管理部门监管；

但是，应逐级上报。

注①：原劳动部劳部发［1995］322号文《重大事故隐患管理规定》中重大事故隐患根据作业场所、设备及设施的不安全状态，人的不安全行为和管理上的缺陷，可导致事故损失的程度分为两级：其中特别重大事故隐患是指可能造成死亡50人以上，或直接经济损失在1000万元以上的事故隐患；重大事故隐患是指可能造成死亡10人以上，或直接经济损失在500万元以上的事故隐患。

4.2.2 重大危险源事故分级的判别依据

根据国家安全生产监督管理总局安监总协调字［2005］125号文件《关于规范重大危险源监督与管理工作的通知》，目前，按照重大危险源的种类和能量在意外状态下可能发生事故的最严重后果，重大危险源分为以下四级：

（1）一级重大危险源：可能造成特别重大事故的；

（2）二级重大危险源：可能造成特大事故的；

（3）三级重大危险源：可能造成重大事故的；

（4）四级重大危险源：可能造成一般事故的。

在《生产安全事故报告和调查处理条例》（中华人民共和国国务院令第493号）中，根据生产安全事故造成的人员伤亡或者直接经济损失，事故一般分为以下等级：

（1）特别重大事故，是指造成30人以上死亡，或者100人以上重伤（包括急性工业中毒，下同），或者1亿元以上直接经济损失的事故；

（2）重大事故，是指造成10人以上30人以下死亡，或者50人以上100人以下重伤，或者5000万元以上1亿元以下直接经济损失的事故；

（3）较大事故，是指造成3人以上10人以下死亡，或者10人以上50人以下重伤，或者1000万元以上5000万元下以直接经济损失的事故；

（4）一般事故，是指造成3人以下死亡，或者10人以下重伤，或者1000万元以下直接经济损失的事故。

具体判别的依据如下：

①一级重大危险源：可能造成死亡30人（含30人）以上的重大危险源；

②二级重大危险源：可能造成死亡10～29人的重大危险源；

③三级重大危险源：可能造成死亡3～9人的重大危险源；

④四级重大危险源：可能造成死亡1～2人的重大危险源。

可能造成的死亡人数评估程序为：

①将重大危险源的周边区域划分成等间隔的网格区，用一笛卡尔坐标体系的网格覆盖城市的区域地图（如图 4.1 所示），网格间距大小取决于当地人口密度，以不影响计算结果为准。

②确定每一网格内的人员数量，通过火灾（室内火灾除外）、爆炸、毒物泄漏扩散事故后果模型计算重大危险源事故在每一网格中心处产生的热辐射、超压或毒物浓度的数值，然后通过热辐射、冲击波超压、中毒概率函数将其转化为造成死亡的概率。

③将每一网格中心的死亡率与人口数量相乘，即得到死亡的人数。

④将所有网格的死亡人数求和，即得到总的死亡人数。

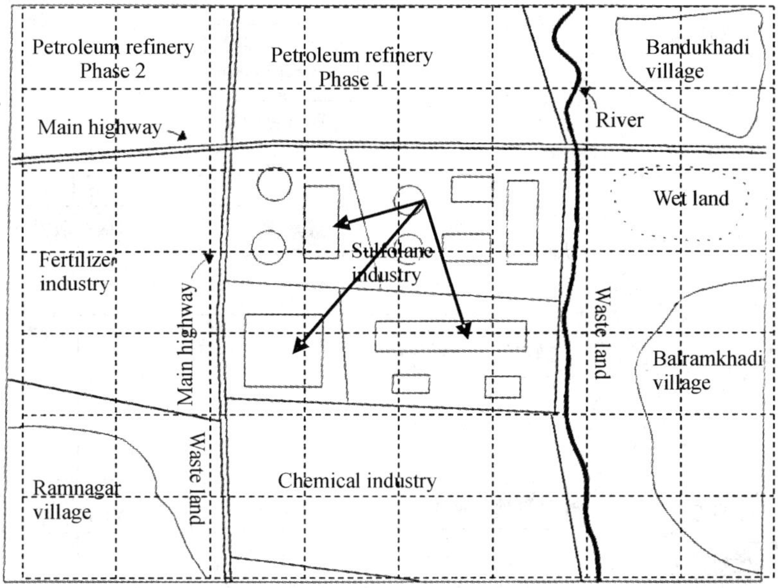

图 4.1　死亡人数计算原理示意图

具体用下式表示：

$$N=\sum_{i=1}^{n}D_i\cdot S\cdot v_i$$

式中，N 为总的死亡人数，D_i 为第 i 个网格的人口密度，S 为网格面积，v_i 为第 i 个网格的个人死亡率，n 为网格的数目。

采用财产损失半径的方法评估事故后果造成的损失，并假定此半径内没有损失的财产与此半径外损失的财产相互抵消，或者说此半径内的财产完全损失，此半径外的财产完全无损失。财产损失半径通过火灾、爆炸事故后果模型确定。

财产损失半径按下式计算：

$$R_i=\frac{K_iW_{\mathrm{TNT}}{}^{1/3}}{\left[1+\left(\dfrac{3175}{W_{\mathrm{TNT}}}\right)^2\right]^{1/6}}$$

式中，R_i 为 i 区半径，m；K_i 为常量。

热辐射对建筑物的影响直接取决于热辐射强度的大小及作用时间的长短，以引燃木材的热通量作为对建筑物破坏财产损失半径，计算公式如下：

$$q = 6730\ t^{-4/5} + 25400\text{，其中 } t = W/M_c$$

式中，q 为引燃木材的热通量，W/m^2；t 为热辐射作用时间，即火灾持续时间，s。

4.2.3 重大危险源评估分级程序

重大危险源的评估分级程序如图 4.2 所示。如果一种危险物质具有多种事故形态，按照后果最严重的事故形态考虑，即遵循“最大危险原则”。各类重大危险源具体事故情景选择、后果计算及死亡概率计算过程见本章第 1 节的内容。

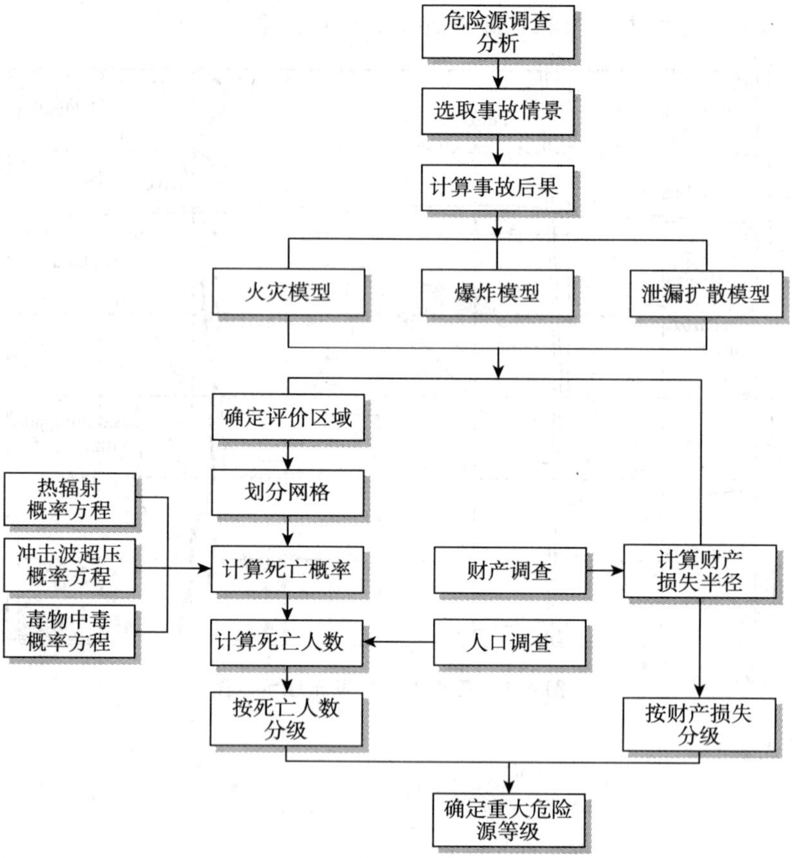

图 4.2 重大危险源评估分级程序

4.2.4 重大危险源评估分级（见表 4.2～表 4.7）

表 4.2 重大危险源评估分级结果

重大危险源名称	死亡半径（m）	死亡人数	重大危险源等级	备注
煤气柜区	33.05		三级	储量 3248 t
液氨储罐区			四级	20 m 内死亡概率为 99.8%
甲醇储罐区		60	一级	根据定量计算得出分级结果
氨合成塔	27.39		四级	

续表

重大危险源名称	死亡半径（m）	死亡人数	重大危险源等级	备注
醇化塔、烃化塔	34.61		四级	
工业管道群				参考表 4.3
压力容器群	27.9			参考表 4.4、4.5
蒸汽锅炉				参考 4.6

表 4.3 符合重大危险源申报登记条件的在用压力管道一览表

序号	管道名称	型号	数量（m）	压力（MPa）	介质	备注
1	变换气管	$\phi 426\times 10$	185	0.8	变换气	
2	……					
3	……					
4						
5						

表 4.4 符合重大危险源申报登记条件的压力容器（群）一览表（一）

序号	名称	数量（台）	规格型号	压力（MPa）	介质	容器类别	备注
1	脱碳塔	1	$\phi 2400\times H35534$	2.8	氢、CO	Ⅲ	
2	……						
3	……						
4	……						

表 4.5 符合重大危险源申报登记条件的压力容器（群）一览表（二）

序号	名称	数量（台）	符合重大危险源申报条件的设备			构成重大危险源的危险物质	备注
			工作压力（MPa）	外形尺寸（mm）	PV（MPa·m³）		
1	脱碳塔	1	2.8	$\phi 2400\times H35534$ $V=153\ m^3$	428.4	氢、氮、CO	
2	脱碳塔	1	3.1	$\phi 3200\times H44190$ $V=372\ m^3$	1153.2	氢、氮、CO	
注	根据分级结果以上都为四级重大危险源						

表 4.6 符合重大危险源申报登记条件的压力容器（群）一览表（三）

设备名称	介质特性	工作压力/容积（MPa/m³）	PV 值	辨识结果
尿素合成塔 1	氨	19.6/23	451	四级
尿素合成塔 2	氨	19.6/23	451	四级
脱碳塔 1	CO_2、H_2 混合	2.7/153	413	四级
脱碳塔 2	CO_2、H_2 混合	2.7/355	959	四级

表 4.7 符合重大危险源申报登记条件的锅炉

设备名称	介质特性	工作压力/容积（MPa/m³）	蒸发量	辨识结果
燃煤锅炉	WZ—20/3.82—M2	3.82	20 t/h	四级
三废锅炉	55—3.82/450	3.82	55 t/h	四级

4.3 重大危险源隐患及分析

4.3.1 安全检查表分析

安全检查表分析是利用检查条款按照相关的标准、法规等已知的危险类别、设计缺陷以及与一般工艺设备、操作、管理有关的潜在危险性和有害性进行判别检查。安全检查表适用于工程、系统的各个阶段，可以评估物质、设备和工艺，常用于专门设计的评估，也能用于新工艺（装置）的早期开发阶段，判定和估测危险，还可以对已经运行多年的在用装置的危险性进行检查。安全检查表法使用简便灵活，应用广泛。安全检查表法是系统安全工程的一种最基础、最简便、广泛应用的系统危险评估方法。安全检查表的编制程序见图 4.3。

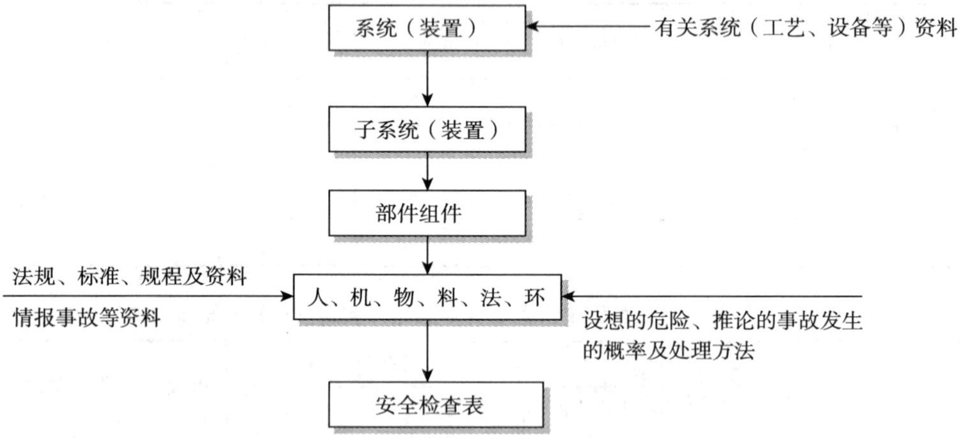

图 4.3 安全检查表编制程序图

安全检查表共包括六项，见表 4.8。

表 4.8 安全检查表项目

序号	填写内容 / 检查项目	检查结果	依据	实际情况	备注
1	安全生产条件	是/否或有/无	国家有关规定和标准的具体条款	事实记录	说明
⋮	⋮				

（1）“检查项目/填写内容”主要按照《安全评估通则》、《重大危险源安全评估导则（试行）》的要求，检查、判断安全生产条件是否符合《安全生产法》、《河南省安全生产条例》、《危险化学品重大危险源辨识》（GB 18218—2009）以及国家安全生产监督管理局《关于开展重大危险源监督管理工作的指导意见》（安监管协调字［2004］56 号文）、国家安全生产监督管理总局《关于规范重大危险源监督与管理工作的通知》（安监总协调字［2005］125

号文）及国家有关安全生产法律、法规、规章和标准的规定；

（2）“检查结果”是将评估项目与该公司的实际情况进行比较，完全符合的划“√”，不是完全符合的划“×”，无此项目不予评估的划“—”；

（3）“依据”指国家有关法律、法规、规章和标准的条款；

（4）分析“实际情况”；

（5）“备注”是现场在该项中对某些问题的附加说明。

4.3.2 典型区域重大危险源事故隐患排查分析

4.3.2.1 煤气柜区（其安全检查表见表4.9）

表4.9 煤气柜区安全检查表

序号	检查内容及要求	依据	检查结果	备注
1	煤气柜周围应设有围墙、消防通道与消防设施，有安全警示标志。湿式柜的防火要求应符合《建筑设计防火规范》的规定：与明火或散发火花的地点、民用建筑、甲、乙、丙类液体储罐、易燃材料堆场、甲类物品库房间距30 m，与其他耐火等级一、二级建筑间距15 m	《建筑设计防火规范》GB 50016—2006	无围墙和安全警示标志，防火间距符合要求	建议气柜周围建护栏，设置安全警示标志，增加1个MFT—35灭火车、2个MFZ—8灭火器
2	可燃气体储罐或罐区之间的防火间距应符合下列要求：湿式储罐之间的防火间距，不应小于相邻较大罐的半径	GB 50016—2006 4.5.2	大气柜直径23.6 m，大小气柜间距30 m	符合要求
3	气柜地基应牢固，无裂缝，不得有下沉现象。气柜地基周围排水畅通	城镇燃气设施运行、维护和抢修安全技术规程CJJ 51—2006	有漏水现象	不符合要求，建议检修
4	气柜柜体无严重变形或倾斜，外壁无锈蚀，防腐层完好无脱落，无凹陷、褶皱和鼓泡现象	城镇燃气设施运行、维护和抢修安全技术规程CJJ 51—2006	罐体、斜梯腐蚀	不符合要求
5	湿式柜每级塔间水封的有效高度应不小于最大工作压力的1.5倍	工业企业煤气安全规程GB 6222—86	水封有效高度合格	符合要求
6	气柜应设梯子和栏杆。高度大于5 m的立式气柜，应采用盘梯或斜梯	GBJ 74—84石油库设计规范	设有斜梯	符合要求
7	气柜应设容积指示仪、高、低限位报警仪，低限与罗茨鼓风机连锁停车装置。气柜高度不得低于40%，不得超过90%	小氮肥安全技术规程3.3.1.11	无连锁	建议气柜低限设置与罗茨风机连锁的停车装置
8	气柜应设温度计压力表	GB 50160—92 5.3.11	脱硫控制室内设有气柜温度计和压力表	符合要求
9	气柜进口、出口管线上设置气体采样点，定时进行煤气成分分析，防止氧含量超标，引起燃烧爆炸事故	小氮肥安全技术规程9.1.2.7	出口有采样点	建议增设进口气体采样点
10	气柜应装有放空装置，应有气柜进、出口安全水封；水封应有防冻措施。水封放水操作应两人同行，并戴好防毒面具；一人操作，一人监护，以防中毒	小氮肥安全技术规程3.3.1.12	有进、出口安全水封，无防冻措施	基本符合要求

续表

序号	检查内容及要求	依据	检查结果	备注
11	低压湿式气柜活动部分的构件在工作时不应碰撞和由此产生火花	小氮肥安全技术规程 7.2.5 和 9.1.1.11	定期给导轨注润滑油	符合要求
12	气柜及附件应定期检修、检测、清洗与防腐	小氮肥安全技术规程 7.2.5 和 9.1.1.11	每两年防腐一次	符合要求
13	气柜区内无堆放易燃及其他杂物，无杂草	工业企业煤气安全规程 GB 6222—86 2.16	堆有煤灰	建议尽快清理
14	储罐区内不应有与储罐无关的管道、电缆等穿越	小氮肥安全技术规程 3.1.1.10	无电缆穿越	符合要求
15	气柜停用时，进出口水封应加强封水检查，防止跑水。如长期停用还应在排水阀后加装盲板	小氮肥安全技术规程 3.3.1.13	有相应检修规定	符合要求
16	气柜检修时需用贫气（$CO+H_2\leqslant8\%$，$O_2<1\%$）置换合格，加盲板与生产系统隔绝后，方可打开放空阀或人孔，在确认放空阀畅通后，才能缓慢放水，控制放水速度以防气柜抽瘪	小氮肥安全技术规程 3.3.1.14	有相应检修规定	符合要求
17	气柜应有防雷、防静电接地措施，并检测合格	小氮肥安全技术规程 6.5.1	有避雷针和接地装置	建议定期检测

存在的主要问题及建议如下：

①气柜四周无围墙和警示标志，无移动式灭火器，建议四周建护栏，设置警示标志，现场增加 1 个 MFT—35 和 2 个 MFZ—8 灭火器。

②气柜有漏水，建议及时检修。

③建议气柜大修防腐时增加容积刻度，并设置气柜低限与罗茨风机的紧急停车连锁装置，以保证气柜的安全运行。

④小气柜与老造气的烟囱防火间距 14 m 不符合要求。大小气柜距道路<10 m，不符合要求。

4.3.2.2 液氨储罐区

液氨贮存装置现场安全检查见表 4.10。

存在的主要问题及建议如下：

①液氨储罐与周围装置距离较近，不符合《建筑设计防火规范》防火距离 15 m 的要求（一、二级耐火建筑），与道路距离不应小于 10 m 的要求。建议在液氨罐区增加防止人员在此逗留的警示标志。

②罐区防火堤不封闭，不符合《建筑设计防火规范》的要求，建议液氨罐区按规范建防火堤。

③为防止夏季阳光曝晒罐体，建议冰机岗位 8 m^3 液氨储罐设置遮阳棚。

④为防止储罐泄漏时氨气扩散，建议罐区设置喷淋水装置。

⑤安装静电接地装置。

⑥液氨储罐属三类压力容器，建议委托技术监督部门定期检验。

⑦罐区无移动式消防器材，建议增加 1 个 MFT—35 灭火车和 2 个 MFZ—8 灭火器。

⑧建议安全阀定期校验，储罐安全阀出口处加导气管。

⑨室内房顶木椽条不防火，设备管道锈蚀，建议维修更换。

表 4.10 液氨储存装置安全检查表

序号	检查内容及要求	依据	检查结果	备注
1	液氨储罐与周围的安全距离应符合要求	《建筑设计防火规范》GB 50016—2006	液氨储罐区距东、南道路小于 10 m，距北面锅炉房小于 30 m	不符合要求
2	液氨储罐区应设置封闭的防流散堤	《建筑设计防火规范》GB 50016—2006	围堤未封闭	建议封闭围堤
3	液氨储罐必须安装安全阀，并定期校验，确保准确灵敏。安全阀出口处加导气管，严禁导气管出口放入室内	《建筑设计防火规范》GB 50016—2006	室内 2 台储罐无导气管	建议安全阀定期校验，加导气管
4	要严格控制液氨储罐压力在规定指标范围内，必须严格遵守操作程序，防止爆炸事故发生	《建筑设计防火规范》GB 50016—2006	有安全阀	符合要求
5	液氨储罐区应设置遮阳棚、喷淋水、排水等设施，遮阳棚耐火等级应为二级。要有防止发生液氨大量泄漏事故的预防措施	《建筑设计防火规范》GB 50016—2006	冰机岗位8 m^3 液氨储罐无遮阳棚，其他储罐有保温层	建议 8 m^3 液氨储罐设遮阳棚或采取保温设施
6	液氨储罐充装量不得超过储罐容积的 85%	《建筑设计防火规范》GB 50016—2006	液位计有损坏	更换液位计
7	应配置推车式灭火器与手提式灭火器	《建筑设计防火规范》GB 50016—2006	无移动式灭火器	建议罐区增加 1 个 MFT—35 和 2 个 MFZ—8 灭火器
8	应配有事故柜，备有防毒面具与滤毒罐，设水冲洗管	《建筑设计防火规范》GB 50016—2006	有 1 个防毒面具和 2 个滤毒罐，无冲洗水管	符合要求
9	罐区应设防爆照明灯具	《建筑设计防火规范》GB 50016—2006	防爆灯具	符合要求
10	液氨储罐应设置接地设施	《建筑设计防火规范》GB 50016—2006	无接地设施	建议安装静电接地装置
11	液氨储槽属三类压力容器，应由技术监督部门定期检测，发现问题，及时处理	《建筑设计防火规范》GB 50016—2006	无定期探伤检测报告	建议储罐定期探伤检验

4.3.2.3 甲醇储罐区

略。

4.3.2.4 工业管道群

略。

4.3.2.5 压力容器群

略。

4.3.2.6　蒸汽锅炉

略。

4.3.2.7　应急救援预案隐患排查分析与评估（见表4.11）

表4.11　事故应急救援预案检查表

序号	检查内容		检查结果		备注
			有	无	
1	生产经营单位的基本情况	生产经营单位地理位置及周边影响	√		应补充①单位围墙外500 m、1000 m范围内的居民人数；②气象状况；③地震活动情况
		生产经营单位的规模与现状	√		应补充①主要装置的生产能力；②危险化学品的品名及正常储量；③单位内职工三班的人数分布
2	危险源的数量及分布图	危险源的确定	√		
		画出分布图并标出数量		√	没有危险源分布图
		潜在危险性评估	√		
3	指挥机构的设置和职责	指挥机构	√		有指挥机构及人员分工
		指挥机构职责	√		
		指挥人员分工	√		
		处理紧急事故的组织结构图	√		
4	装备及通讯网络和联络方式	抢险技术装备	√		有装备及通讯设备
		通讯设备及通讯网络	√		
		信号规定	√		
5	应急救援专业队伍的任务和训练	救援队伍	√		有救援队伍
		训练和演习	√		有演习方案及总结
6	预防事故的措施	重点安全控制点的确定	√		有预防措施
		重点安全控制点的监控网络和防范措施	√		
		重点安全控制点的隐患及处理	√		
7	事故处置	处置方案	√		有现场处置方案，缺少逃生方向标识
		处理程序	√		
		具体应急对策	√		
8	工程抢险抢修		√		
9	现场医疗救护			√	缺少医疗救援
10	紧急安全疏散		√		
11	社会支援		√		

隐患评估结果：该公司制定的各种事故应急救援预案，基本能满足安全生产的需要，并且每年进行过一次预案演习，但是预案缺少危险源周围人口活动分布情况，缺少医疗救援内容，缺少紧急疏散时逃生方向的标识以及与政府预案相联动的条件，建议企业尽快完善，建立本企业的预案管理体系。

通过现场对重大危险源进行隐患排查，发现问题如下：

（1）企业提供的技术资料，包含了各工段工艺分段流程图，无总的工艺流程图。建议从总体上完善平面布置图及工艺图纸、技术档案等。

（2）压缩机要求轻质屋顶、压缩机放空阀联动装置。压缩机房内固定式防护栏松动，无法起到防护作用。隐患较为突出，建议尽早整改，避免高处坠落事故。

（3）企业的技改项目缺乏总体规划、设计，易导致防火间距不足。

（4）部分车间发现有明闸刀。

（5）事故应急救援预案未见评审和演练记录。

（6）由于企业建厂时间比较早，受计划经济的限制，老厂房布局密集，有的地方防火间距不足，有待在企业发展中解决。

（7）部分员工素质偏低，安全管理教育难度较大，给实施安全以法治理带来困难，提高职工综合素质，成为企业重要而长期的工作。

（8）主要管理人员学安全、讲安全的认识与先进企业相比，差距很大，对相关安全生产政策法规制度及安全理论知识缺乏必要的了解，推进安全管理有一定局限性和难度。

（9）管理中仍靠“人盯人”式的管理，部分单位或部门在安全教育引导方面抓的不够，存在应付现象，导致很多员工安全管理中存在逆反心理，人员良好的安全职业习惯难于形成。

第5章　安全措施及建议

本着“安全第一，预防为主，综合治理”的方针，针对现场调查中发现的问题，在企业整改后，经评估人员复查，认为问题已落实。为进一步提高企业的安全管理水平，防止类似问题的再次出现，确保安全生产，提出以下安全对策措施和建议。

5.1　针对重大危险源的安全对策措施及建议

（1）必须对重大危险源逐一登记建档，这是做好重大危险源安全管理的基础；

（2）应当对重大危险源进行定期检测、评估：

①重大危险源是变化的，应当对其定期进行检测，掌握危险源的动态变化情况；

②根据重大危险源的分析、辨识情况，选择合适的评估方法，对危险源导致事故发生的可能性和严重程度进行定性、定量分析，在此基础上进行危险等级划分，以确定管理的重点。

（3）进一步完善工艺操作规程，并严格执行。所有管理、操作重大危险源的人员必须经培训、教育合格后方能上岗。

（4）加强对员工的防毒教育，做好个人防护措施，定期检测岗位毒物浓度，做好作业人员的职业健康监护检查，进行急性中毒及缺氧窒息抢救等训练内容。

（5）按规定定期检查、维护、更换消防器材、设施，保证消防器材设备设施完好，性能可靠，使消防设施能在关键时刻及时发挥作用。消防设施、器材应专人管理，应设置在明显和便于取用的地点，周围不得放物品和杂物，保持消防通道畅通。

（6）特种设备应按《特种设备安全监察条例》和《压力容器安全技术监察规程》的要求进行管理。

（7）应明确各级管理部门的职责，加强对防雷防静电设施的定期检测（防雷防静电每半年检测一次，且合格）。

（8）加强重点部位动火检修管理，严格执行各项安全操作规程。

（9）加强设备管线的防腐处理，杜绝有毒物质的跑、冒、滴、漏现象。

（10）应履行告知周围相邻企业、住户及学校等单位及个人本企业突发化学事故应急处理办法的义务。

（11）加强对操作人员的理论知识和实际操作技能的培训学习，提高安全防护意识。员工职责明确、操作熟练，熟悉库内灭火器材、设施的分布、种类和操作。

（12）加强对安全设备、设施和过程控制仪表系统的维护和保养，并定期检测。

（13）落实事前防范，积极建立和完善电子监控及数据库系统，利用先进的电子网络信息系统，使重大危险源时刻处于监控之中。

（14）对重大危险源进行定期或不定期的安全检查。

（15）定期检验和评估已制定的重大危险源应急预案的有效程度，以便必要时进行修改。

（16）必须将重大危险源及有关安全措施、应急措施报告当地政府的安全生产监督管理部门和有关部门，使这些部门能够及时掌握有关情况。一旦发生事故，能够调动有关方面的力量进行救援，以减少事故损失。

（17）厂区的工业电视监控设施应始终保持完好状态，以便对重大危险源区、周边情况即外围环境实行24小时不间断监控，确保重大危险源的正常运行。且必须符合下列要求：

①建立完善重大危险源电子台账和档案，确保该信息档案及时更新；

②建立健全重大危险源安全管理规章制度，制定重大危险源安全管理与监控的实施方案，落实监控责任；

③制定重大危险源场所、设备、设施的安全技术标准和安全操作规程；

④设置重大危险源场所的安全警示标志，配备必要的监控仪器、设备和监控中心等设施；

⑤定期对重大危险源场所及其仪器、设备、设施进行安全检查、检测和维护、保养，确保完好，并在电子台账中记录。

（18）进一步按照国家安全生产监督管理局安监管危化字［2004］43号《关于印发〈危险化学品事故应急救援预案编制导则（单位版）〉的通知》补充完善本单位的化学事故应急救援预案，完善从公司级到班组级的预案体系，并定期进行演习。

（19）根据安监管协调字［2004］56号《关于开展重大危险源监督管理工作的指导意见》规定，重大危险源设施应每两年进行一次安全评估，本次安全评估结果有效期为两年。

（20）该单位应当至少每半年向负有安全生产监督管理职责的部门报告一次重大危险源监控措施的实施情况。

5.2 对事故应急救援预案的修改意见及建议

该公司已依据《危险化学品事故应急救援预案编制导则》（单位版）的要求，制定了本单位的生产事故应急救援预案，并已进行了演练。但其“事故应急救援预案”在如下几个方面应做出进一步的改进。

（1）增加全厂停水、停电、停气时的专项预案和事故处置方案。

（2）增加事故后期处置包括善后处理、评估、总结分析等内容。

(3) 明确其生产作业场所存在的危险危害因素对周边的影响。

(4) 报警、通讯联络方式的内容中应加入有关运输危险化学品的驾驶员、押运员报警及与本单位、生产厂家、托运方联系的方式、方法。

(5) 依据可能发生的危险化学品事故类别、危害程度级别，增加事故现场周边区域的道路隔离或交通疏导办法。

(6) 依据事故分类、分级，附近疾病控制与医疗救治机构的设置和处理能力，制订具有可操作性的处置方案，应包括以下内容：

①接触人群检伤分类方案及执行人员；

②依据受伤结果对患者进行分类；

③入院前和医院救治机构确定及处置方案；

④信息、药物、器材储备信息。

(7) 依据对从业人员能力的评估和社区或周边人员素质的分析结果，确定应急培训的内容，主要包括：

①应急救援人员的培训；

②员工应急响应的培训；

③定期对周边人员进行宣传，散发传单，包括：疏散、救护、撤离等知识的教育。

(8) 应急救援保障方面应增加以下内容：

①保障措施包括交通运输保障、医疗卫生保障、治安保障、技术储备与保障等；

②培训演练制度。

除以上建议外，企业还应根据实际情况，进一步完善事故应急救援预案的内容，使其更具有可操作性。

第6章 结 论

通过对××公司重大危险源的安全评估，识别了生产系统及各储存场所中的危险因素，找出了主要危险有害因素和重大危险源，掌握了它们发展变化的规律，明确了危险程度，并从消除管理缺陷、改善安全状况入手，给出了相应的安全技术措施。

主要结论如下：

(1) 该公司共有8个重大危险源，其中储罐区重大危险源2个，分别为液氨储罐区重大危险源、甲醇储罐区重大危险源；生产场所重大危险源5个，分别为造气生产装置区（含气柜）重大危险源、工业管道群重大危险源、压力容器群重大危险源、蒸汽锅炉重大危险源以及放射装置重大危险源。

(2) 该公司所属重大危险源易发生的重大事故主要有煤气泄漏、甲醇泄漏、液氨泄漏等，从而引发的火灾、爆炸、中毒窒息等事故，其中尤以火灾爆炸事故最严重。

(3) 经评估，该公司存在一级重大危险源2个，即甲醇储罐区、二甲醚储罐区重大危险源；三级重大危险源1个，即煤气柜区；四级重大危险源很多，主要包括液氨储罐区、氨合成装置区、醇烃化生产装置区、各种压力容器等。

通过本报告内容，可以认为该企业重大危险源设施存在的危险有害因素有：火灾、爆炸、中毒、压力容器和压力管道危害；电危害；标志缺陷等。其中火灾、爆炸、中毒是该企业重大危险源设施的主要危险因素，企业应采取重点防范措施，加强安全管理，落实各种安全措施。

附件和附录

安全评估报告的附件应包括：

(1)《安全评估委托书》；

(2)《企业法人营业执照》；

(3)《国有土地使用证》；

(4)《法人代表安全资格证》；

(5)《安全管理人员从业资格证》；

(6)《全国工业产品生产许可证》；

(7)《安全生产许可证》；

(8)《消防安全检查意见书》；

(9)《河南省防雷装置检测报告》；

(10)《特种设备使用登记证》；

(11)《压力容器全面检验报告》；

(12)《安全生产管理制度汇编》；

(13)《岗位安全操作规程汇编》；

(14)《危险化学品安全事故应急救援预案》；

(15)《重大危险源申报登记表》；

(16) 其他有关证明材料；

(18) 现场资料、照片等。

参考文献

1. 刘诗飞．詹予忠．重大危险源辨识及危害后果分析．北京：化学工业出版社，2004.
2. 吴宗之，高进东等．重大危险源辨识与控制．北京：冶金工业出版社，2003.
3. 王起全，徐德蜀等．安全评价操作实务．北京：气象出版社，2009.
4. 高进东．重大危险源辨识与风险评价研究．北京理工大学学位论文，2000.
5. 中国安全生产科学研究院．城市重大工业危险源评价与监测关键技术研究专题研究报告，2006.
6. 刘铁民、张兴凯、刘功智．安全评价方法应用指南．北京：化学工业出版社，2004.
7. 赵铁锤．安全评价．北京：煤炭工业出版社，2003.
8. 王显政．新编安全评价手册．北京：煤炭工业出版社．2005.
9. 邢娟娟．企业事故应急救援与预案编制技术．北京：气象出版社．2008．4.
10. 国家安全生产监督管理局．安全评价（修订版）．北京：煤炭工业出版社，2005.
11. 国家安全生产监督管理局安全生产协调司国家安全生产监督管理局安全科学技术研究中心．重大危险源申报登记与管理．北京：化学工业出版社，2004.
12. 吴宗之、高进东、魏利军编著．危险评价方法及其应用．北京：冶金工业出版社，2001.
13. 吴宗之、高进东、张兴凯编著．工业危险辨识与评价．北京：气象出版社，2000.
14. 徐德蜀，王起全．健康、安全、环境管理体系．北京：化学工业出版社，2006.
15. 王起全等．快乐安全管理．北京：中国计量出版社，2005.
16. 全国注册安全工程师职业资格考试辅导教材编审委员会．安全生产管理知识（2008 版）．北京：中国大百科全书出版社，2008.
17. 全国注册安全工程师职业资格考试辅导教材编审委员会．安全生产法及相关法律知识（2008 版）．北京：中国大百科全书出版社，2008.
18. GB 18218—2009，危险化学品重大危险源辨识.
19. 《关于重大危险源监督管理工作的指导意见》（安监管协调字［2004］56 号）.
20. GB 18218—2009，危险化学品重大危险源辨识.

参考文献

[illegible]